生成式人工智能前沿丛书

人工智能
创新实验简明教程

Concise Tutorial on Artificial
Intelligence Innovation Experiments

总主编　焦李成

焦李成　田小林　侯　彪
　　　　　　　　　　　编　著
李阳阳　马文萍　张　丹

西安电子科技大学出版社

内 容 简 介

  人工智能是一个多学科相互融合的交叉学科，涵盖了机器学习、计算机视觉、智能控制等诸多领域，其研究成果已经广泛应用于人们的生活实践中。本书专注于人工智能的基本原理和实践应用，分为理论篇和实验篇。理论篇包括第 1～6 章，主要介绍了人工智能基础知识、深度神经网络、深度神经网络的软件平台、典型网络及应用示例、ChatGPT 和 AIGC；实验篇即第 7 章，主要包括分类与检索、智能检测、智能识别、智能视频分析、语言和文本处理、三维图像处理、智能预测、智能推荐、智能优化、智能数据挖掘、安全与对抗等 11 类实验。

  本书既可作为高等学校人工智能、智能科学与技术、计算机科学与技术、大数据科学与技术、智能机器人、控制科学与工程、通信与信息工程、电子科学与技术、生物医学工程、人工智能技术服务等专业的教材，也可作为人工智能相关专业技术人员的学习参考书。

图书在版编目（CIP）数据

  人工智能创新实验简明教程 / 焦李成等编著. -- 西安：西安电子科技大学出版社，2025.6. -- ISBN 978-7-5606-7676-0

  Ⅰ. TP18

  中国国家版本馆 CIP 数据核字第 2025TQ1548 号

书　　名	人工智能创新实验简明教程	
	RENGONG ZHINENG CHUANGXIN SHIYAN JIANMING JIAOCHENG	
策　　划	刘芳芳　李鹏飞	
责任编辑	雷鸿俊	
出版发行	西安电子科技大学出版社（西安市太白南路 2 号）	
电　　话	(029) 88202421　88201467	邮　编　710071
网　　址	www. xduph. com	电子邮箱　xdupfxb001@163.com
经　　销	新华书店	
印刷单位	陕西天意印务有限责任公司	
版　　次	2025 年 6 月第 1 版	2025 年 6 月第 1 次印刷
开　　本	787 毫米×960 毫米　1/16	印　张　18.75
字　　数	387 千字	
定　　价	49.00 元	

ISBN 978-7-5606-7676-0

XDUP 7977001-1

＊＊＊如有印装问题可调换＊＊＊

PREFACE 前 言

人工智能技术的发展日新月异，已成为社会各界关注的焦点，加快人工智能专业的人才培养也迫在眉睫。近年来，人工智能理论和模型框架不断推陈出新，理论教学内容也在不断迭代更新。然而，作为与理论教学相配合的实验环节及相关教材建设还未得到足够重视，特别是与当前人工智能发展相适应的系统性实验教材比较匮乏，这些因素影响了人工智能实验教学体系的建设和完善。

针对目前存在的问题，作者在总结十余年人工智能理论与实验教学经验的基础上编写了本书，旨在帮助广大读者尽可能快速地了解人工智能相关基础知识并能独立地进行应用实践。本书对基础理论、网络模型构建和网络模型实践进行了循序渐进的描述，突出夯实理论知识和重视实践的特点，希望能够为广大读者提供条理清晰的基础理论知识及实验指导。作为人工智能领域的实验教材，我们期待本书能够为人工智能实验体系的建设和完善起到促进作用。

深度学习通过模拟生物神经网络的方式构建深层人工神经网络，并利用大数据来学习样本特征，更能够刻画数据丰富的内在信息，是人工智能的一个重要研究方向，近年来广受青睐。本书重点介绍深度神经网络的理论与实践，涵盖了图像、语音和文本等人工智能技术广泛应用的领域。本书对人工智能、机器学习和深度学习的理论知识与相关软件平台进行了梳理，使理论到实践的整个过程更具条理性，希望可以帮助读者通过实验进一步理解相应的基础理论知识，并了解人工智能技术对其他学科的影响和应用。

本书分为理论篇和实验篇。理论篇分为6个部分：人工智能基础知识、深度神经网络、深度神经网络的软件平台、典型网络及应用示例、深度神经网络大模型 ChatGPT 和 AIGC。在人工智能基础知识部分，讨论了向量与矩阵及其运算、语音与图像的获取与表示以及人工智能和机器学习的基本概念等；在深度神经网络部分，阐述了卷积、非线性激活、池化、全连接、Softmax 以及批标准化等内容；在深度神经网络的软件平台部分，介绍了 Python、PyTorch、NumPy、OpenCV、可视化、Anaconda 环境配置以及深度神经网络构建示例；在典型网络及应用示例部分，结合实例详细描述了典型的卷积神经网络、残差网络、生成对抗网络、递归神经网络和图卷积网络，各实例分别介绍了相关背景、网络模型框架、实验代码、操作步骤、数据集、评估准则、所应用的平台及系统环境等内容；在深度神经网络大模型部分，对大语言模型 ChatGPT 和人工智能生成内容（AIGC）进行了讨论。实验篇将实验分为 11 类、52 个实验，包括分类与检索、智能检测、智能识别、智能视频分析、语言和文本处理、三维图像处理、智能预测、智能推荐、智能优化、智能数据挖掘、安全与对抗等。本书有助于读者在了解基础理论知识的基础上根据实验操作独立完成相关内容，并在实验过程中逐步掌握人工智能技术，体验人工智能的魅力。

本书的主要特点如下：

（1）以应用为导向，实践性与新颖性相结合。本书定位为人工智能实验指导教材，侧重于帮助读者完成实验任务，通过实验操作强化对理论知识的理解。本书所选择的实验内容参考了近年来国内外多个竞赛平台中具有新颖性的热点题目。

（2）内容翔实，注重细节。在典型网络及应用示例部分，对实验的背景信息、模型构建的原理、实验操作的流程均进行了详尽的描述，内容丰富翔实、深入浅出，这样有助于读者独立完成相关实验，并提升独立解决实际问题的能力。

（3）实验素材覆盖范围广。本书从图像处理类的分类、检测、识别到自然语言处理类的机器翻译、声纹识别再到数据挖掘，涵盖了人工智能领域的大部分应用场景，适用范围较广，同时对深度神经网络大模型（ChatGPT 和 AIGC）及其应用也进行了详细描述。读者通过具体的实践可加深对理论知识的理解，并从中感受到相关内容的现实意义和作用，提升利用理论知识解决实际问题的能力并培养实践创新的能力。

（4）实验内容与理论教学相结合。本书阐述了基础的机器学习的概念，详细描述了典型模型的构建过程，选取了多个人工智能领域的实验，能够使读者通过实验操作进一步夯实人工智能基本理论知识，加深理解深度神经网络的基本结构和应用设计方法，为进一步学习和应用人工智能知识奠定坚实基础，实现理论教学与实验内容的并行互补和有机融合。

本书的完成得到了编写团队多位老师和研究生的支持与帮助，感谢团队中张小华、朱虎明、吴建设、緱水平、刘旭、马晶晶等老师对本书编写的帮助与支持，感谢范瑞杰、杨逸歌、张力、高原、黄小萃、杨婷、贾楠、陶硕等研究生为本书编写所付出的辛勤劳动与努力。此外，感谢国家自然科学基金（61977052，61836009，U22B2054，U1701267，62076192，62006177，61902298，61573267，61906150，62276199）的支持，感谢西安电子科技大学出版社的大力支持和帮助，感谢刘芳芳、雷鸿俊等编辑的辛勤劳动与努力。

人工智能技术发展迅速且涉及领域众多，而作者水平有限，书中难免有不足之处，欢迎读者反馈意见和建议，让我们能够使本书内容不断完善和更新。

作　者
2025 年 3 月

CONTENTS 目 录

理 论 篇

理 论 篇

第 1 章
人工智能基础知识

人工智能（Artificial Intelligence，AI）是指能够模拟、复制人类智能行为的计算机系统，其旨在使计算机系统执行需要人类智力才能完成的任务。人工智能的发展基于对人类思维和问题解决能力的理解，其目标是使计算机系统具备学习、推理、感知、语言理解和自主决策等智能行为。人工智能技术在现代生活中已经被广泛应用，涵盖多个领域，为人们提供了更加智能、便利和创新的服务。本章主要介绍人工智能的基础知识，包括向量与矩阵及其运算、语音和图像的获取与表示、人工智能和机器学习概述等。

1.1　向量与矩阵及其运算

向量和矩阵是线性代数中的基本概念，它们在数学、物理、计算机科学等领域中都有广泛的应用。本节主要介绍向量、矩阵、张量与卷积的相关定义及基本运算。

1.1.1　向量和特征向量

1. 向量

向量（Vector）是一个在数学和物理中常见的基本概念，用来表示具有大小和方向的量。向量通常用于描述空间中的位置、运动、力、速度等物理量以及在数学和工程领域中的各种数值与概念。一个向量可以表示为一个有序的数列，其中包含一组有限数目的数值。例如，在二维空间中，通常用两个实数来表示一个向量，分别表示在 x 和 y 轴上的分量，一个二维向量通常可以写成向量形式，即 $(x，y)$。

2. 向量运算

向量运算是指在向量空间中进行的一系列数学运算，包括向量的加法、减法、标量乘法和内积等。这些运算对于描述和解决各种数学、物理和工程问题都至关重要。下面介绍常用的向量运算。

1）加减法

向量加法是指将两个或多个向量合并成一个新向量的过程，向量减法则是向量加法的逆运算。例如：

(1) 加法：$(1, 2, 3) + (4, 5, 6) = (1+4, 2+5, 3+6) = (5, 7, 9)$。

(2) 减法：$(4, 5, 6) - (3, 2, 1) = (4-3, 5-2, 6-1) = (1, 3, 5)$。

2）标量乘法

向量的标量乘法是指一个标量（即一个数值）与一个向量相乘的操作。这个操作的结果仍然是一个向量，并且其方向和长度都会根据标量的值发生变化。例如：

$$2 \times (1, 2, 3) = (2 \times 1, 2 \times 2, 2 \times 3) = (2, 4, 6)$$

3）内积

向量的内积（也称为点积）运算是一种常见的向量运算方式，它涉及两个向量并产生一个标量结果。内积通常用来度量两个向量之间的关系，如它们之间的夹角和正交性等。例如：

$$(1, 2, 3) \cdot (4, 5, 6) = 1 \times 4 + 2 \times 5 + 3 \times 6 = 4 + 10 + 18 = 32$$

3. 特征向量

把描述一个事物的特征数值组织在一起就形成一个特征向量（Feature Vector），一个 n 维的特征向量可以表示为 $\boldsymbol{X} = (x_1, x_2, \cdots, x_n)$。如果一个物体的长度为 1.2 cm，宽度为 2.3 cm，则该物体的特征可以用 (1.2, 2.3) 来表示。

4. 特征点和特征空间

特征点和特征空间是在处理和分析数据时经常遇到的概念，它们对于提取、表示和理解数据的关键信息至关重要。特征空间是指由特征向量构成的空间，每个特征向量都对应一个特征点。

1）特征点

把特征向量画在坐标系中，坐标系中的一个点就代表一个特征，这些表示特征向量的点称为特征点（Feature Point）。

2）特征空间

特征点构成的空间称为特征空间（Feature Space）。

3）特征点间距

特征点间距可以衡量事物之间的相似程度。如果特征点 1 表示为 $(x_{11}, x_{12}, \cdots, x_{1n})$，特征点 2 表示为 $(x_{21}, x_{22}, \cdots, x_{2n})$，则两个特征点的欧几里得间距表示为

$$d = \sqrt{(x_{11} - x_{21})^2 + (x_{12} - x_{22})^2 + \cdots + (x_{1n} - x_{2n})^2}$$

1.1.2 矩阵及其运算

矩阵可以表示为一个二维数组，其中的元素可以是实数、复数或其他数学对象。矩阵运算包括矩阵的加法、减法、数乘、乘法和转置等。矩阵运算是建立在矩阵的基本定义和性质的基础之上的，对于理解和应用矩阵至关重要。

1. 矩阵

由 $m \times n$ 个数排成的 m 行 n 列数表：

$$A = \begin{bmatrix} a_{11} & a_{12} & \cdots & a_{1n} \\ a_{21} & a_{22} & \cdots & a_{2n} \\ \vdots & \vdots & & \vdots \\ a_{m1} & a_{m2} & \cdots & a_{mn} \end{bmatrix}$$

称为一个 m 行 n 列矩阵，简称 $m \times n$ 矩阵，其中 a_{ij} 表示第 i 行第 j 列处的元素，i 称为 a_{ij} 的行下标，j 称为 a_{ij} 的列下标。

(1) 若 $m = n$，则称为 n 阶矩阵(或 n 阶方阵)。

(2) 元素全为 0 的矩阵称为零矩阵，记作 $O_{m \times n}$ 或 O。

(3) 只有 1 行($1 \times n$)的矩阵 $[a_{11} \quad a_{12} \quad \cdots \quad a_{1n}]$ 或 1 列($m \times 1$)的矩阵 $\begin{bmatrix} a_{11} \\ a_{21} \\ \vdots \\ a_{m1} \end{bmatrix}$ 分别称为行矩阵和列矩阵。

(4) 若矩阵的元素 $a_{ij} = 0 (i \neq j)$，则称 A 为对角矩阵，$a_{ii}(i = 1, 2, \cdots, n)$ 称为 A 的对角元素，记作 $A = \mathrm{diag}(a_{11}, a_{22}, \cdots, a_{nn})$。例如：

$$A = \begin{bmatrix} 1 & 0 \\ 0 & 2 \end{bmatrix} = \mathrm{diag}(1, 2)$$

(5) 对角元素全为 1 的对角矩阵称为单位矩阵，n 阶单位矩阵记为 I_n，在不致混淆时也记为 I，即

$$I = \begin{bmatrix} 1 & 0 & \cdots & 0 & 0 \\ 0 & 1 & \cdots & 0 & 0 \\ \vdots & \vdots & & \vdots & \vdots \\ 0 & 0 & \cdots & 0 & 1 \end{bmatrix} = \mathrm{diag}(1, 1, \cdots, 1)$$

2. 矩阵的加法

矩阵加法只能在具有相同维度(即行数和列数都相同)的矩阵之间进行。

如果 A 和 B 都是 $m \times n$ 矩阵，则称 A 和 B 为同型矩阵。

$$A = \begin{bmatrix} a_{11} & a_{12} & \cdots & a_{1n} \\ a_{21} & a_{22} & \cdots & a_{2n} \\ \vdots & \vdots & & \vdots \\ a_{m1} & a_{m2} & \cdots & a_{mn} \end{bmatrix}, \quad B = \begin{bmatrix} b_{11} & b_{12} & \cdots & b_{1n} \\ b_{21} & b_{22} & \cdots & b_{2n} \\ \vdots & \vdots & & \vdots \\ b_{m1} & b_{m2} & \cdots & b_{mn} \end{bmatrix}$$

矩阵 A 和 B 的加法运算是将 A 和 B 的对应元素相加，得到一个新的 $m \times n$ 矩阵 C：

$$C = A + B = \begin{bmatrix} a_{11}+b_{11} & a_{12}+b_{12} & \cdots & a_{1n}+b_{1n} \\ a_{21}+b_{21} & a_{22}+b_{22} & \cdots & a_{2n}+b_{2n} \\ \vdots & \vdots & & \vdots \\ a_{m1}+b_{m1} & a_{m2}+b_{m2} & \cdots & a_{mn}+b_{mn} \end{bmatrix}$$

只有同型矩阵才能相加，且同型矩阵之和仍为同型矩阵。

3. 矩阵与数的乘积

设矩阵 A 是一个 $m \times n$ 矩阵，k 是一个数，则矩阵 A 和数 k 的乘积(矩阵的数乘)为

$$kA = \begin{bmatrix} ka_{11} & ka_{12} & \cdots & ka_{1n} \\ ka_{21} & ka_{22} & \cdots & ka_{2n} \\ \vdots & \vdots & & \vdots \\ ka_{m1} & ka_{m2} & \cdots & ka_{mn} \end{bmatrix}$$

用数 k 乘矩阵 A 就是将 A 中的每一个元素都乘 k。矩阵的加法与数乘统称为矩阵的线性运算。

4. 矩阵的乘法

设 A 为 $m \times p$ 矩阵，B 为 $p \times n$ 矩阵，则矩阵 A 与 B 的乘积 $C = AB$，C 的元素 $c_{ij} = a_{i1}b_{1j} + a_{i2}b_{2j} + \cdots + a_{ip}b_{pj} = \sum_{k=1}^{p} a_{ik}b_{kj}$ $(i = 1, 2, \cdots, m; j = 1, 2, \cdots, n)$。例如：

$$A = \begin{bmatrix} 0 & 1 & 2 \\ 1 & 2 & 3 \end{bmatrix}, \quad B = \begin{bmatrix} 1 & 2 \\ 2 & 3 \\ 3 & 4 \end{bmatrix}$$

$$C = AB = \begin{bmatrix} 0\times1+1\times2+2\times3 & 0\times2+1\times3+2\times4 \\ 1\times1+2\times2+3\times3 & 1\times2+2\times3+3\times4 \end{bmatrix} = \begin{bmatrix} 8 & 11 \\ 14 & 20 \end{bmatrix}$$

1) 矩阵乘法的特点

(1) A 的列数必须等于 B 的行数，A 与 B 才能相乘。

（2）乘积 C 的行数等于 A 的行数，C 的列数等于 B 的列数。

（3）乘积 C 中第 i 行第 j 列的元素等于 A 的第 i 行元素与 B 的第 j 列元素对应乘积之和（两者内积）。

2）矩阵乘法的运算规律

（1）结合律：$(AB)C=A(BC)$。

（2）数乘结合律：$k(AB)=(kA)B=A(kB)$，k 为常数。

（3）分配律：$A(B+C)=AB+AC$，$(B+C)A=BA+CA$。

3）需注意的问题

（1）矩阵的乘法一般不满足交换律，即一般 $AB\neq BA$。当 $AB\neq BA$ 时，称 A 与 B 不可交换；当 $AB=BA$ 时，称 A 与 B 可交换。

（2）A、B 都是非零矩阵，但 $AB=0$，由此可知，矩阵的乘法不满足消去律，即 $A\neq 0$ 时，由 $AB=AC$ 不能推出 $B=C$。

5. 矩阵的转置

把一个矩阵 A 的行列互换，所得到的矩阵称为 A 的转置，记为 A^{T}：

$$A=\begin{bmatrix} a_{11} & a_{12} & \cdots & a_{1n} \\ a_{21} & a_{22} & \cdots & a_{2n} \\ \vdots & \vdots & & \vdots \\ a_{m1} & a_{m2} & \cdots & a_{mn} \end{bmatrix},\ A^{\mathrm{T}}=\begin{bmatrix} a_{11} & a_{21} & \cdots & a_{m1} \\ a_{12} & a_{22} & \cdots & a_{m2} \\ \vdots & \vdots & & \vdots \\ a_{1n} & a_{2n} & \cdots & a_{mn} \end{bmatrix}$$

$m\times n$ 矩阵的转置是 $n\times m$ 矩阵。

若 $A^{\mathrm{T}}=A$，则称 A 为对称矩阵；若 $A^{\mathrm{T}}=-A$，则称 A 为反对称矩阵。

1.1.3　张量与卷积

张量（Tensor）是一个广义的数学概念，可视为多维数组。在深度学习（Deep Learning，DL）和神经网络领域，张量是对数据的抽象表示。

卷积（Convolution）是一种在信号处理、图像处理和深度学习中常用的操作。在深度学习中，卷积主要应用在卷积神经网络中，用于处理图像、语音等数据。

总的来说，深度学习使用张量表示数据，而卷积是一种有效的数据操作。

1. 张量

张量可以用来描述不同维度的数据结构。根据张量的维度，可以区分不同的张量类型。例如，标量属于零阶张量，向量是一阶张量，矩阵则是二阶张量等。具体来说，零阶张量是没有维度的张量，实际上就是一个标量；一阶张量是一个向量，有 1 个维度，可以用一个有序数组来表示，其中的每个元素称为分量；二阶张量是一个矩阵，有 2 个维度，可以视为一个二维数组，其中的每个元素都有行和列两个索引；三阶张量有 3 个维度，可以视为一个三维数组，每个元素有 3 个索引；四阶张量有 4 个维度，可以视为一个多维数组，其中的每个元素有 4 个索引；更高阶张量具有更多的维度，每个元素有更多个索引。

例如，一张彩色图像可以用一个由整数组成的长方体阵列来表示，这种按长方体排列的数字阵列称为三阶张量，高度为 3。对数字图像而言，三阶张量的高度也称为通道(Channel)数，因此也可以说彩色图像有 3 个通道。矩阵也可以看作是高度为 1 的三阶张量，因此灰度图像只有一个通道。

2. 卷积

在深度学习出现之前，图像特征的设计一直是计算机视觉(Computer Vision，CV)领域中一个重要的研究课题。在这个领域发展的初期，人们手工设计了各种图像特征，这些特征可以描述图像的颜色(Color)、边沿(Edge)、纹理(Texture)等基本性质，结合机器学习技术，能解决目标识别(Object Recognition)和目标检测(Object Detection)等实际问题。图像在计算机中可以表示成三阶张量，从图像中提取特征是对这个三阶张量进行运算的过程，其中非常重要的一种运算是卷积。

卷积运算在图像处理以及其他许多领域有着广泛应用。卷积和加减乘除一样，是一种数学运算。参与卷积运算的可以是向量、矩阵或三阶张量。图 1.1 所示为向量卷积的过程。

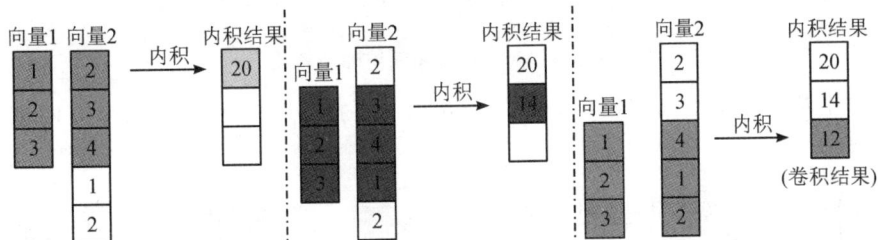

图 1.1　向量卷积的过程

1) 向量的卷积

(1) 两个向量卷积的过程。

首先将两个向量的第一个元素对齐，并截去长向量中多余的元素，然后计算这两个维数相同的向量的内积，并将算得的结果作为结果向量的第一个元素。将短向量向下滑动一个元素，从原始的长向量中截去不能与之对应的元素，并计算内积。重复滑动、截取和计算内积的过程，直到短向量的最后一个元素与长向量的最后一个元素对齐为止。最终得到这两个向量卷积的结果，结果仍然是一个向量。

特殊情形：当两个向量的长度相同时，不需要进行滑动操作，卷积结果是长度为 1 的向量，结果向量中这个元素就是两个向量的内积。向量之间卷积运算的过程可以用数学形式描述，对于维数为 m 的向量 $\boldsymbol{a} = (a_1, a_2, \cdots, a_m)$ 和维数为 $n(n \geqslant m)$ 的向量 $\boldsymbol{b} = (b_1, b_2, \cdots, b_n)$，二者卷积运算的结果是一个维数为 $n-m+1$ 的向量，并满足：

$$c_i = a_1 b_i + a_2 b_{i+1} + \cdots + a_m b_{i+m-1} = \sum_{k=1}^{m} a_k b_{k+i-1}, \ i \in \{1, 2, \cdots, n-m+1\}$$

通常使用符号"$*$"来表示卷积运算。例如：

$$(1, 2, 3) * (5, 4, 3, 2, 1) = (22, 16, 10)$$

（2）向量卷积的特点。

卷积结果的维数通常比长向量低，为了使得卷积之后维数和长向量一致，会在长向量的两端补上一些 0。例如，对于上例，可以把长向量的两端各补一个 0，变成 $(0, 5, 4, 3, 2, 1, 0)$，再进行卷积运算，就可以得到维数仍然为 5 的结果向量。

2）矩阵的卷积

两个矩阵的卷积过程如下：

（1）对于两个形状相同的矩阵，它们的卷积是每个对应位置的数字相乘之后的和，如图 1.2 所示。

图 1.2　两个形状相同矩阵的卷积

（2）对于两个形状不同的矩阵，矩阵的卷积需要沿着横向和纵向两个方向进行滑动，如图 1.3 所示。

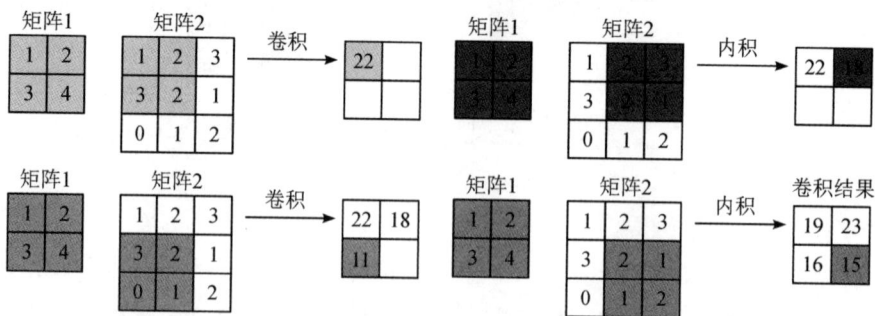

图 1.3　两个形状不同矩阵的卷积

（3）当两个张量的通道数相同时，滑动操作和矩阵卷积一样，只需要在长和宽两个方向进行，各通道同时滑动一次分别进行卷积操作，各通道的卷积结果进行叠加，最终卷积的结果是一个通道数为 1 的三阶张量。图 1.4 所示为两通道张量的卷积过程。

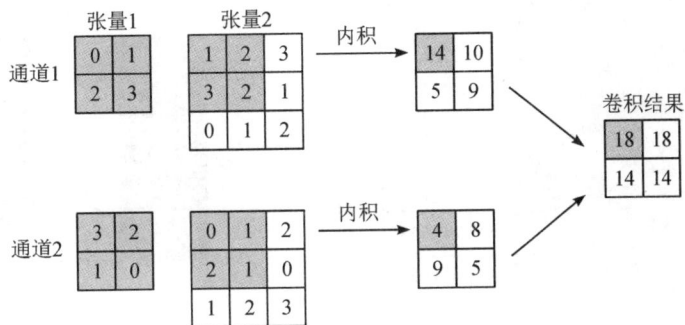

图 1.4　两通道张量的卷积过程

3）利用卷积提取图像特征

卷积运算在图像处理中应用十分广泛，许多图像特征提取方法都会用到卷积。以灰度图为例，在计算机中一幅灰度图像被表示为整数的矩阵。如果用一个形状较小的矩阵和这个图像矩阵做卷积运算，就可以得到一个新的矩阵，这个新的矩阵可以看作是一幅新的图像。通过卷积运算，可以将原图像变换为一幅新图像，这幅新图像有时比原图像更清楚地表示了某些性质，可以把它当作原图像的一个特征。这里用到的小矩阵就称为卷积核（Convolution Kernel，CK）。通常，图像矩阵中的元素都是 0～255 的整数，但卷积核中的元素可以是任意实数。

例如：如图 1.5 所示，使用卷积提取横向边沿和纵向边沿，该图中卷积核的每一个元素是设置好的，但是，对于深度神经网络中的卷积核，其每一个元素的值都是通过训练得到的。

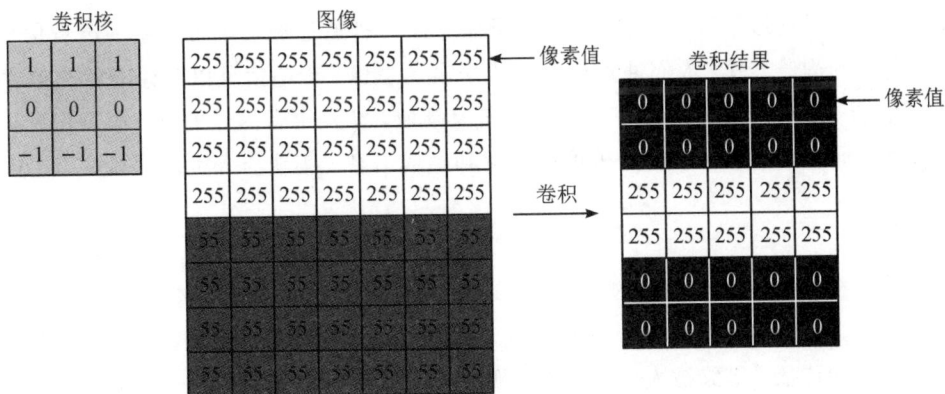

(a) 横向边沿提取

卷积核 图像 卷积结果

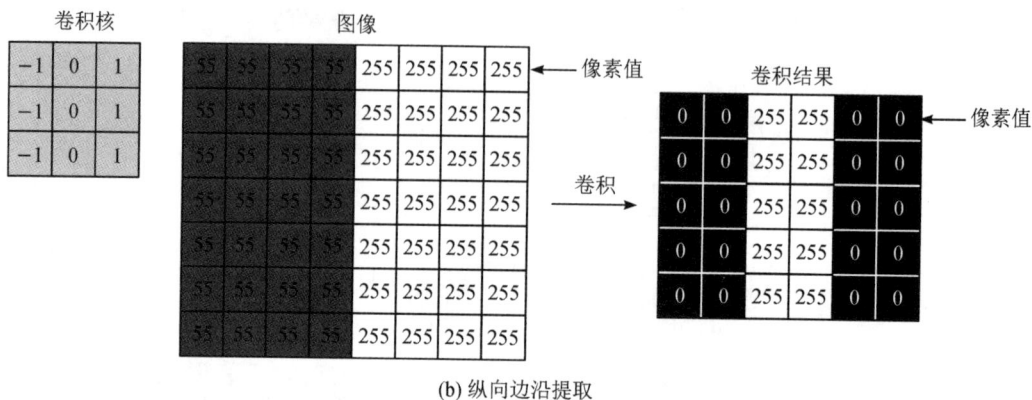

(b) 纵向边沿提取

图 1.5 通过卷积实现图像边沿提取

4）卷积的特点

总体来说，卷积具有以下特点：

（1）对于向量的卷积，两个向量越相似则得到的结果值越大（考虑归一化）。从另外一个角度来说，卷积是一个加权求和的过程，或者说也是一个滤波的过程。

（2）矩阵的卷积和向量的卷积具有相同的特性。如果处理的是图像数据的矩阵，则与卷积核相似的区域会得到一个大的输出值，卷积的过程是对图像像素进行加权求和的过程，也是一个对图像进行滤波的过程。

1.2 语音的获取与表示

语音是指人类通过声音发出的语言表达形式，是一种通过振动声带产生的声音信号。语音是一种重要的沟通方式，人们通过口头交流来表达思想、传递信息以及建立社交联系。在计算机科学和工程中，语音也是一个重要的研究领域，涉及语音信号处理、语音识别、语音合成等技术。通过这些技术，计算机可以理解和生成语音，实现与人类的语音交互。

1.2.1 声音

声音是一种由物体振动引起的机械波，通过介质（如空气、水或固体）传播的物理现象。当物体振动时，它们会产生压缩和膨胀的波动，这些波动以形式各异的压力波传播。这些波动通过介质的传播，最终被人们的耳朵感知为声音。声音的基本特征如下：

（1）声音是通过空气传播的一种连续的波（声波）。

（2）声音的强弱体现在声波压力的大小上，音调的高低体现在声音的频率上。

（3）声音用电信号表示时，声音信号在时间和幅度上都是连续的模拟信号。

1.2.2　模拟信号与数字信号

语音信号是典型的模拟信号，不仅在时间上是连续的，而且在幅度上也是连续的。在时间上连续是指在一个指定的时间范围里声音信号的幅值有无穷多个；在幅度上连续是指幅度的数值有无穷多个。

把在时间和幅度上都连续的信号称为模拟信号，把在时间上离散和幅度上含有限数目的预定值的信号称为数字信号，如图 1.6 所示。

（1）模拟信号：时间上连续，包含无穷多个幅度值，如图 1.6(a)所示。

（2）数字信号：时间上离散，包含有限数目的幅度值，如图 1.6(b)所示。

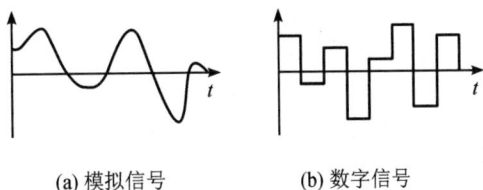

(a) 模拟信号　　(b) 数字信号

图 1.6　模拟信号和数字信号示意图

1.2.3　语音信号获取

通过计算机网络与异地的人进行语音通信，这个过程通常包括语音的采样、量化、编码、存储、传输、解码等。语音信号是典型的连续信号，不仅在时间上是连续的，而且在幅度上也是连续的。语音进入计算机的第一步就是数字化，语音信号的数字化过程包括采样(Sampling)、量化(Quantization 或 A/D Conversion)和编码(Encoding)，该过程的流程如图 1.7 所示。

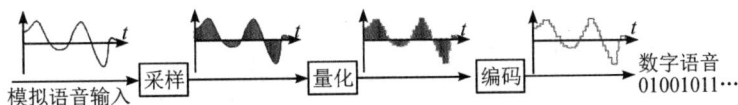

模拟语音输入　采样　量化　编码　数字语音 01001011…

图 1.7　模拟信号的数字化

语音获取的流程可描述如下：

（1）采样。采样是在时间轴上对信号数字化，也就是将模拟信号在时间上离散化，即每隔相等的一段时间抽取一个信号样本。在满足奈奎斯特采样率的情况下，该离散取样序列可以代替这个连续的频带有限的信号而不丢失任何信息。

（2）量化。量化是在幅度轴上对信号数字化，用有限个幅度值近似表示原来连续变化的幅度值，把模拟信号的连续幅度变为有限数量的有一定时间间隔的离散值。如果幅度的划分是等间隔的，则称为线性量化，否则为非线性量化。

（3）编码。编码是按一定格式记录采样和量化后的数字数据，再将量化后的值用二进制数字表示。

1.2.4　音频信号处理

音频信号处理流程如图 1.8 所示，各部分的功能描述如下：

（1）声音信号：包括语音信号和自然界的各种声音。

（2）声电信号转换：将声音转换为电信号，常用麦克风实现。

（3）低通滤波：由于要处理的声音信号通常频率相对较低，而声电转换过程中产生的噪声频率通常较高，因此需要通过低通滤波器将有用的声音信号提取出来，并滤除噪声。同时，由于高频噪声的滤除，有益于下一阶段 A/D 转换的采样过程满足奈奎斯特采样定律，以免后续阶段信号处理过程出现频谱混叠现象。

（4）模拟/数字(A/D)转换：将模拟信号转换为计算机可以处理的二进制数据，这个过程通常包括采样、量化和编码。

（5）智能信息处理：通过相应的人工智能算法对语音信号进行不同任务的处理，如语音信号检测、语音翻译、语音对话等。

（6）存储和传输：对通过智能算法处理后的语音信号进行存储或远程传输。

（7）数字/模拟(D/A)转换：由于人们的耳朵能感知到的是模拟信号，所以将处理或传输后的语音信号转换为模拟信号，再通过后续阶段处理就可以听到相应的声音。

（8）低通滤波：把采样保持的阶梯形输出波平滑化，也称为平滑滤波。

（9）功率放大：将模拟声音信号功率提升。

（10）电声信号转换：将模拟的电声音信号转换为人们耳朵能感知到的声波信号，常用的是音响设备、耳机等。

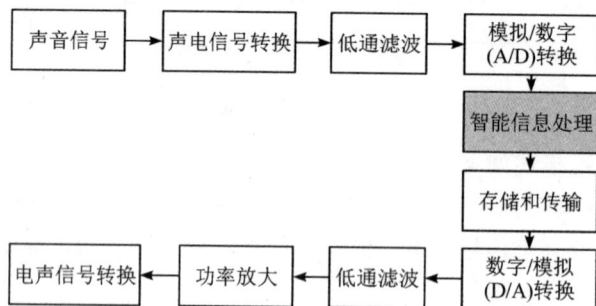

图 1.8　音频信号处理流程

1.2.5　语音处理的应用

语音处理的应用范围很广，包括声纹识别、情感识别、人机对话、语音识别、语音翻译、语音转文字、语音合成等。

1.3　图像的获取与表示

图像是一种用于表示视觉信息的二维表现形式，通常以平面上的像素阵列的形式存在。图像可以捕捉和呈现物体、场景或图形的外观和结构，是人类感知的基本方式之一。人们的大脑能够通过处理图像来理解世界并作出决策。在计算机科学领域，图像处理和计算机视觉是研究和处理图像的两个重要分支，涉及图像的获取、分析和识别等方面的技术和方法。图像的重要性在现代社会中得到了广泛认可，因为它们在许多领域中发挥了关键作用。

1.3.1　图像数据的获取

与语音信号获取类似，计算机在获取图像时，首先把连续的图像进行空间和幅值的离散化处理，这个过程也包括采样、量化和编码。对于灰度图像的获取过程如下：

(1) 采样：空间连续坐标的离散化过程，就是把一幅连续图像在空间上分割成 $M \times N$ 个网格，每个网格用一个亮度值表示，一个网格称为一个像素，灰度级通常为 0～255(8 bit 量化)。

(2) 量化：亮度的离散化，就是把采样点上对应的亮度转换为单个特定数值的过程。

(3) 编码：把量化值编码为二进制表示。

以上过程也是数字化过程，离散化的结果称为数字图像。图像由一个个的小格子组成，每个小格子是一个亮度块。用不同的数字表示不同的亮度，图像可以表示为一个由数字组成的矩形阵列，称为矩阵，这样就可以在计算机中进行存储和计算。这里的小格子称为像素(Pixel)，格子的行数与列数统称为分辨率。

例如，图像的分辨率是 1280×720，即该图由 1280 行、720 列的像素组成。反过来，如果给出一个数字组成的矩阵，将矩阵中的每个数值转换为对应的亮度，并在计算机屏幕上显示出来，就可以复现这张图像。

1.3.2　灰度图像数据表示

照片分黑白和彩色，图像相应的有灰度图像和彩色图像。计算机中灰度图像由于只有明暗的区别，因此只需要一个数字(通常用 8 bit 编码)就可以表示出不同的灰度。通常用 0 表示最暗的黑色，255 表示最亮的白色，0～255 的整数则表示不同明暗程度的灰色。

1.3.3　彩色图像数据表示

1. RGB 模型

RGB(红绿蓝)模型是数字图像中最基础和最重要的颜色模型之一，它基于人类视觉系统对红、绿、蓝 3 种颜色的敏感特性,通过这 3 种颜色的不同强度组合来表示几乎所有可见的颜色。

RGB 是一种加性颜色模型,通过将红色、绿色和蓝色光以不同的强度相加,可以产生广泛的色彩。RGB 模型中每种颜色(红、绿、蓝)都有一个亮度值,通常用 0～255 的整数表示,其中 0 表示没有该颜色,255 表示该颜色的最大亮度。通过调整这 3 个值,可以产生从黑色(所有颜色亮度为 0)到白色(所有颜色亮度为 255)以及两者之间的各种颜色。这种模型广泛应用于电子显示设备,如电视屏幕、计算机显示器、手机屏幕等。

2. 彩色图像的数字化

任何视觉媒体要在计算机上进行处理,必须首先通过扫描仪、数字化仪、照相机、摄像机等将信息输入,经采样量化后存储。图像由基本显示单元(像素)构成,对于彩色图像,像素可由若干个二进制位进行描述。彩色图像用(R, G, B)3 个数字来表示一个颜色,即用红(R)、绿(G)、蓝(B)3 种基本颜色配色后进行表示。例如,(255, 0, 0)表示纯红色,(0, 255, 0)表示纯绿色,(135, 206, 255)表示天蓝色。

一张彩色图像可以用一个由整数组成的立方体阵列来表示,这样按立方体排列的数字阵列为三阶张量。这个三阶张量的长度与宽度就是图像的分辨率,高度为 3。对数字图像而言,三阶张量的高度也称为通道数,因此彩色图像有 3 个通道。相比较,灰度图像只有一个通道,这个矩阵可以看作高度为 1 的三阶张量。

1.3.4 图像与视频的关系

图像与视频之间存在一定的联系,视频由一连串的图像序列构成,这些图像按照一定的顺序排列,可以以一定的速度播放。图像是静态的,而视频是动态的。

图像是视频的组成部分,视频由图像组成,视频的内容通过图像来呈现并传达信息。图像可以用于描述和表现静态的事物,视频可以用于描述和表现动态的事物。图像与视频都能够描述和表现事物,但是图像更加精确和准确,视频更加生动和逼真。

1.3.5 图像处理和视频处理的应用

图像处理应用广泛,如数字识别、目标检测、图像分割、图像标题生成等。视频处理的应用包括目标跟踪、行为识别、视频生成等。

1.4 人工智能概述

1. 人工智能的概念

人工智能是计算机科学的一个分支,致力于研究、开发和应用能够执行智能任务的系统。人工智能的研究领域比较多，包括机器学习、深度学习、自然语言处理和计算机视觉等。人工智能是对人的意识、思维过程的模拟，目的是开发一种能以人类智能相似的方式作出反应的智能机器，即拥有智能行为的机器。

2. 人工智能的研究领域

人工智能是模拟人类智能行为的科学，涵盖知识获取、知识表示、自动推理、机器学习和计算机视觉等关键技术。机器学习作为人工智能的核心，专注于通过算法和统计技术让计算机从数据中学习，包括学习策略（如演绎学习、类比学习等）、知识表示形式（如决策树、图和网络等）、应用领域（如模式识别、计算机视觉等）、学习形式（如监督学习、无监督学习等）以及多种学习方法（如神经网络、聚类算法等），如图 1.9 所示。

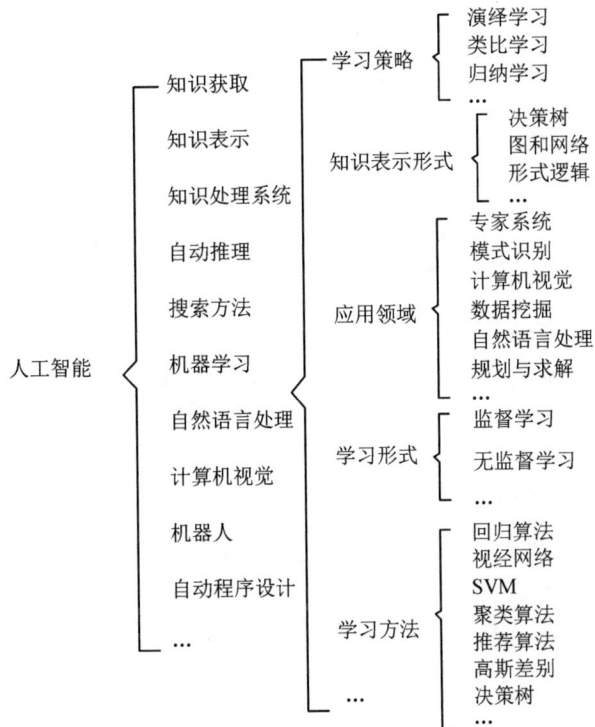

图 1.9　人工智能的研究领域

3. 人工智能的核心

算法是人工智能的核心，人工智能算法是数据驱动型算法，需要把人类理解和判断事物的能力教给计算机，让计算机学习到这种识别能力（机器学习）。

4. 人工智能、机器学习和深度学习的关系

深度学习是机器学习的一个子集，机器学习（Machine Learning，ML）是人工智能的子集。人工智能是追求目标，机器学习是实现手段，深度学习是其中的一种方法。人工智能、机器学习和深度学习三者之间的关系如图1.10所示。

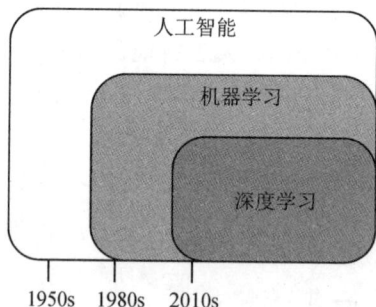

图1.10　人工智能、机器学习和深度学习的关系

1.5　机器学习概述

机器学习是人工智能的分支，它关注如何通过经验（数据）来改善计算机系统的性能。与传统的程序设计方法不同，机器学习允许计算机系统从数据中学习并适应于应用环境，而不需要显式地进行编程。

1.5.1　机器学习处理的问题

下面通过"$Y=aX+b$"这个简单的线性方程，讨论指令编程和机器学习方法的区别，同时阐述机器学习所处理的问题。

1. 指令编程

对于指令编程来说，其目的是使用已知的系数a和b，根据输入X计算输出Y。实现步骤通常是程序员先确定a和b的值，然后编写一个函数来计算Y，最后使用具体的X值调用函数，得到Y。在这个过程中，a和b的值是确定的。

2. 机器学习

对于机器学习来说，其目的是从一组已知的输入X和对应的输出Y数据中，自动学习出最佳的系数a和b。实现步骤通常是首先收集或生成一组输入X和对应的输出Y，并选择一个线性回归模型，然后使用训练数据X和Y调整模型的参数a和b，最后通过测试数

据或实际数据测试模型的性能。在这个过程中，a 和 b 的值是不确定的，利用给定的 X（样本）和 Y（期望输出），通过训练得到 a 和 b（优化过程、训练过程），然后输入未知 X，得到 Y（预测、测试过程）。

机器学习的过程也是模仿人类思考的过程，机器学习是对人类在生活中学习成长的一个模拟，两者的类比如图 1.11 所示。

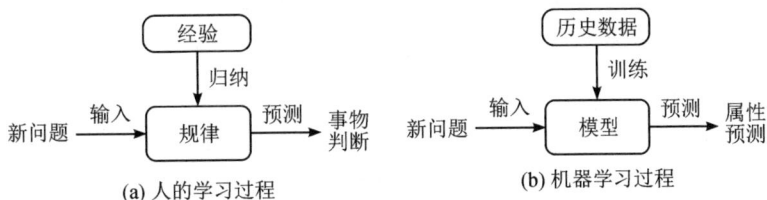

图 1.11　机器学习与人类思考的类比

1.5.2　机器学习的概念、核心及目标

1. 机器学习的概念

机器学习是人工智能的核心，属于人工智能的一个分支；机器学习是实现人工智能的一种方式，能够赋予机器进行学习的能力，可以理解为让机器学会学习；机器学习是通过数据训练出模型，然后使用模型进行预测的一种方法。

机器学习是算法的总称，这些算法从大量历史数据中挖掘出其中隐含的规律，并用于预测或者分类。机器学习可以看作寻找一个函数，输入是样本数据，输出是期望的结果。

2. 机器学习的核心

机器学习的核心是数据、算法（模型）和算力（计算机运算能力）。

3. 机器学习的目标

机器学习的目标是使学到的函数很好地适用于新样本。学到的函数适用于新样本的能力，称为泛化（Generalization）能力。

1.5.3　机器学习与其他领域的关系

机器学习与模式识别、计算机视觉、数据挖掘、自然语言处理、语音处理、统计学习等领域有紧密的联系。

1. 模式识别

模式识别根据已有特征通过训练达到判别的目的。模式识别逐渐被机器学习取代，以人工智能为导向的模式识别包含了很多机器学习的算法。

2. 计算机视觉

图像处理技术将图像处理为适于进入机器学习模型中的输入，机器学习从图像中识别出相关的模式。因此，可以认为计算机视觉是图像处理与机器学习相结合的研究领域。

3. 数据挖掘

数据挖掘是从海量数据中获取有效、潜在的模式的过程。数据挖掘用到了大量的机器学习的数据分析方法和数据库的数据管理技术。

4. 自然语言处理

自然语言处理是让机器理解人类语言的一门学科。自然语言处理大量使用了编译原理相关的技术（词法分析、语法分析等），同时使用了机器学习技术。

5. 语音识别

语音识别通常结合自然语言处理的相关技术。语音识别是音频处理技术与机器学习的结合。

6. 统计学习

统计学习关注统计模型的发展与优化。统计学习是与机器学习高度重叠的学科，机器学习中的大多数方法来自统计学。

1.5.4 机器学习处理流程

应用机器学习处理问题的流程主要包括模型选择、损失定义、参数优化和模型测试与应用 4 个部分。

1. 模型选择

在机器学习中，模型可以被理解为函数的集合，每个模型都是一组函数。模型选择问题是指从多个备选模型中挑选出最适合解决特定问题的那个模型。选择一个合适的模型，需要依据实际问题而定，针对不同的问题和任务选取恰当的模型。模型选择以后，训练过程就是寻找最佳函数参数的过程。

2. 损失定义

判断一个函数的好坏，需要确定一个衡量标准，也就是损失函数（Loss Function）。损失函数的确定需要依据具体问题而定，如回归问题一般采用欧氏距离，分类问题一般采用交叉熵损失函数等。

3. 参数优化

如何从众多函数中有效地找出"最好"的那一个，是一个模型参数优化问题。参数优化本质上是通过调整模型的参数，使得模型在训练数据上达到最佳的性能，同时保持良好的泛化能力。参数优化常用的方法有梯度下降算法、最小二乘法等。

4. 模型测试与应用

学习得到"最好"的函数后，需要在测试数据集或实际应用数据上进行测试，测试效果好的才是一个"好"的函数。

1.5.5 机器学习模型的分类

机器学习模型可以从任务类型、方法和学习理论 3 个角度进行划分。

1. 按任务类型分类

按照任务类型，机器学习模型可分为回归模型、分类模型和结构化学习模型。

(1) 回归模型：预测模型的输出是一个不能枚举的数值。

(2) 分类模型：分为二分类模型和多分类模型，常见的二分类问题如垃圾邮件过滤等，常见的多分类问题如文档自动归类等。

(3) 结构化学习模型：输出不是一个固定长度的值，如图像语义分析，输出是图像的文字描述。

2. 按方法分类

按照方法，机器学习模型可分为线性模型和非线性模型。线性模型是非线性模型的基础，很多非线性模型都是在线性模型的基础上变换而来的。非线性模型又分为传统机器学习模型(SVM、kNN、决策树等)和深度学习模型。

3. 按学习理论分类

按照学习理论，机器学习模型可分为有监督学习、半监督学习、无监督学习、迁移学习和强化学习等。

(1) 有监督学习：通过已标记的训练数据来训练模型，使模型能够从输入数据中学习并预测相应的输出标签。

(2) 无监督学习：从未标注的数据中发现隐藏的模式、结构或关系。与有监督学习不同，无监督学习不需要带有标签的训练数据，而是通过探索数据的内在特性进行学习。

(3) 半监督学习：一种介于有监督学习和无监督学习之间的机器学习方法。半监督学习是利用少量的标注数据和大量的未标注数据来训练模型，从而提高模型的性能和泛化能力。半监督学习的主要优势在于能够在标注数据稀缺或获取成本高的情况下，充分利用未标注数据的信息。

(4) 迁移学习：利用在一个任务上学到的知识来改进另一个相关任务的学习效果。在目标任务数据有限的情况下，通过迁移学习模型可以更快地收敛，提高学习性能。

（5）强化学习：一个学习最优策略的过程，可以让本体（Agent）在特定环境中根据当前状态做出行动，从而获得最大回报。强化学习和有监督学习最大的不同是，每次的决定没有对与错，而是希望获得最多的累计奖励。

1.5.6　过拟合与欠拟合

过拟合（Overfitting）和欠拟合（Underfitting）是机器学习中常见的两种模型训练问题，它们影响模型在新数据上的泛化能力。理解这两个概念对于调整和优化模型至关重要。

1. 过拟合

过拟合是指所构建的机器学习模型或深度学习模型对训练数据拟合程度过高，导致在验证数据集以及测试数据集中表现不佳。解决过拟合常用的方法包括准备更多的训练数据、降低模型的复杂度、增加正则化项和集成学习等。

2. 欠拟合

欠拟合是指模型的特征学习能力不强，在训练集、验证集和测试集上均表现不佳，泛化能力弱。解决欠拟合常用的方法包括增加新的特征、增加模型的复杂度、减小正则化系数等。

第 2 章
深度神经网络

深度神经网络(Deep Neural Networks，DNN)是一种基于神经网络的机器学习模型，它具有多层(深度)的结构，由多个神经网络层次组成。这种深度结构使得深度神经网络能够学习层次化的特征表示，从而在处理复杂任务时取得显著的成功。

2.1 人工神经网络

人工神经网络(Artificial Neural Network，ANN)是模拟生物神经网络的一种浅层的学习模型(包含一个输入层、一个隐层及一个输出层)。ANN 由大量相互连接的节点(神经元)构成，每个节点表示一种特定的输出函数(激励函数)，每两个节点之间的连接代表对连接信号的加权值(权重)，网络的输出由网络的连接方式、权重和激励函数决定。

ANN 在训练时采用反向传播(Back Propagation，BP)，利用梯度下降方法在训练过程中修正权重，以减少网络误差。然而，在层次深(通常大于 5 层)的情况下 ANN 性能变得很不理想，反向传播时容易出现梯度消失(Gradient Vanishing)或梯度爆炸(Gradient Exploding)的现象。

(1) 梯度消失：随着网络层数的增加，梯度逐层不断消散，导致其对网络权重调整的作用越来越小。

(2) 梯度爆炸：随着网络层数的增加，梯度逐层不断放大，导致最终训练不稳定。

2.2 深度神经网络的兴起

深度学习是 ANN 的进一步发展，也称为深度神经网络，以人脑的结构和功能为模型，由处理和转换数据的多层相互连接的节点层组成，能够学习数据中的复杂模式和关系。深度学习利用深度神经网络来建模和解决复杂问题，在各个领域都体现了其卓越的性能。随着大数据的获取和计算资源日新月异的发展，深度学习新的模型也在不断推陈出新。促使深度神经网络兴起的主要因素如下：

（1）大数据：大规模、多样化的训练样本可以缓解过拟合问题。

（2）训练方法：网络模型的训练方法有显著的改进，即逐层预训练（Layer-wise Pre-training）方法。

（3）硬件条件：计算机硬件的飞速发展（如图形加速卡的出现）使得训练效率能够以几倍、几十倍的幅度提升。

（4）特征学习能力：深度神经网络具有强大的特征学习能力，过去几十年中，手工设计特征一直占据着主导地位，特征的好坏直接影响到系统的性能。

训练方法的逐层预训练主要包括两个阶段：

第一阶段：自下而上无监督学习。从底层开始，一层一层往顶层训练，分层训练各层参数，该过程是一个无监督训练过程，也是一个特征学习过程。具体过程如下：

① 先训练第一层，转换为一个使得输出和输入差别最小化的三层神经网络的优化问题，由于模型容量的限制及稀疏性约束，使得到的模型能够学习到数据本质的结构，从而得到比输入更具有表示能力的特征。

② 在学习得到第 $n-1$ 层后，将 $n-1$ 层的输出作为第 n 层的输入，训练第 n 层，由此分别得到各层的参数。

第二阶段：自顶向下的监督学习。通过带标签数据训练，误差自顶向下传输，也是一个网络微调过程。该过程的说明如下：

① 基于第一阶段得到的各层参数进一步细调整个多层模型的参数，这个过程是一个有监督训练过程。

② 第一阶段的网络参数不是随机初始化，而是通过学习输入数据的结构得到的，这个初值更接近全局最优，从而能够取得更好的效果；深度学习好的效果很大程度上归功于第一阶段的特征学习过程。

逐层预训练过程如图 2.1 所示，具体实现步骤如下：

操作①——初始化网络参数。高斯分布随机初始化网络参数，然后逐层优化网络参数。

操作②——第一层网络参数的优化。保留输入层 $x_n(n=1,2,\cdots,5)$ 和第一个隐藏层 $h_n^{(1)}(n=1,2,3,4)$，其余层去掉；加入一个输出层 $\hat{x}_n(n=1,2,\cdots,5)$，其输出向量维度和输入层一样，构成一个自编码器；训练这个自编码器，可以得到第一层的网络参数。

操作③——第二层网络参数优化。保留第一个隐藏层 $h_n^{(1)}(n=1,2,3,4)$ 和第二个隐藏层 $h_n^{(2)}(n=1,2,3)$，其余层去掉；添加一个输出层 $\hat{h}_n^{(1)}(n=1,2,3,4)$，其输出向量维度和第一个隐藏层维度相同，构成一个自编码器，自编码器的输入是第一个隐藏层；优化这个自编码器，可以得到第二层网络参数。

操作④——网络参数微调。

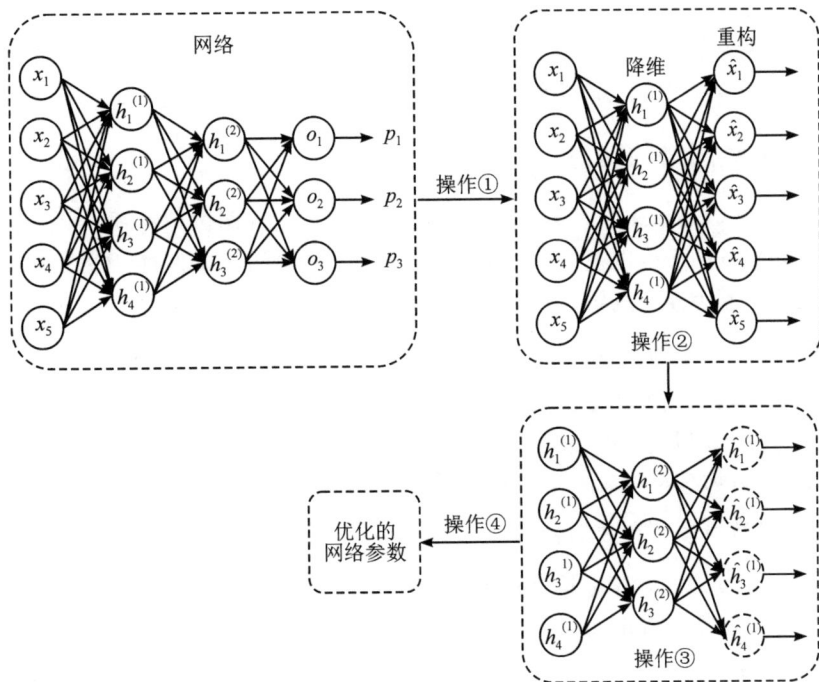

图 2.1 逐层预训练

上述每个自编码器都只优化一层隐藏层，所以每个隐藏层的参数都只是局部最优；优化完这两个自编码器后，把优化后的网络参数作为神经网络的初始值，微调整个网络，直到网络收敛。

2.3 深度神经网络的基本结构

人工神经网络通常包括输入层、隐藏层和输出层，这种结构适用于简单的问题，如二分类或简单的回归问题等。而深度神经网络是具有多个隐藏层的神经网络，通过增加网络深度来学习更复杂的特征和表示，以提高模型的性能。

2.3.1 神经元

神经元模型是一个包含输入、输出与计算功能的模型，如图 2.2 所示。

（1）输入：类比为神经元的树突。

（2）输出：类比为神经元的轴突。

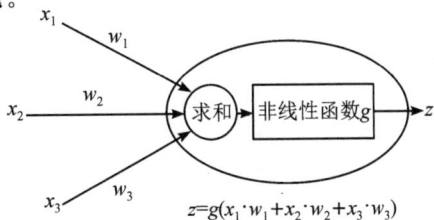

$$z = g(x_1 \cdot w_1 + x_2 \cdot w_2 + x_3 \cdot w_3)$$

图 2.2 神经元模型

（3）计算：类比为细胞核。

示例：神经元模型包含 3 个输入 x_n（$n=1,2,3$）、1 个输出 z 及 2 个计算功能［求和及非线性激活函数 $g(\cdot)$］，中间的箭头线称为"连接"，每个对应一个"权值"w_n（$n=1,2,3$）。

2.3.2 卷积神经网络的特点

卷积神经网络（Convolutional Neural Networks，CNN）已在图像理解领域得到了广泛应用，随着大规模图像数据的产生以及计算机硬件（特别是 GPU）的飞速发展，CNN 及其改进方法在多个领域取得了突破性的成果，引发了研究的热潮。CNN 的特点主要有以下两方面。

1. 由多个顺序连接的层（Layer）组成

（1）第一层为输入，通过卷积运算从图像中提取特征。

（2）后续的每一层以前一层提取出的特征作为输入，对其进行特定形式的变换，可以得到更复杂的特征。经过多层的变换之后，神经网络就可以将原始图像变换为高层次的抽象特征。

2. 自动从图像中学习有效的特征

在传统的模式分类系统中，特征提取与分类是两个独立的步骤，而深度神经网络将二者集成在了一起，使特征提取与分类构成一个整体。

以 AlexNet 为例，对 CNN 的结构特点可以进一步进行分析。AlexNet 神经网络由卷积层、ReLU 层（非线性激活）、最大池化层（Max Pool）、全连接层、Softmax 归一化指数层等构成，如图 2.3 所示，该网络主体部分由 5 个卷积层和 3 个全连接层组成。5 个卷积层位于网络的最前端，依次对图像进行变换以提取特征。每个卷积层之后都有一个 ReLU 层完成非线性变换，第 1、2、5 个卷积层之后连接有 Max Pool 层，用以降低特征图的分辨率。经过 5 个卷积层以及相连的 ReLU 层与 Max Pool 层之后，特征图被转为 9216 维的特征向

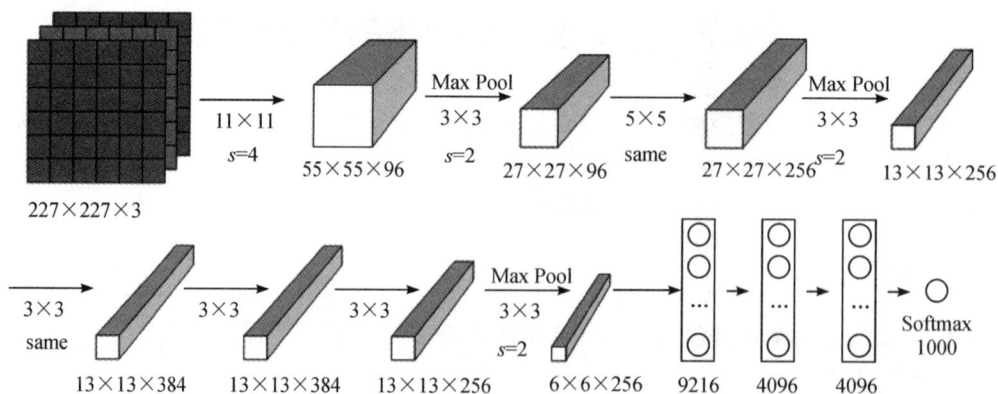

图 2.3 AlexNet 神经网络结构

量。再经过两次全连接层和 ReLU 层的变换之后，成为最终的特征向量。经过一个全连接层和一个 Softmax 归一化指数层之后，就得到了对图像所属类别的预测。

2.3.3　卷积神经网络的构成

卷积神经网络是一种特殊的神经网络结构，主要用于处理图像和空间数据的任务，其主要构成描述如下。

1. 卷积

（1）卷积层（Convolutional Layer）：用卷积运算对原始图像或者上一层的特征进行变换的层。一个深度神经网络以卷积层为主体时，称为卷积神经网络。一种卷积核提取某种特定的特征，如边沿、角点或其他抽象特征。

（2）多通道特征图（Feature Map）：通常使用多个卷积核对输入图像进行不同的卷积操作，这些结果作为不同的通道组合起来，可以得到一个新的三阶张量，称为特征图，这个特征图就是卷积层的最终输出，如图 2.4 所示。

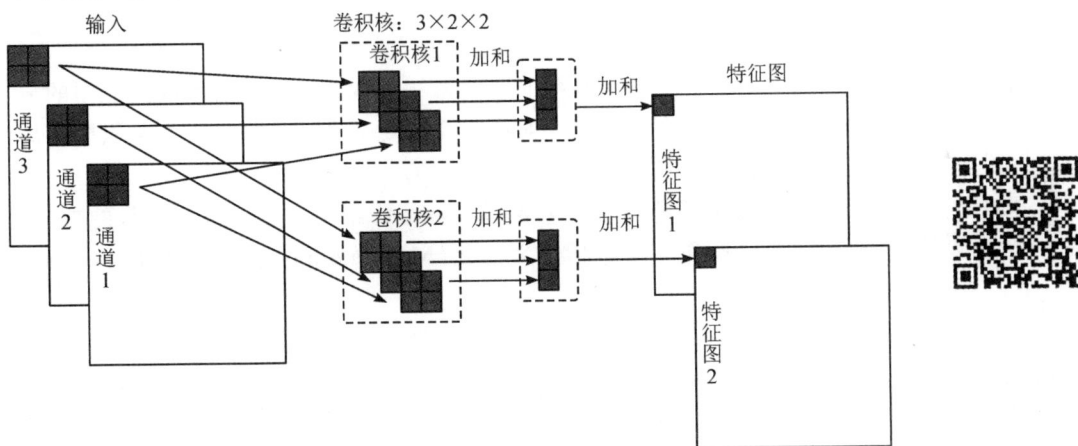

图 2.4　卷积和特征图的生成

2. 非线性激活

通常需要在每个卷积层和全连接层后面都连接一个非线性激活层，原因如下：

（1）不管是卷积运算还是全连接层中的运算，都是关于自变量的一次函数，即线性函数。由线性函数的性质可知，若干线性计算的复合仍然是线性的。

（2）如果在每次线性运算后，再进行一次非线性运算，那么每次变换的效果就可以得以保留。这个过程可以与数字电路进行类比，线性变换可以类比于组合逻辑，非线性变换可以类比于时序逻辑，组合逻辑对信号进行处理以后，为了获得更为复杂的逻辑运算，通常通过时序逻辑电路，如寄存器等，将组合逻辑结果进行寄存，然后再进行下一步的组合逻辑处理。通过这样的多级处理，可以获得更为复杂的逻辑运算或逻辑功能。非线性激活层的形式有许多种，选定某种非线性函数，然后再对输入特征图或特征向量的每一个元素应用这种非线性函数得到输出。

常用的非线性函数如下：

逻辑函数：

$$s(x) = \frac{1}{1+e^{-x}}$$

双曲正切函数：

$$\tanh(x) = \frac{e^x - e^{-x}}{e^x + e^{-x}}$$

线性整流函数：

$$s(x) = \begin{cases} x, & \text{if } x \geqslant 0 \\ 0, & \text{if } x < 0 \end{cases}$$

3. 池化

在计算卷积时，会用卷积核滑过图像或特征图的每一个像素，如果图像或特征图的分辨率很大，那么卷积层的计算量就会很大。为了降低算法复杂度，通常在几个卷积层之后插入池化层，以降低特征图的分辨率。

池化操作是一个欠采样或下采样过程，主要用于特征降维、压缩数据和参数的数量，同时提高模型的容错性。池化操作主要包括最大池化（Max Pooling）和平均池化（Average Pooling）。

最大池化提取每个小区域中特征值最大的一个，值越大表明特征越明显，也就是把典型特征提取出来。最大池化可以减少图像的尺寸并增大感受野，操作过程如图 2.5(a) 所示。平均池化与最大池化类似，平均池化是提取每个小区域中特征值的平均值，同样，平均池化可以减少图像的尺寸并增大感受野，操作过程如图 2.5(b) 所示。

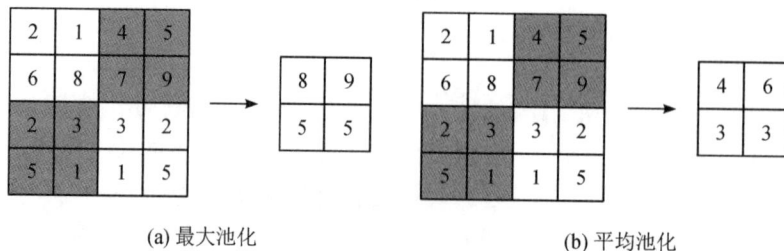

(a) 最大池化 (b) 平均池化

图 2.5　池化操作

4. 全连接

输入图像在经过若干卷积层之后，会将得到的特征图通过展平(Flatten)操作可转换为特征向量。如果需要对这个特征向量进行变换，则通常用到的是全连接层。

在全连接层中，若干维数相同的向量与输入向量做内积操作，并将所有结果拼接成一个向量作为输出，如图 2.6 所示，表示形式如式(2.1)所示。或者说，全连接也是向量和矩阵相乘的过程，向量是输入的特征，矩阵由权值参数构成，这些权值参数通过训练获得。相乘的结果是一个向量，可以作为下一层的输入特征。

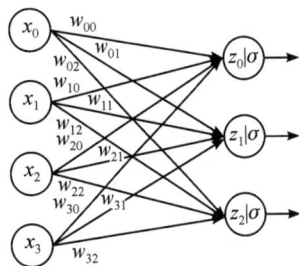

图 2.6　全连接示意图

$$\begin{bmatrix} z_0 & z_1 & z_2 \end{bmatrix} = \begin{bmatrix} x_0 & x_1 & x_2 & x_3 \end{bmatrix} \begin{bmatrix} w_{00} & w_{01} & w_{02} \\ w_{10} & w_{11} & w_{12} \\ w_{20} & w_{21} & w_{22} \\ w_{30} & w_{31} & w_{32} \end{bmatrix} \qquad (2.1)$$

5. Softmax

归一化指数层(Softmax Layer)的作用是完成多类分类中的归一化指数函数的计算，对于输入向量 $X = (x_1, x_2, \cdots, x_n)$，计算 n 个标量值：

$$y_k = \frac{e^{x_k}}{e^{x_1} + e^{x_2} + \cdots + e^{x_n}} \qquad (2.2)$$

将它们拼接成向量 $Y = (y_1, y_2, \cdots, y_n)$ 作为输出。

归一化指数层一般是分类网络的最后一层，以一个长度和类别个数相等的特征向量作为输入，这个特征向量通常来自一个全连接层的输出，然后输出图像属于各个类别的概率。

6. 批标准化

研究表明，如果在图像处理中对输入图像进行批标准化操作，即把输入数据的分布变换到 0 均值、单位方差的正态分布，则神经网络会较快收敛。

批标准化过程中，对于每个隐层神经元，把逐渐向非线性函数映射后，向取值区间极限饱和区靠拢的输入分布，强制拉回到均值为 0 且标准差为 1 的正态分布，使得非线性变换函数的输入值落入对输入比较敏感的区域，以此避免梯度消失/爆炸问题。批标准化使梯度一直都能保持比较大的状态，所以对神经网络的参数调整效率比较高、变动大，向损失函数最优值迈动的步子大，收敛加速。

批标准化的优点主要包括：提升了训练速度，收敛过程加快；增强了分类效果，防止了过拟合；简化了调参过程，降低了参数的初始化要求，而且可以使用大的学习率等。

2.4 深度神经网络的训练

深度神经网络需要经过训练才可以区分属于不同类别的特征向量，即需要经过训练才能学习出有效的特征。同时，网络训练过程也是寻找最佳参数的过程，这些参数包括卷积层中所有卷积核的元素值、全连接层中所有内积运算的系数。训练神经网络模型需要利用梯度下降算法来进行网络参数的更新。

1. 梯度下降更新参数

梯度下降更新参数的方式最常见的有以下 3 种：

（1）批量梯度下降：每一次迭代时使用整个训练集的数据计算损失函数来进行梯度更新。由于每一次参数更新都用到所有的训练集数据，当样本数量很大的时候，计算开销大，速度慢。

（2）随机梯度下降：每一次迭代时，针对单个样本计算损失函数，然后计算梯度更新参数。这种方法速度比较快，但是收敛性能不好，可能造成目标函数剧烈振荡，并且大数据集的相似样本会造成梯度的冗余计算。

（3）小批量梯度下降：每次迭代时，采用一小批样本，这样可以降低参数更新时的方差，收敛更加稳定，另一方面可以充分利用深度学习库中优化的矩阵操作进行有效的梯度计算。在大规模的神经网络训练中，一般采用小批量梯度下降的方式。

小批量梯度下降并不能保证很好的收敛性，学习率（Learning Rate）如果选择得太小，收敛速度会很慢，如果选择得太大，损失函数可能在局部最优解附近不停地振荡甚至偏离。通常是先设定大一点的学习率，当两次迭代之间的变化低于某个阈值后，就减小学习率。

2. 超参数设置

在深度学习中，超参数的选择对模型的性能和训练过程有着重要影响。

1）批量大小

每次迭代时使用的一批样本是一个 Batch，样本的数量称为批量大小（Batch Size）。Batch 大小是一个超参数，用于定义在更新内部模型参数之前要处理的样本数。每一次参数的更新并不是由一个样本得到的，而是由一个 Batch 的数据加权得到的。使用 Batch Size 个样本训练一次的过程是一个迭代（Iteration）。

2）迭代次数

迭代次数称为 Epochs，一个 Epoch 就是使用训练集中的全部样本训练一次，即 Epoch

的值就是整个训练数据集被反复使用几次。Epoch 数是一个超参数，定义了模型在整个训练数据集中的工作次数。一个 Epoch 意味着训练数据集中的每个样本都有机会更新内部模型参数。Epoch 由一个或多个 Batch 组成。

3）学习率

学习率控制模型权重更新的步长，学习率太大可能导致模型不稳定，学习率太小可能导致训练速度过慢。

4）Dropout 率

Dropout 率（Dropout Rate）是指在训练过程中随机丢弃一部分神经元，以防止过拟合，增强模型的泛化能力。

超参数还包括正则化参数、隐藏层层数和神经元数量等。

3．深度神经网络训练的常见问题

对深度神经网络进行训练时主要有以下 8 个常见的问题。

1）训练数据

确保数据量充足，避免过拟合；处理数据不平衡，防止模型偏向多数类别；清洗数据噪声，提高数据质量；保持训练和测试数据分布一致，避免域偏移；校正标注错误，确保标签准确性。通过这些措施，有助于提高模型的性能和泛化能力。

2）激活函数

激活函数主要包括 Sigmoids、tanh 和 ReLU。在深度学习中，为避免梯度消失，可使用 ReLU 及其变体（如 Leaky ReLU、PReLU）；对于输出层的选择，多分类任务用 Softmax，二分类任务用 Sigmoid，回归任务用线性激活；为避免 ReLU 的死区问题，可使用 Leaky ReLU 或 PReLU。通过实验和交叉验证选择最适合当前任务的激活函数，确保模型在验证集上的最佳表现。

3）隐藏单元和图层的数量

在深度学习中，确定隐藏单元和图层的数量时，对于简单任务，使用较少的隐藏层和单元；对于复杂任务，增加隐藏层和单元数量。通常从较小的网络开始，通过交叉验证逐渐增加层数和单元数，直到模型性能不再显著提升。在模型的隐藏单元和图层数量的确定过程中，应避免过度复杂化，防止过拟合。

4）权重初始化

对于深度神经网络使用小的随机值（如高斯分布或均匀分布）初始化权重，有助于打破对称性，使网络能够有效学习。例如，Xavier/Glorot 初始化适用于激活函数为 Sigmoid、tanh 的网络，确保信号在前向和反向传播中保持稳定，He 初始化适用于激活函数为 ReLU

及其变体的网络，有助于缓解梯度消失和爆炸问题。

5）学习率

（1）通常每次迭代之后逐渐降低学习率，如每次迭代后的学习速率减半，或采用自适应学习率。

（2）余弦退火。每个 Batch 训练后学习率减小一点，当减小到规定值后学习率马上增大到初始值，循环该过程。每次训练后学习率进行衰减，这是因为随着模型的训练，模型参数需要调整的量越来越少，所以需要更小的学习率，而模型训练一段时间后，可能陷入马鞍面，梯度会变得非常小，因此需要将学习率增大到初始值，希望用一个很大的学习率让参数有较大的更新，使模型跳出马鞍面。这种学习率按余弦曲线先降后升，周期性调整优化训练的过程称为余弦退火。

（3）Warm up。在深度学习模型刚开始训练的时候，往往会对权值进行随机初始化，这会导致初始的训练可能不稳定，所以刚开始的学习率应当设置得比较低，这样可以保证网络具有良好的收敛性。但是较低的学习率会使得训练过程变得非常缓慢，因此会采用以较低学习率逐渐增大至较高学习率的方式实现网络训练的"热身"阶段，称为 Warm up。

6）批量大小

在深度学习中，需要确保批量大小不超过内存限制，避免内存溢出。通常较小的批量大小（如 32、64）有助于提高模型训练的稳定性和泛化能力，较大的批量大小（如 128、256）可以加快收敛速度。在网络模型的训练中，学习率的调整与批量大小有关，需要通过交叉验证来选择最佳的批量大小。不同 Batch 样本的随机组合可以提高模型的泛化能力，增加数据多样性，减少过拟合，提高训练稳定性。

7）可视化

模型可视化训练包括损失和准确率的变化曲线、权重和梯度的分布、学习率的变化、特征图和激活图的可视化、模型结构图等。这些内容有助于实时监控模型性能，直观展示训练过程，便于调参和优化，提高训练效率。

8）使用 GPU 和具有自动求导机制的框架

常用的框架包括 TensorFlow、PyTorch、Keras 和 MXNet。这些框架自动计算梯度，可简化编程复杂度，提高开发效率。其中，PyTorch 和 TensorFlow 最为流行，能够提供丰富的功能和社区支持。

第 3 章
深度神经网络的软件平台

深度神经网络的训练和应用通常需要使用专门的深度学习框架或软件平台。这些平台为深度神经网络的构建提供了丰富的工具和库，使研究人员和开发者能够更容易地构建、训练和部署网络。本章主要描述深度学习目前主流的编程语言 Python、深度神经网络构建平台 PyTorch、常用工具包以及编程环境配置等内容。

3.1 Python

3.1.1 背景信息

Python 是一种高级、通用、解释型的编程语言，以其简洁、易读的语法而闻名，其强调代码的可读性和清晰度，使开发者能够快速、高效地编写代码。

1. Python 的版本系列

(1) Python 2. x 系列：其中 Python 2.7 是最稳定的版本，于 2000 年发布。

(2) Python 3. x 系列：不完全兼容 Python 2. x 系列，于 2008 年发布。

Python 能够调用很多有关的库函数，许多人工智能领域都将 Python 语言作为首选语言，在机器学习、神经网络、深度学习等领域都是主流的编程语言。

2. Python 解释器

第一个 Python 解释器是基于 C 语言设计（CPython）的，能够调用任何 C 语言的库文件。其他的解释器如下：

(1) IPython：基于 CPython 之上的一个交互式解释器。

(2) PyPy：对 Python 代码进行动态编译，可提高 Python 代码的执行速度。

(3) Jython：运行在 Java 平台上的 Python 解释器，可把 Python 代码编译成 Java 字节

码执行。

（4）IronPython：运行在微软. Net 平台上的 Python 解释器，可把 Python 代码编译成
. Net 的字节码。

3.1.2 Python 的特点

Python 的主要特点如下：

（1）具有清晰划一的风格。Python 的缩进规则，使不好的编程习惯不能通过 Python 解
释器的编译。

（2）Python 程序中，一个模块的界限由代码每行的首字符在这一行的位置来决定
（C 语言使用"{}"规定模块的边界，与字符的位置无关）。C 语言的语法含义与字符的排
列方式分离开来，Python 在引用 if、else 语句或其他模块时要求严格缩进，这使得程序更
加清晰。

（3）简单、易学、高效、可移植、可扩展和可迁移等。

① Python 中，所有的变量都不需要提前定义，可以直接使用。

② Python 中，可以大量引用效率高的第三方库，提高了工作效率。

③ Python 语言基于 C 语言，因此其扩展性及迁移性突出，可以在 Python 程序中加入
扩展的 C/C++程序。

3.1.3 Python 与 C 语言的比较

在学习 C 语言时，首先要学习变量、数据类型、运算符等知识，这些可以构造基本的 C
语言单条语句，但这些单条语句的罗列通常不能表达所需要的逻辑关系。为了控制 C 语言
的逻辑关系，又学习了程序流向控制类语句，如 if 条件判断语句、while 循环语句、for 循环
语句等。虽然通过控制类语句可以完成所需要的逻辑关系，但所完成的程序会很长，致使
调试和功能扩展不便，特别是没有模块化结构。为了实现程序的功能模块化，学习了函数。
为了进一步将功能和属性封装，并利用继承等减轻编程负担，又学习了面向对象的编程技
术。以上 C 语言的这个学习过程，在 Python 学习中也是类似的。

1. 编译与解释

（1）C 是编译型语言，即编译后生成机器码并可以运行；代码的执行速度快，但跨平台
特性不理想；一般用于操作系统、驱动等底层的开发。

（2）Python 是解释型语言，执行速度相对较慢；由于使用虚拟机，跨平台特性较好；
高度集成，适合于软件的快速开发。Python 源代码在执行前，要先将源代码编译为字节
码序列，Python 虚拟机再根据这些字节码进行一系列的操作，完成对 Python 程序的
执行。

2. **数据类型**

1）C 语言

C 语言需要事先定义变量类型，然后才能使用。C 语言主要包括 short、int、long、char、float 和 double 这 6 种基本数据类型。C 语言数据类型如图 3.1 所示。

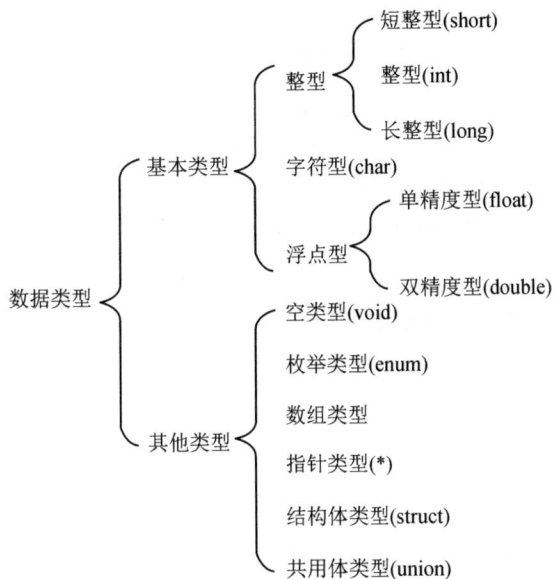

图 3.1　C 语言数据类型

2）Python

Python 数据类型主要包括 6 种，如图 3.2 所示，使用时不需要事先定义。

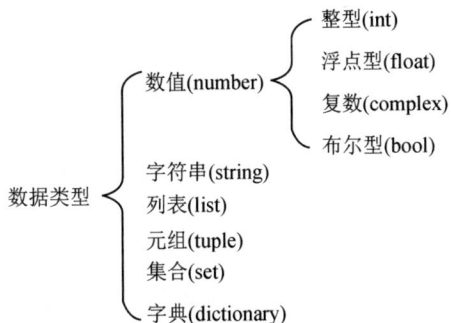

图 3.2　Python 数据类型

（1）数值：主要包括 int、float、complex 和 bool。

（2）字符串：用单引号 ' 或双引号"括起来。字符串不能被改变，不能向一个索引位置赋值。

（3）列表：属于可变类型，写在方括号［　］之间、用逗号分隔开的元素列表。列表中元素的类型可以不相同，支持数字、字符串，甚至可以包含列表（嵌套）。

（4）元组：元组的元素写在小括号（　）里，之间用逗号隔开。元组中的元素类型也可以不相同，元素不能修改，属于不可变类型。

（5）集合：一个无序且元素不重复的集合的数据类型，使用大括号｛｝或者 set（）函数创建集合，可进行集合交并。集合可由一个或数个形态各异的大小整体组成（如 list 作为元素）。

（6）字典：一个无序的键（key）:值（value）的集合，也是一种映射类型，用｛｝标识。字典当中的元素是通过键来存取的，不是通过偏移存取的。键必须独一无二，值可以取任何数据类型，但必须是不可变的，如字符串、数或元组等。

3. 运算符

Python 和 C 语言都支持基本的算术、比较和逻辑运算符等。

（1）运算符和优先级两者并没有大的区别。

（2）Python 中没有自加和自减运算符。

（3）Python 中的逻辑运算符是 and、or、not，C 语言中是 &&、‖、！。

4. 控制类语句

Python 和 C 语言都支持 if、else、for、while 控制语句。

（1）Python 中通过缩进表示语句体，C 语言通过｛｝表示语句体。

（2）Python 中每一条语句结尾后没有分号。

（3）判断语句 if else 以及循环语句 while 两者没有区别。

（4）Python 通过 for in 表示 for 循环。Python 的 for 循环更灵活，支持迭代任何可迭代对象，而 C 语言的 for 循环通常用于基于索引的循环。

5. 函数和方法

Python 和 C 语言都支持函数定义，但语法不同。Python 使用 def 关键字定义函数，C 语言使用类型和函数名定义。Python 函数可以返回多个值，而 C 语言只能返回一个值，但可以通过指针参数实现多值返回。Python 的方法是与对象关联的函数，而 C 语言没有方法概念，只有函数。

（1）Python 中的函数。

① 函数定义：首先是 def 关键字，然后接函数名，再接括号，括号里写形参也可省略不写形参。

示例：

```
def    FunctionName():
```

```
    # 函数主体程序部分…
    print("这是一个函数的定义")
```

② 函数调用：直接写函数名（函数参数 1，函数参数 2，…）。

示例：

```
    # 函数调用
    ⋮
    FunctionName()
    ⋮
```

（2）Python 中的方法。

① 方法定义：在类中进行，其他和函数定义相当，方法必须带一个默认参数（相当于 this），静态方法除外。

示例：

```
    class ClassName(super):
        def  MethodName(self):
                # 方法主体程序部分…
                print("这是一个方法的定义")
```

② 方法调用：通过对象的方法调用。

示例：

```
    # 方法调用
    ⋮
    p=ClassName()
    p. MethodName()
    ⋮
```

6. 面向过程与面向对象

（1）C 语言是面向过程的语言，需要手动实现函数完成某一功能。

（2）Python 引入了类和对象，是面向对象编程语言，面向对象使代码的可重用性提高，数据的封装性更好。

3.1.4　Python 构建神经网络的优势

使用 Python 构建神经网络的优势包括丰富的库支持（如 TensorFlow、PyTorch、Keras）、易学易用的语法、活跃的社区和良好的跨平台支持等。

（1）神经网络参数的运算实际上是矩阵的运算，Python 中有大量进行科学运算的库及一些接口，如 NumPy 等，可以方便地进行矩阵运算且运算速度快，这些有关的库及接口完全开源，可将 Python 程序移植到各种平台上进行实际应用。

（2）Python 有各种图像处理、计算机视觉的有关库，这些库可在进行有关卷积神经网络的项目时提供便利。

（3）有很多基于 Python 的深度学习框架：

① Facebook 公司的 PyTorch。

② Google 公司的 TensorFlow。

③ 百度公司的飞浆 PP。

3.1.5　Python 基础语法

Python 的基础语法涵盖了一系列关键概念和规则，这些概念是编写有效 Python 代码的基础。下面介绍 Python 基础语法的要点。

1. 变量

在 Python 中，只需要直接给变量赋值即可完成变量的创建，不需要像 C 语言那样单独书写变量定义语句。

变量赋值的格式为：

变量名＝值

变量的命名规则如下：

（1）标识符只能由数字、字母和下画线组成。

（2）标识符不能以数字开头。

（3）标识符不能与关键字重名。

2. 数据类型

Python 主要的数据类型有 6 种，包括数值、字符串、列表、元组、集合和字典。

（1）列表：类似于 C 语言的数组，也称为序列，列表中的每个元素不一定是数字，也可以是字符串，并且一个列表中可以有不同类型的元素。

列表定义的格式为：

列表名＝[元素 1，元素 2，…]

示例：

```
var1＝[1, 2, 3, 'a', 'b']
var2＝['aa', 'bb', 'cc', 'dd', 123]
var2[0:4:2]                          #对应'aa', 'cc'
```

创建空列表：直接使用空的双引号，并且在后面加上乘号"＊"和想要创建的空列表长度。

示例：

```
List＝[''] ＊ 10
List[8]＝100
```

（2）元组：元组与列表类似，元组的元素不能修改，并且元组采用括号的形式。

元组定义的格式为：

元组名＝(元素 1，元素 2，…)

示例：

tup1＝('physics'，'chemistry'，1997，2000)

tup2＝(1，2，3，4，5，6，7)

print("tup1[0]："，tup1[0])

print("tup2[1：5]："，tup2[1：5])

输出结果如下：

tup1[0]：　physics

tup2[1：5]：　[2，3，4，5]

（3）集合：一个无序且不包含重复元素的数据结构，可以通过大括号{}或 set( )函数定义，构成集合的事物或对象称为元素或成员。

集合定义的格式为：

集合名＝{元素 1，元素 2，…}

示例：

var＝{'Baidu'，'Ali'，'Huawei'，'Zhihu'}

（4）字典：键值对的集合，键值对之间是无序的。字典可采用大括号{}或 dict 创建，键值对之间使用逗号分隔，键和值之间使用冒号分隔。

字典定义的格式为：

字典名＝{键 1：值 1，键 2：值 2，…}

示例：

d＝{"Shannxi"："Xi'an"，"Henan"："Zhengzhou"}

print(d["Henan"])

输出结果如下：

Zhengzhou

3. 运算符

Python 有多种运算符。算术运算符用于数值计算，比较运算符比较值的关系并返回布尔值，逻辑运算符操作布尔值，赋值运算符给变量赋值，成员运算符判断元素是否在序列里，位运算符对二进制数进行运算。运算符是 Python 进行数据处理、逻辑判断、变量操作等的基本工具。

（1）算术运算符：＋、－、*、/等。

（2）比较运算符：大于、小于等。

（3）赋值运算符：＝、＋＝等。

（4）位运算符：按位的与、或、非，左移、右移等。

（5）逻辑运算符：and、or、not 等。

（6）成员运算符：in、not in 成员在指定序列中返回 True，否则返回 False。

（7）身份运算符：is、is not 判断两个标识符是否引自一个对象。

4. 输入和输出语句

1）输入语句

输入语句的格式为：

    var＝input()

将键盘输入的内容赋值给变量 var，变量类型为字符串类型，如果想进行数值运算，还需要进行数据类型的强制转换。

2）输出语句

输出语句的格式为：

    print('输出的内容')

要输出变量及字符串时，可以使用 f 格式。f 格式的标准格式如下：

    print(f'…{变量名}…')

f 格式与普通格式一样，必须添加引号（双引号、单引号都可以），并且变量名一定要用大括号{}括起来。

5. 程序流程控制语句

Python 的程序流程控制语句主要包括条件语句和循环语句，这些语句构建了程序的逻辑结构。

1）if 语句

if 语句的格式为：

    if 条件：
        条件成立执行的代码
        …

2）if else 语句

if else 语句的格式为：

    if 条件：
        条件成立执行的代码
        …
    else：
        条件不成立执行的代码

```
    ...
```

注：if 语句不能缺少冒号，只有在 if 后面的缩进格式中的代码才是条件成立所要执行的代码。

3）while 循环语句

while 循环语句的格式为：

```
    while 条件：
        条件成立执行的语句
        ...
```

4）for 循环语句

for 循环语句的格式为：

```
    for 临时变量 in 序列：
        重复执行的语句
        ...
```

与条件语句一样，无论是 while 循环还是 for 循环都可以进行嵌套。在使用 for 循环时，其中的序列可以用 range( )函数生成。

示例：

```
    for i in range(101)：      ♯循环的条件，range( )函数构造序列(0～100)
        sum＝sum ＋ i     ♯求和
    print(sum)
```

6. 函数

Python 的函数定义可将代码模块化。函数提高了代码的复用性，避免了重复编写相同逻辑，也增强了代码的可读性，使程序结构更清晰。

函数定义的方法为：

```
    def 函数名(参数)：
        函数中的代码段
        return 表达式
```

（1）当一个函数没有返回值时，不写 return 语句。

（2）当一个函数有多个返回值时，return 语句后面的多个表达式要用逗号隔开。

（3）函数名命名规则与变量的命名规则相同。

（4）在调用函数时需要使用函数名，不管有没有参数，后面必须带上括号。

（5）一个函数中可以调用另一个函数，前提是另一个函数要在这个函数之前定义好。

7. 类

Python 中类的定义实现了数据和操作的封装，便于代码组织与管理。通过类的继承能复用代码，减少冗余。

类定义的方法为：

```
class 类名：
    def __ init __(self，参数)：
        super(类名，self).__ init __()
        self.参数＝...
        ...
    def 其他函数名(self)：
        ...
```

（1）__ init __()是一种类的初始化方法，常常用来初始化一个类。例如，在进行神经网络的构建时，使用 init 初始化网络结构参数。

（2）super( )函数用于调用父类（超类）。

示例：

```
class perData()：    ＃定义类
    def __ init __(self, name, sexy, className, number, rank)：   ＃初始化函数
        self. name＝name
        self. sexy＝sexy
        self. className＝className
        self. number＝number
        self. rank＝rank
    def printData(self)：    ＃输出函数
        print(f'姓名：{self. name}')
        print(f'性别：{self. sexy}')
        print(f'班级：{self. className}')
        print(f'学号：{self. number}')
        print(f'排名：{self. rank}')
a＝perData('张三'，'男'，'智能一班'，'2016890000'，'06')        ＃在类中传入数据
a. printData()        ＃调用类中的 printData 对象
```

输出结果如下：

姓名：张三

性别：男

班级：智能一班

学号：2016890000

排名：06

示例：

```
class Person(object)：          ♯定义一个父类
    def talk(self)：            ♯父类中的方法
        print("person is talking...")
class Chinese(Person)：         ♯定义一个子类,继承 Person 类
    def walk(self)：            ♯在子类中定义其自身的方法
        print('is walking...')
c＝Chinese()
c. talk()                     ♯调用继承的 Person 类的方法
c. walk()                     ♯调用本身的方法
♯输出
person is talking...
is walking...
```

8. 模块的引用

Python 中模块的引用能实现代码复用,不仅可避免重复编写相同功能的代码,也便于项目的模块化管理,使代码结构更清晰。

引用模块的格式为：

```
import      模块名
from        模块名      import      子模块名
```

引用模块的代码一般写在一段代码的起始位置。引用模块时,只需要使用模块名即可直接引用,后面加点"."可以访问模块中的子模块。模块也可以重新赋予简单的模块名,格式如下：

（1）import   模块名   as   用户创建的模块名

（2）from   模块名   import   子模块名   as   用户创建的模块名

示例：

引用模块 NumPy 和 cv2 时的代码如下：

```
import numpy as np
import cv2 as cv
x＝np. max([1, 2, 3, 4])     ♯引用 NumPy 中的 max 功能求数组的最大值
y＝cv. imread('1.jpg')       ♯引用 cv2 中的 imread 功能读取图像
```

3.2　PyTorch

PyTorch 是一个开源的深度学习框架,由 Facebook 公司的人工智能研究小组开发。它提供了一个灵活且直观的深度学习平台,被广泛用于构建和训练神经网络。

3.2.1   PyTorch 的特点

PyTorch 是 Facebook 公司开发的一种开源的深度学习框架,方便了神经网络的构建。PyTorch 具有支持 GPU、动态性(Gebug)、Python 优先、易扩展等特性。PyTorch 依托 Python 语言,使得深度学习开发者可以使用大量的库。

(1) PyTorch 采用动态图的方式。PyTorch 中的运算和构建同时进行,即每次构建完一个计算图,然后在反向传播结束之后,整个计算图就在内存中被释放,故内存使用高效。如果想再次使用,须从头再搭建一遍。例如,要放入 n 组数据,就要生成 n 次运算图。因为 PyTorch 具有灵活、易调节和易调试的优点,所以更容易通过程序来实现想法。

(2) TensorFlow 采用静态图的方式。TensorFlow 每次都是先设计好计算图,需要时再实例化这个图,然后送入输入数据,重复使用,只有当会话结束时创建的图才会被释放。TensorFlow 是先构建图然后进行运算,相较于 PyTorch 来说灵活性较弱。

3.2.2   构建输入/输出

在 PyTorch 中,输入和输出数据通常都涉及数据的处理和神经网络的前向传播,因此首先要做的就是转化数据类型。

1. 张量

张量(Tensor)是 PyTorch 中用于表示多维数据的主要数据结构,类似于 NumPy 数组,但它具有强大的 GPU 加速功能。Tensor 支持自动求导,便于构建和训练深度学习模型。Tensor 具有以下特点:

(1) PyTorch 最基本的操作对象是 Tensor。

(2) Tensor 是一个多维矩阵,具有矩阵相关的运算操作。

(3) Tensor 使用时与 NumPy 对应,与 NumPy 唯一的不同是,Tensor 可以在 GPU 上运行,而 NumPy 不可以。

(4) Tensor 和 NumPy 二者可以相互转换。

2. Tensor 的基本数据类型

Tensor 的基本数据类型主要包括:

(1) 16 位浮点型:torch. HalfTensor。

(2) 32 位浮点型:torch. FloatTensor,是 torch. Tensor()默认的数据类型。

(3) 64 位浮点型:torch. DoubleTensor。

(4) 8 位无符号整型:torch. ByteTensor。

(5) 8 位有符号整型:torch. CharTensor。

（6）16 位有符号整型：torch. ShortTensor。

（7）32 位有符号整型：torch. IntTensor。

（8）64 位有符号整型：torch. LongTensor。

3. 创建 Tensor 类型变量

使用 PyTorch 完成神经网络项目时，构建神经网络的输入/输出必须是 Tensor 类型的变量。Tensor 数据类型又分出了许多不同的数据类型，比较常用的是 LongTensor 类型和 FloatTensor 类型。

格式：

> 变量名＝torch. tensor(数据)　#是 Python 的一个函数，会从 data 中的数据部分做拷贝，根据原始数据类型生成相应的 torch. FloatTensor、torch. DoubleTensor 等类型的张量

> 变量名＝torch. Tensor(数据)　#是 Python 的一个类，会调用 Tensor 类的构造函数 init，生成 torch. FloatTensor 类型的张量

> torch. tensor(数据)等价于 LongTensor 类型，torch. Tensor(数据)等价于 FloatTensor 类型。

示例：

x、y 分别是一个一维和二维的 Tensor 变量

```
import torch
x＝torch. tensor([1，2，3，4])        #创建一维 Tensor 变量 x
y＝torch. tensor([[1，2]，[3，4]]) #创建二维 Tensor 变量 y
```

x、y 默认创建为 LongTensor 类型。

（1）Tensor 变量的数据类型可进行强制类型转换。

Tensor 变量. 想要转换的类型()

示例：

x、y 的 Tensor 变量转换成 FloatTensor 类型

```
x＝x. float()        #转换成 FloatTensor 类型
y＝y. float()        #转换成 FloatTensor 类型
```

（2）将 x 传入 GPU。

```
x＝x. cuda()        #传入 GPU
```

（3）将 GPU 中的数据传回 CPU。

```
x＝x. cpu()        #传回 CPU
```

3.2.3　构建网络结构

在 PyTorch 中构建神经网络结构通常包含网络的层定义和前向传播的具体实现。

1. 构建网络

PyTorch 构建网络的一般格式如下：

网络名＝torch. nn. Sequential(网络层)

(1) 在 PyTorch 中，可以用 torch. nn 接口快速高效地构建神经网络。

(2) 构建的网络层需要用一个有序的容器 torch. nn. Sequential 封装起来。

示例：两个隐含层、两个输入和一个输出，激活函数采用 Sigmoid 函数，两个隐含层的节点数各为 4 个，如图 3.3 所示。该网络的构建方法如下：

```
import torch. nn as nn          ♯简化接口
myNet＝nn. Sequential(          ♯Sequential 容器
nn. Linear(2，4)，              ♯全连接层：2 个输入，4 个输出
nn. Sigmoid()，                ♯Sigmoid 函数层
nn. Linear(4，4)，              ♯全连接层：4 个输入，4 个输出
nn. Sigmoid()，                ♯Sigmoid 函数层
nn. Linear(4，1)，              ♯全连接层：4 个输入，1 个输出
nn. Sigmoid()                  ♯Sigmoid 函数层
)
```

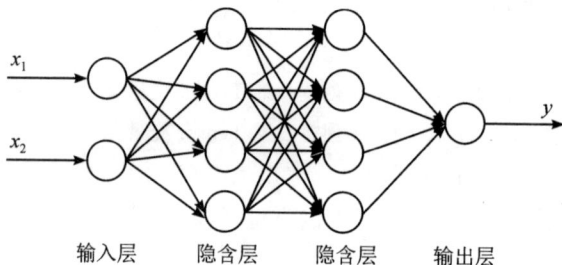

图 3.3　网络结构

网络构建的说明如下：

(1) Sequential 容器中的每个网络层都可直接使用接口。

(2) nn. Linear 是全连接层的一个接口，两个参数是输入和输出的节点个数。

(3) nn. Sigmoid()是 Sigmoid 函数的一个接口，可完成 Sigmoid 函数的功能。

(4) 上一个全连接层输出节点的个数一定要与下一个全连接层输入节点的个数相同。

构建好的网络结构在写训练部分的代码时，需要定义有关的函数才能完成整个训练，所以通常把网络结构定义在一个类中。

2. 用类创建神经网络

用类创建神经网络便于代码的组织和模块化，可将网络结构、参数、前向传播等进行

封装，提高复用性。用类创建神经网络便于管理不同组件，利于调整结构和参数，使模型构建、训练与优化过程更清晰和高效。

一个类中可以定义不同的函数，非常适合于神经网络结构的定义。类中初始化函数定义了网络各层的参数和结构，forward()函数定义了前向传播的过程，一般会按照 Sequential 中指定的顺序来执行网络的前向传播。当网络定义的过程中没有使用 Sequential 时，则可以在 forward()函数中自定义网络的前向传播路径。

前一个示例利用类创建神经网络的方法如下：

```
import torch. nn as nn                          #简化接口
class myNet(nn. Module):                        #定义类
    def __init__(self):                         #初始化函数
        super(myNet, self). __init__()          #类继承
        self. net＝nn. Sequential(              #Sequential 容器
            nn. Linear(2, 4),                   #全连接层：2 个输入，4 个输出
            nn. Sigmoid(),                      #Sigmoid 函数层
            nn. Linear(4, 4),                   #全连接层：4 个输入，4 个输出
            nn. Sigmoid(),                      #Sigmoid 函数层
            nn. Linear(4, 1),                   #全连接层：4 个输入，1 个输出
            nn. Sigmoid()                       #Sigmoid 函数层
        )
    def forward(self, x):                       #定义前向传播过程
        output＝self. net(x)                    #输入 x 经过网络层得到输出
        return output                           #返回 output
net＝myNet()
...
```

3.2.4　定义损失函数与优化器

损失函数和优化器的定义，都需要首先引入 torch 模块。

1. 损失函数的定义

损失函数定义的方法如下：

损失函数名＝nn. 函数接口()

（1）常用的损失函数。

常用的损失函数是均方差损失和交叉熵损失，其语法格式如下：

```
loss_func＝nn. MSELoss()      #均方差损失
nn. CrossEntropyLoss()        #交叉熵损失
```

（2）误差的反向传播。

误差的反向传播的语法格式如下：

```
loss＝loss_func(实际输出，期望输出)
loss. backward()        #误差的反向传播
```

2. 优化器的定义

优化器定义的方法如下：

优化器名＝torch. optim. 优化器接口(网络名. parameters()，其他参数)

（1）优化器名是用户定义的名称，一般直接使用 optimizer。

（2）torch. optim 后面的"优化器接口"是要引入的优化器名称，常用的有 SGD、Adam 等。

（3）括号中的语句"网络名. parameters()"是将之前定义的网络参数传入优化器中，网络名是已经定义的网络名称。

示例：

```
optimizer＝torch. optim. SGD(net. parameters()，lr＝0. 05)
```

（4）优化器的相关代码。优化器的语法格式如下：

```
optimizer. zero_grad()    #清除梯度，即进行梯度初始化；避免 MiniBatch 间混合梯度，新的
                          MiniBatch 处理开始时将它们归零
optimizer. step()         #开始进行优化
```

3.2.5 保存和加载网络

网络训练好后，需要保存训练好的网络模型，或加载该模型，网络模型的保存和加载在 PyTorch 框架中有相应的接口。

（1）保存整个网络模型。保存整个网络模型的方法如下：

```
torch. save(网络名，'路径/命名. pkl')
```

（2）加载网络模型。加载网络模型的方法如下：

```
网络名＝torch. load('路径/文件名. pkl')
```

保存的 . pkl 文件较大，在网络模型复杂时较占空间，加载网络的速度较慢。

程序示例：完成两类散点的分类（这两类散点具有不同的分布区域）。

```
#Train:
import torch
import torch. nn as nn
import matplotlib. pyplot as plt
#数据生成
data＝torch. ones(100，2)
```

```
x0＝torch. normal(2 * data，1)    ♯分布在以坐标(2，2)为中心的散点
y0＝torch. zeros(100)
x1＝torch. normal(−2 * data，1)   ♯分布在以坐标(−2，−2)为中心的散点
y1＝torch. ones(100)
x＝torch. cat((x0，x1)). type(torch. FloatTensor)    ♯数据组合,即两类不同位置散点的数据
                                                      组合
y＝torch. cat((y0，y1)). type(torch. LongTensor)     ♯标签组合,即两类不同位置散点的标签
                                                      组合
```

以上代码生成的散点图如图 3.4 所示(可扫二维码查看彩图,后同)。

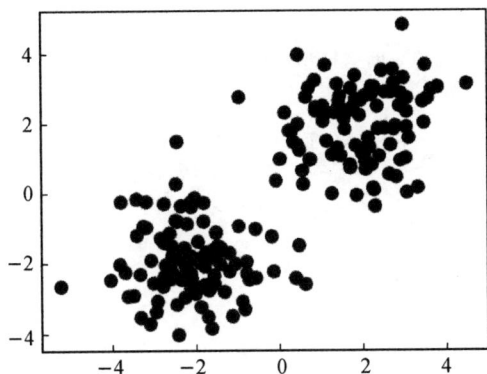

图 3.4　生成的散点图

```
♯网络构建(模型)
class Net(nn. Module)：
    def __init__(self)：
        super(Net，self). __init__()
        self. classify＝nn. Sequential(
            nn. Linear(2，15)，
            nn. ReLU()，
            nn. Linear(15，2)，
            nn. Softmax(dim＝1)
        )
    def forward(self，x)：
        classification＝self. classify(x)
        return classification
net＝Net()
```

网络模型结构如图 3.5 所示。

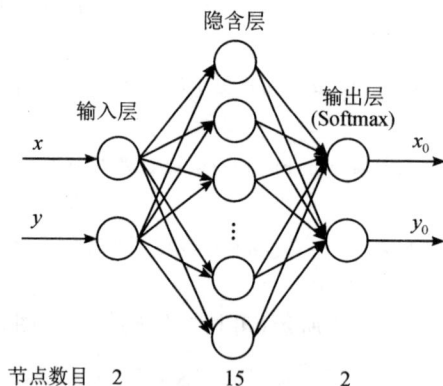

图 3.5　网络模型结构

```
＃损失函数选择，模型参数优化
optimizer＝torch. optim. SGD(net. parameters(), lr＝0.03)
loss_func＝nn. CrossEntropyLoss()
for epoch in range(100)：
    out＝net(x)
    loss＝loss_func(out, y)
    optimizer. zero_grad()
    loss. backward()
    optimizer. step()
    if epoch ％ 2＝＝0：
        classification＝torch. max(out, 1)[1]
        class_y＝classification. data. numpy()      ＃Tensor 转换为 NumPy
        target_y＝y. data. numpy()                  ＃Tensor 转换为 NumPy
        accuracy＝sum(class_y＝＝target_y) / 200
        ＃打印分类准确率
```

3.3　NumPy

NumPy(Numerical Python)是一个用于科学计算的 Python 库，它提供了一个强大的多维数组对象(numpy. ndarray)以及许多用于操作这些数组的函数。NumPy 是科学计算领域中最常用的基础库之一，因为它提供了高效的数组操作和数学函数，尤其适用于处理大规模数据和执行数值计算。

3.3.1　NumPy 的基本功能

NumPy 是 Python 中一个开源的数值计算扩展包，在数值运算方面的运用要比列表高效,方便表示矩阵的结构和运算。NumPy 可以进行数组的计算及逻辑运算,更加方便地创建数组,只需要一些简单的接口就可以完成多种运算。对于比较复杂的问题,如果需要创建数组且需要完成数组的运算,通常首先选择 NumPy 来实现,不直接采用列表。

NumPy 可以进行傅里叶变换等数学变换,也可直接生成一个随机矩阵(均匀分布、标准正态分布等)。NumPy 在神经网络中可以完成许多与线性代数有关的操作,例如创建一个矩阵和矩阵的基本运算都可以通过简单的接口迅速完成。

3.3.2　创建数组

在神经网络程序的编程中,NumPy 创建数组经常用到 4 种方法:array 函数、固定元素、数列和随机函数。

1. array 函数

先使用元组或列表创建一个数组,然后将数组直接传入 array()接口中。

示例:

```
import numpy as np          # 导入 NumPy 模块
a=[1, 2, 3, 4, 5]           # 用列表创建数组 a
b=(1, 2, 3, 4, 5)           # 用元组创建数组 b
A=np.array(a)
B=np.array(b)               # 转换成 NumPy 数组
```

无论是用元组还是列表创建的数组,转换成 NumPy 数组以后输出结果都完全相同。

2. 固定元素

根据不同的接口直接创建出对应形式的数组,对于构建某种固定形式的输入或输出十分方便。

(1) 创建全 0 数组。

```
np.zeros(3)                 # 创建一个长度为 3,元素全为 0 的一维数组,默认数组类型是 float64
```

(2) 创建全 1 数组。

```
np.ones((2, 3))             # 创建一个 2 行 3 列的二维数组,元素全为 1,默认数组类型是 float64
```

(3) 创建特定值的数组。

```
np.full((3, 6), 9.9)        # 创建一个 3×6 的数组,值都为 9.9
```

(4) 创建空数组。

```
np.empty(3)                 # 创建一个长为 3,未初始化的一维数组
```

(5) 创建单位矩阵。

```
np.eye(3)                   # 创建 3×3 的单位矩阵
```

3. 数列

序列数组元素的取值位于某个范围内,并且数组元素之间会呈现某种规律,比如是递

增、递减、等比数列等。

(1) 线性序列数组。

```
np. arange(1, 9, 2)        #生成[1,9)，步长为 2
```

(2) 等差数列数组。

```
np. linspace(0, 12, 7)     #从 0 到 12 生成 7 个数的等差数列，生成[0,2,4,6,8,10,12]
```

(3) 等比数列数组。

```
np. logspace(0, 3, 2)      #生成含有 2 个元素的数组，从 10^0 到 10^3
```

(4) 网格数组。

```
x, y=np. mgrid[1:3:1, 0:1:0.2]    #生成网格数据
```

4. 随机函数

NumPy 具有多种生成随机数的函数，以下列出主要的几类。

(1) normal()：均值为 0，标准差为 1，正态分布的随机数构成的数组。

(2) random()：生成(0，1)范围内的随机浮点数矩阵。

(3) randint()：生成一定范围内的随机整数矩阵。

(4) permutation()：元素随机重排列。

示例：

```
import numpy as np                    #导入 NumPy 模块
A=np. zeros((2, 2), dtype=int)        #创建二维 0 矩阵
B=np. ones((2, 2, 2), dtype=float)    #创建三维 1 矩阵
C=np. random. random((2, 2))          #生成(0，1)范围内的随机浮点数矩阵
D=np. random. randint(1, 5, (2, 2))   #生成[1,5)一定范围内的随机整数矩阵
```

5. 存储和读取数组

通过 NumPy 构建的神经网络的输入集经常需要保存下来，以便在测试时进行读取，可以把创建好的数组保存成 npy、txt、csv 等格式。

1) 存储数组

NumPy 提供了一种高效的方式来存储数组，并执行各种复杂的操作。

示例：

NumPy 数组 A 保存成 3 个不同类型的文件

```
import numpy as np              #导入 NumPy 模块
A=[1, 2, 3, 4, 5]              #创建列表
A=np. array(A)                  #转换成 NumPy 数组
np. save('arr_npy. npy', A)     #存储成.npy 文件
np. savetxt('arr_txt. txt', A)  #存储成.txt 文件
np. savetxt('arr_csv. csv', A)  #存储成.csv 文件
```

2）读取数组

在 NumPy 中，可以使用多种方法将数据装载到数组中。

示例：

加载出上述 3 个文件中的数组，需书写相应的加载代码：

```
B＝np.load('arr_npy.npy')        ＃加载.npy 文件
C＝np.loadtxt('arr_txt.txt')      ＃加载.txt 文件
D＝np.genfromtxt('arr_csv.csv')   ＃加载.csv 文件
```

6. 索引和切片

1）索引

序列中的所有元素都有编号，正索引是从左往右，从 0 开始；负索引是从右往左，从 −1 开始。

索引的格式：

数组名[下标]

```
import numpy as np        ＃导入 NumPy 模块
A＝[[1, 2], [3, 4]]        ＃创建列表
A＝np.array(A)             ＃转换成 NumPy 数组
print(A[0, 1])            ＃输出第一行第二个元素−>2
```

2）切片

切片是提取序列中某一范围内的元素，提取的元素无论有多少，都会组成一个新的序列。

切片的格式为：

数组名[开始下标：结束下标：步长]

注：步长为 1 时可以省略不写，直接写成 A[2：5]和 B[1：3，1：3]等。

```
import numpy as np                ＃导入 NumPy 模块
A＝[1, 2, 3, 4, 5, 6, 7]          ＃创建一维数组
A＝np.array(A)                    ＃转换成 NumPy 数组
B＝[[1, 2, 3], [4, 5, 6], [7, 8, 9]]  ＃创建二维数组
B＝np.array(B)                    ＃转换成 NumPy 数组
print(A[2：5：1])                 ＃输出 A 中下标为 2～4 的元素
print(B[1：3：1, 1：3：1])         ＃输出 B 中第二行中的第二个和第三个元素及第三行
                                    中的第二个和第三个元素
```

7. 重塑数组

np.reshape()是重塑数组的接口，第一个参数是要重塑的 NumPy 数组，第二个参数是转换目标的形状参数。

示例：

```
import numpy as np                    #导入 NumPy 模块
A=[1, 2, 3, 4, 5, 6, 7, 8, 9]        #创建一维数组
A=np. array(A)                        #转换成 NumPy 数组
print(A)
A=np. reshape(A, (3, 3))             #重塑数组为 3×3
```

8. 数组的运算

NumPy 数组不仅支持高效的元素级运算，还可提供丰富的数学函数。NumPy 支持广播机制，允许不同形状的数组进行运算，如将标量与数组相加。这些特性使得 NumPy 成为科学计算的强大工具。

1）广播机制

NumPy 会自动使用广播来匹配，以便可以对数组进行元素级的操作。

示例：

```
A=[[1, 2, 3], [4, 5, 6], [7, 8, 9]]   #创建二维数组（矩阵）
A=np. array(A)                          #转换成 NumPy 数组
a=A * 2
b=A + 2                                 #广播机制，每个数字都乘 2 或加上 2
```

2）对应位置元素的计算

在 NumPy 中，可以使用各种函数来进行对应位置元素的操作，如加法、减法、乘法、除法等。

示例：

```
A=np. array(A)                          #转换成 NumPy 数组
B=np. ones((3, 3)) * 2                  #直接创建 3×3、元素全为 2 的 NumPy 数组
a=A + B
b=A − B
c=A * B
d=A / B                                 #加减乘除运算
```

3）数学函数的接口、比较运算等

NumPy 提供了一个强大的数组对象和许多高级的数学函数。

示例：

```
A=np. array(A)        #转换成 NumPy 数组
a=A ** 2              #平方
b=1 / A               #倒数
c=np. exp(A)          #指数
```

```
d＝np.log(A)              ♯对数
A＝np.array(A)            ♯转换成 NumPy 数组
a＝A＝＝1
b＝A＜5                   ♯比较运算，返回 True 或 False
```

3.3.3　NumPy 与 Tensor 的相互转换

　　NumPy 是 Python 中处理数据的模块，可以处理各种矩阵。Tensor 可以认为是神经网络中的 NumPy，torch 产生的 Tensor 可以放在 GPU 中加速运算，这个过程类似于 NumPy 会把 array 放在 CPU 中加速运算。在用 PyTorch 训练神经网络时，常常需要在 NumPy 的数组变量类型与 PyTorch 中的 Tensor 类型间进行转换。

　　（1）所定义的张量在 CPU 上时，Tensor 和 NumPy 相互转换常使用 numpy()和 from_numpy()，这两个函数所产生的 Tensor 和 NumPy 中的数组共享相同的内存，因此改变其中一个时两者会同时改变。

　　（2）Tensor 可以运行在 GPU 上，也可以运行在 CPU 上；NumPy 可以运行在 CPU 上，但不可以运行在 GPU 上。

　　（3）GPU 上的 Tensor 不能直接处理 NumPy，需要先转到 CPU 上的 Tensor 后再转为 NumPy，即如果 Tensor 已经在 GPU 上运行，那么需要先将 Tensor 放到 CPU 上，再转换为 NumPy。

　　示例：NumPy 数组转 Tensor。

```
a＝np.ones(3)              ♯NumPy 默认的数据类型 float64
b＝torch.from_numpy(a)    ♯转换为 Tensor 的 float64，默认的设备是 CPU
```

　　示例：Tensor 转 NumPy 数组。

```
a＝torch.ones(3)          ♯Tensor 默认的数据类型 float32，默认的设备是 CPU
b＝a.numpy()
```

　　将 CPU 上的 Tensor 转换为 NumPy 数组，返回一个形状和数据类型与 Tensor 一致的 NumPy 数组，返回的数组与 Tensor 共享相同的内存，因此修改 NumPy 的元素，Tensor 的对应元素也会发生变化。

　　示例：GPU 上的 Tensor 转 NumPy 数组。

```
a＝torch.ones(3)          ♯Tensor 放在 CPU 上
b＝a.cuda()               ♯Tensor 放在 GPU 上
c＝b.cpu()                ♯Tensor 放在 CPU 上
d＝c.numpy()              ♯Tensor 转换为 NumPy
```

　　深度神经网络在训练时基本都是在 GPU 上完成的，当训练结束时，图像的处理结果也都在 GPU 上。在显示图像结果时，需要将网络输出的 Tensor 先放到 CPU 上，然后再用 NumPy 输出。

3.4 OpenCV

OpenCV 是一个开源的计算机视觉库，由一系列 C 函数和少量的 C++ 类构成，它实现了图像处理和计算机视觉方面的很多通用算法，这里主要介绍与深度神经网络构建相关的功能。

1. OpenCV 的特点

OpenCV 的特点主要包括以下几点：

（1）OpenCV 是一种开源的多平台库，可以运行在 Linux/Windows/Mac 等操作系统上，整体设计符合轻量级，具有较好的可移植性，可以较方便地移植到一些容量较小的设备中。

（2）OpenCV 由一系列 C 函数和少量的 C++ 类构成，是一个基于 C 语言开发的库，但是其应用不仅限于 C 语言，还提供了 Python、Ruby、MATLAB 以及其他语言的接口。

（3）OpenCV 强大的图像处理功能结合 PyTorch 的深度学习能力，让 Python 在人工智能领域有了更加强大的能力。

2. OpenCV 的应用领域

OpenCV 的设计主要针对计算机视觉问题，包括与计算机视觉有关的基本功能和核心功能，主要应用领域包括图像分割、目标识别、目标跟踪、人脸检测、行为识别、人机互动、机器视觉、机器人和运动分析等。

3. 图像读取与显示

在进行图像读取和显示时，首先要导入所需要的模块，导入方法如下：

```
import cv2 as cv
```

1）图像读取

图像读取的方法为：

```
cv.imread('路径')
```

2）显示图像

显示图像的方法为：

```
cv.imshow('标题',图像变量)
```

图像在程序中显示的过程特别快，显示之后会立即消失完成运行，若需要延迟显示，则方法为：

```
cv.waitKey(0)
```

该语句可使当前窗口持续显示，直至按下键盘或者单击所显示图像右上角的"关闭"按钮后程序才算运行完成。

4. 图像缩放

1）图像缩放的接口

图像缩放的方法为：

> cv. resize(原图，目标图像(大小))

2）放大到指定的倍数

图像放大到指定倍数的方法为：

> img1＝cv. resize(img，None，fx＝2，fy＝2)

（1）None 是目标图像的尺寸参数，因为采用放大倍数，所以不赋予参数。

（2）fx 和 fy 代表将 x 和 y 缩放的倍数，2 表示放大 2 倍；可用小于 1 的倍数，表示缩小图像，但是不能为负数。

① 将图像放大或缩小到指定大小。将图像放大或缩小到指定大小的方法如下：

> img2＝cv. resize(img，(500，500))　　♯转换为 img2 大小为 500×500

② 图像缩放的基础方法是采样和插值，插值方法需要赋值给 cv. resize 接口中的 interpolation 参数。

示例：

> img3＝cv. resize(img，None，fx＝2，fy＝2，interpolation＝cv. INTER_CUBIC)
>
> 　　　　　　　　　　　　　　　　　　　　♯4×4 像素邻域的双三次线性插值
>
> img4＝cv. resize(img，(500，500)，interpolation＝cv. INTER_AREA)　♯像素区域关系重采样

5. 色彩空间转换

图像色彩空间转换的接口：cv. cvtColor(原图，色彩空间转换接口)。

示例：

> img＝cv. imread('img. bmp')　　　　　　　　　　　　♯读取图像
>
> img_gray＝cv. cvtColor(img，cv. COLOR_BGR2GRAY)　　♯RGB 图像转换成灰度图像
>
> img_hls＝cv. cvtColor(img，cv. COLOR_BGR2HLS)　　　♯RGB 图像转换成 HLS 图像
>
> cv. imshow('image'，img)　　　　　　　　　　　　　♯显示原图
>
> cv. imshow('gray'，img_gray)　　　　　　　　　　　♯显示灰度图像
>
> cv. imshow('HLS'，img_hls)　　　　　　　　　　　　♯显示 HLS 图像
>
> cv. waitKey(0)　　　　　　　　　　　　　　　　　　♯延迟显示

6. 图像保存

图像保存的方法为：

> cv. imwrite('保存图像的目标路径及文件名称和格式'，图像变量)
>
> cv. imwrite('目标路径/文件名. bmp'，图像变量)　　♯保存成位图

　　　cv. imwrite('目标路径/文件名.jpg', 图像变量)　　　♯保存成 JPEG 图像
示例：
　　　img＝cv. imread('img. bmp')　　　　♯读取图像
　　　B＝img[:, :, 0]　　　　　　　　　♯B 通道
　　　cv. imwrite('B. bmp', B)　　　　　　♯保存 B 通道
　　　G＝img[:, :, 1]　　　　　　　　　♯G 通道
　　　cv. imwrite('G. bmp', G)　　　　　　♯保存 G 通道
　　　R＝img[:, :, 2]　　　　　　　　　♯R 通道
　　　cv. imwrite('R. bmp', R)　　　　　　♯保存 R 通道
　　　♯转换到 YCrCb 空间再保存为位图
　　　img_YCrCb＝cv. cvtColor(img, cv. COLOR_RGB2YCrCb)　　♯转换到 YCrCb 空间
　　　cv. imwrite('YCrCb. bmp', img_YCrCb)　　　　　　　　♯保存图像

3.5　可　视　化

　　可视化是通过图形手段将数据或信息呈现为图表、图形或其他视觉元素的过程。它是一种直观的方式，可以帮助人们理解数据、发现模式、探索关系以及传达信息。Python 中常见的可视化工具是 Matplotlib。

3.5.1　Matplotlib 简介

　　Matplotlib 是 Python 中的绘图模块，可以绘制出散点图、曲线图、等高线图、条形图、柱状图、3D 图等。

3.5.2　散点图的绘制

　　Pyplot 绘制散点图接口为：
　　　import matplotlib. pyplot as plt　　　♯导入 matplotlib 模块并简化
　　散点图的绘制方法为：
　　　plt. scatter(x, y)　　　♯x、y 分别表示横纵坐标的集合，可以补充颜色和形状参数。
　　示例：简单的坐标点散点图。
　　　import matplotlib. pyplot as plt
　　　x＝[1, 1.5, 2, 2.5, 3]　　　　　♯设置每个点的 x 坐标
　　　y＝[0, 2, 0.5, 1, 4.5]　　　　　♯设置每个点的 y 坐标
　　　plt. scatter(x, y)　　　　　　　♯显示散点图
　　　plt. show()　　　　　　　　　　♯延迟显示，类似于 OpenCV 的 cv. waitKey(0)
　　以上代码生成的散点图如图 3.6 所示。

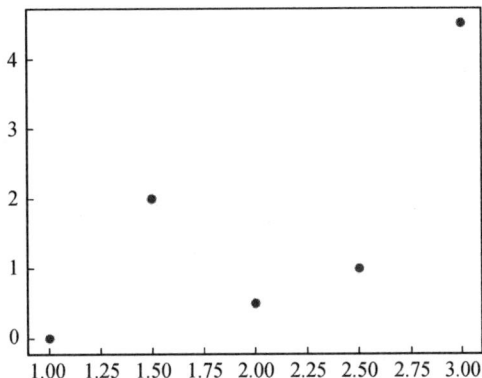

图 3.6　生成的散点图

利用 torch. linspace(起点，终点，数量)可生成一个一维张量，包含区间的"起点"和"终点"，均匀间隔"数量"个点，输出张量的长度由"数量"决定。

示例：绘制 sin()函数的散点图。

```
import matplotlib. pyplot as plt          # 导入 matplotlib 模块并将其简化
import torch                              # 导入 torch 模块
import numpy as np                        # 导入 NumPy 模块
x＝torch. linspace(－np. pi, np. pi, 20)   # 设置每个点的 x 坐标，散点数量为 20
y＝np. sin(x)                             # 设置每个点的 y 坐标
plt. scatter(x, y)                        # 显示散点图
plt. show()                               # 延迟显示
```

以上代码生成的 sin 函数散点图如图 3.7 所示。

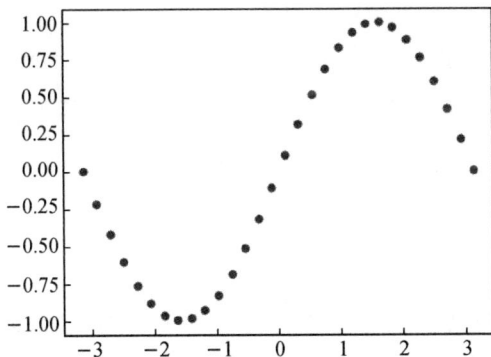

图 3.7　sin 函数散点图

3.5.3 曲线的绘制

曲线绘制的方法为：

    plt. plot(x, y)   ♯两个参数与 scatter()接口完全一致，可设置颜色、线型和粗细

示例：绘制 sin()函数的曲线。

```
import matplotlib. pyplot as plt      ♯导入 matplotlib 模块并简化
import torch                          ♯导入 torch 模块
import numpy as np                    ♯导入 NumPy 模块
x=torch. linspace(-np. pi, np. pi, 200)   ♯设置每个点的 x 坐标
y=np. sin(x)                          ♯设置每个点的 y 坐标
plt. plot(x, y)                       ♯显示曲线
plt. xlim((-6, 6))                    ♯设置 x 坐标范围
plt. xlabel('x')                      ♯x 轴的标题
plt. ylim((-3, 3))                    ♯设置 y 坐标范围
plt. ylabel('sin(x)')                 ♯y 轴的标题
plt. show()                           ♯延迟显示
```

以上代码生成的 sin 函数曲线图如图 3.8 所示。

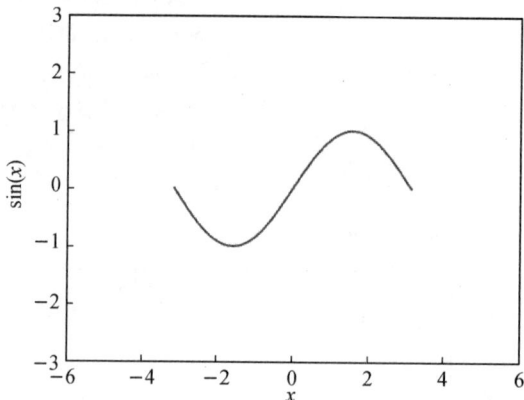

图 3.8   sin 函数曲线图

3.5.4 动态绘图

如果希望用图像来动态显示整个处理过程，需要动态绘图接口。实现动态绘图需要打开交互模式，达到动态显示的功能。

1. 打开交互模式的接口

打开交互模式接口的方法为：

```
plt. ion()
```

2. 关闭交互模式的接口

关闭交互模式接口的方法为：

```
plt. ioff()
```

3. 清除图像

清除图像的方法为：

```
plt. cla()              ♯动态显示时，清除上一幅图像达到更新显示的效果
```

4. 显示时间接口

在绘图过程中引入暂停，同时确保图形界面得到更新的方法为：

```
plt. pause()            ♯清除上一幅图像并绘制当前图像，当前图像显示一段时间再切换到下一张，
                         参数单位为 s
```

示例：

```
import matplotlib. pyplot as plt         ♯导入 matplotlib 模块并简化
import torch                             ♯导入 torch 模块
import numpy as np                       ♯导入 NumPy 模块
x＝torch. linspace(−np. pi, np. pi, 100)  ♯设置每个点的 x 坐标
plt. ion()                               ♯打开交互模式
for i in range(50):
    plt. cla()                           ♯清除上一次绘图
    y＝np. sin(x) + torch. rand(x. size())  ♯设置每个点的 y 坐标，添加随机扰动
    plt. scatter(x, y)                   ♯绘制散点图
    plt. pause(0. 1)                     ♯显示时间为 0. 1 s
plt. ioff()                              ♯关闭交互模式
plt. show()                              ♯延迟显示最后一张图
```

3.6　Anaconda 环境配置

Anaconda 是一个用于科学计算、数据分析和机器学习的开源发行版和包管理器。它包含了一系列常用的工具、库和环境，使得科学计算和数据分析的环境配置更加简单，避免了用户需要手动安装和配置大量库的烦琐过程。

3.6.1　Anaconda 与 PyCharm 的配合使用

Anaconda 可以为每个工程(Project)安装独立环境，在 PyCharm 设置所安装的环境时，可以把在 Anaconda 中所配置的环境衔接过来使用，这个过程只需将 PyCharm 中的 interpreter 设

置为 Anaconda 所建环境的文件夹下的 python. exe 即可。如果要在 Windows 操作系统下通过 Anaconda 建立 MyProject 工程的环境，可以按如图 3.9 所示进行操作。

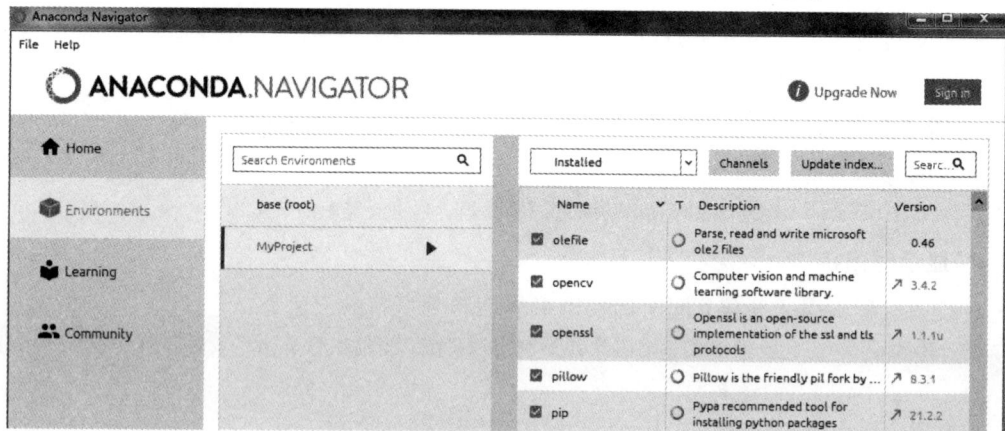

图 3.9　建立 MyProject 工程的环境

3.6.2　Anaconda 的安装和工程环境的创建

1. Anaconda 的安装方法

（1）设定安装目录 D：\Anaconda3，这个目录是本机用户的目录，读者可根据自己的情况建立相应的安装目录，如图 3.10 所示。

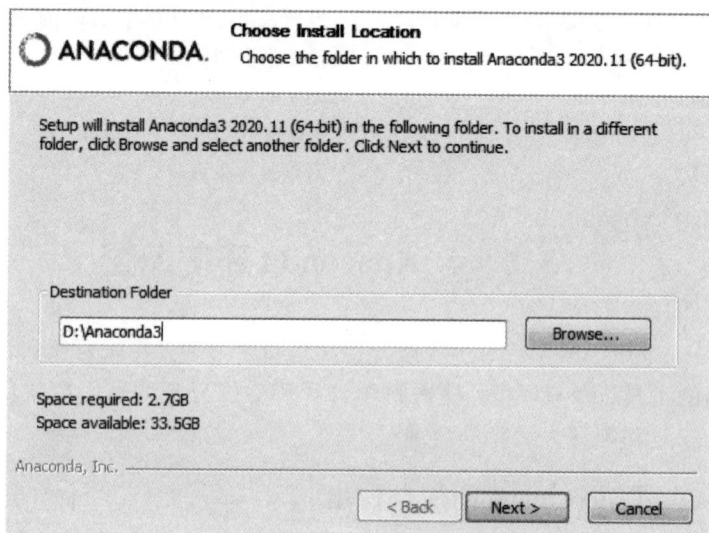

图 3.10　Anaconda 安装目录

（2）单击选择 Next，进入如图 3.11 所示的选项页面。

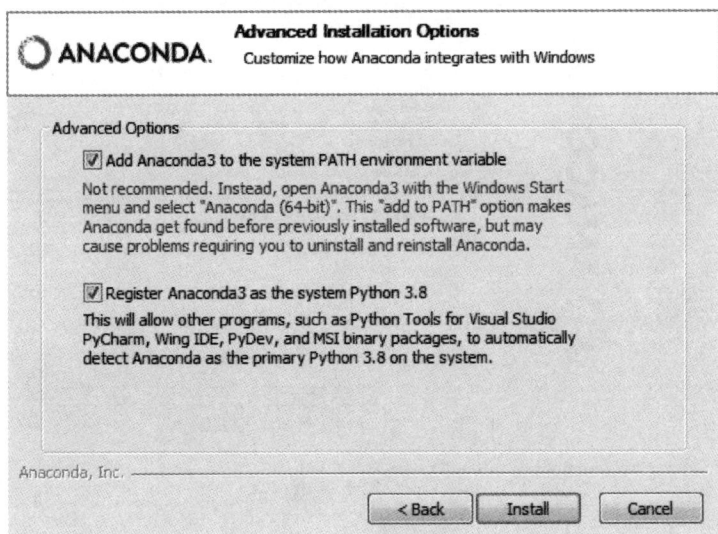

图 3.11　选项页面

（3）单击 Install，进入如图 3.12 所示的安装页面。

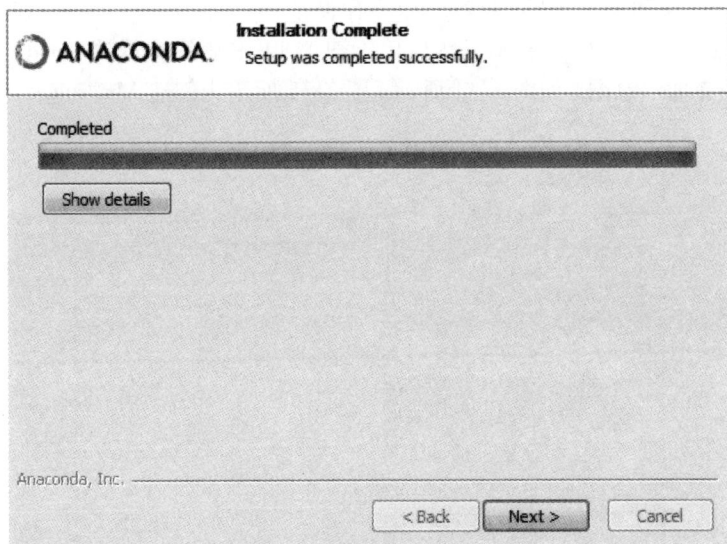

图 3.12　安装页面

（4）单击 Next，进入安装完成页面，如图 3.13 所示。

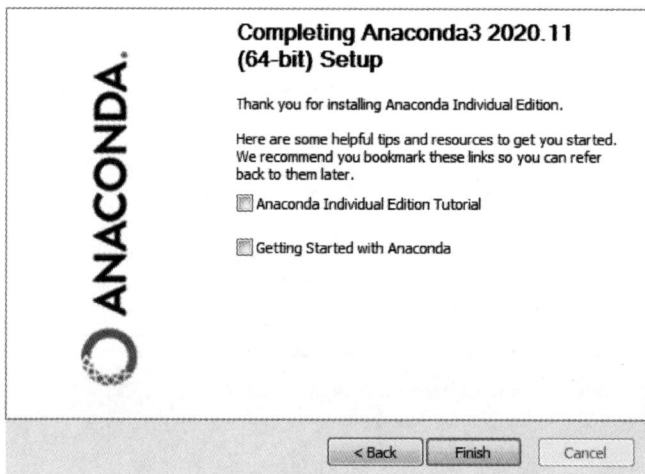

图 3.13　安装完成页面

（5）单击 Finish，完成 Anaconda 的安装。

2. Anaconda 创建工程环境

Anaconda 创建工程环境的过程如下：

单击 Windows 桌面左下角的"开始"→"所有程序"→运行 Anaconda Navigator→Environmemts→Create 创建环境（MyProject），然后单击图 3.14 中箭头所示的 Logo，进入 Anaconda 创建工程环境的界面示意图，如图 3.14 所示。图 3.15 所示为创建 MyProject 工程环境的交互窗口。

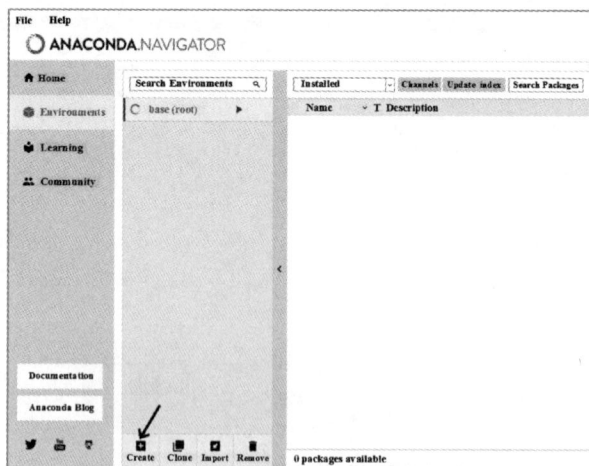

图 3.14　Anaconda 创建工程环境的界面

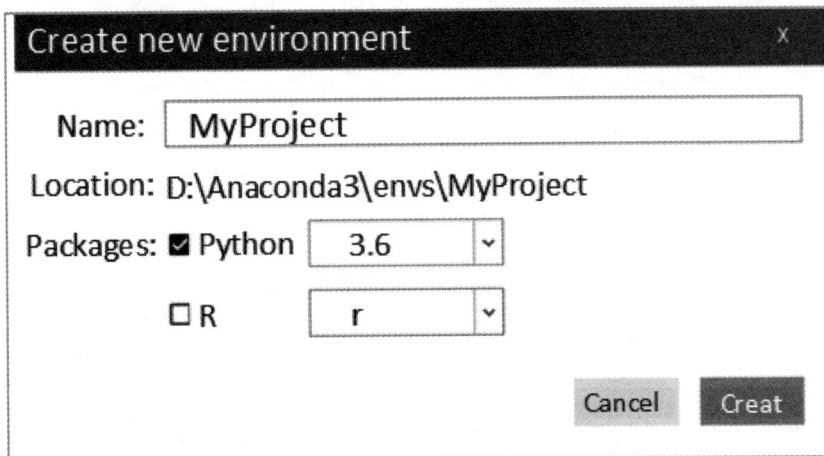

图 3.15　创建 MyProject 工程环境的交互窗口

3. Anaconda 第三方包的安装

Anaconda 第三方包的安装过程如下：

单击 MyProject 右侧的三角箭头→单击 open terminal 选项，进入 terminal 的命令行：

```
(MyProject) C:\Users\XLT>
```

在该目录下安装第三方包，以下给出几个典型第三方包的安装示例：

```
(MyProject) C:\Users\XLT>conda install pytorch
```

```
(MyProject) C:\Users\XLT>conda install numpy
```

```
(MyProject) C:\Users\XLT>conda install opencv
```

```
(MyProject) C:\Users\XLT>conda install matplotlib
```

```
(MyProject) C:\Users\XLT>conda install torchvision
```

所需要的第三方包安装完成后，所构建的 MyProject 工程环境的目录情况如图 3.16 所示，该工程环境在 Anaconda 中的目录情况如图 3.17 所示。

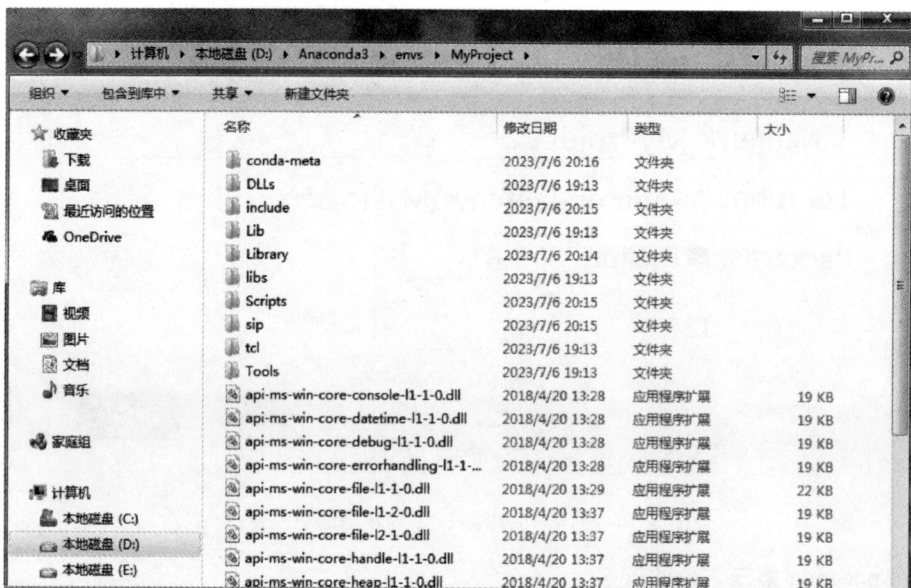

图 3.16　MyProject 的工程环境文件目录

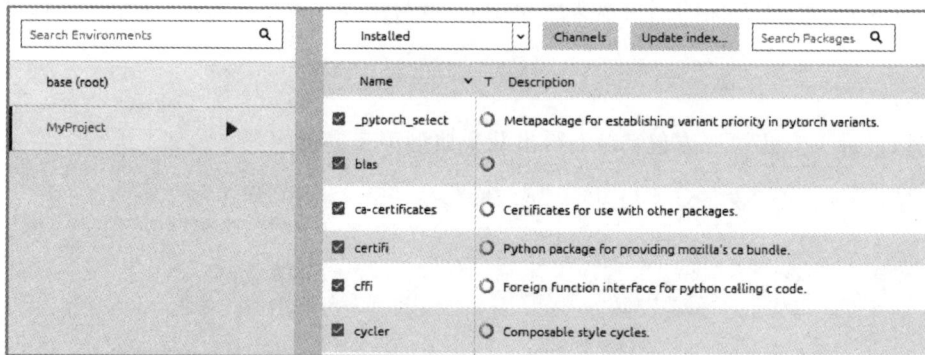

图 3.17　MyProject 的工程环境在 Anaconda 中的目录

3.6.3　PyCharm 的设置

　　PyCharm 是一款专业的 Python 集成开发环境(IDE)，它提供了丰富的功能和工具，旨在帮助开发者更高效地进行 Python 编码、调试和项目管理。PyCharm 的社区版是免费提供的，适用于一般的 Python 开发任务。专业版提供了更多的高级功能，适用于大型项目和专业开发者。PyCharm 在 Python 开发社区中广受欢迎，被认为是一款功能齐全且易于使用的 Python IDE。

1. 建立项目文件夹

示例：在 D 盘建立 MyProject 文件夹，文件夹如图 3.18 所示。

（1）将已有 Python 文件复制到这个文件夹，如图中箭头所示。这里的文件夹 MyProject 与前述的 Anaconda 的工程环境名相同，仅仅是为了相对应，文件夹也可以取其他名称。

图 3.18　建立的 MyProject 文件夹

（2）打开 PyCharm，界面如图 3.19 所示。

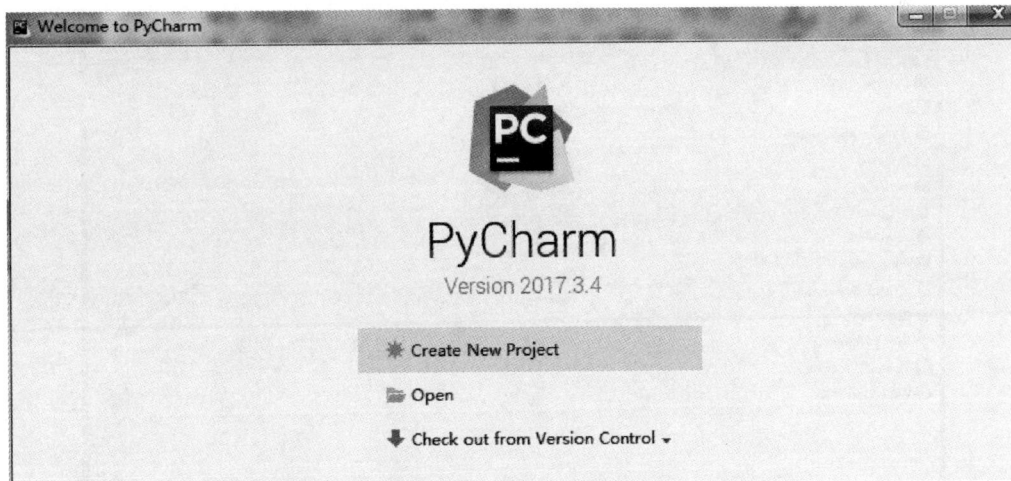

图 3.19　PyCharm 打开界面

（3）建立 MyProject 项目文件夹的示例如图 3.20 所示。

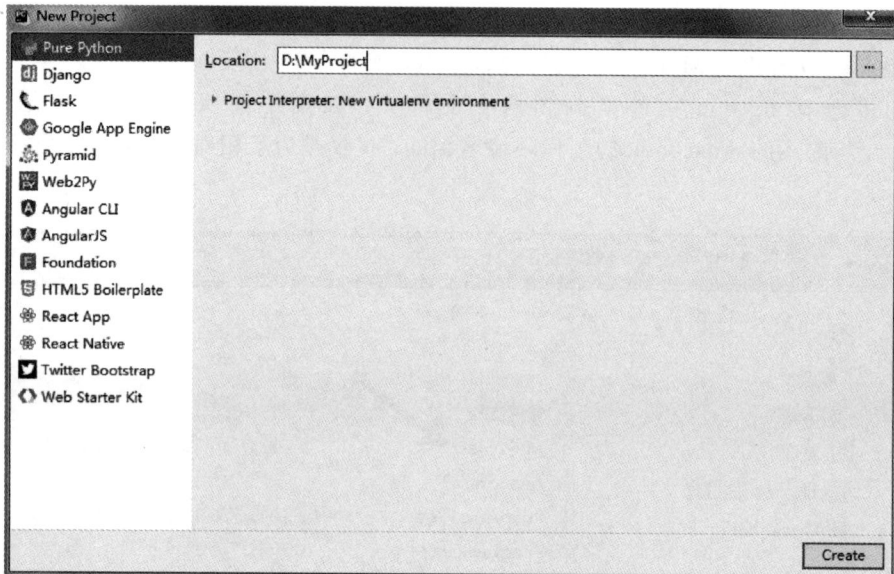

图 3.20　建立 MyProject 项目文件夹

（4）准备调入 interpreter 的页面如图 3.21 所示，单击如箭头所示的 Logo，选择 Add local，进入如图 3.22 所示的 interpreter 选择页面。

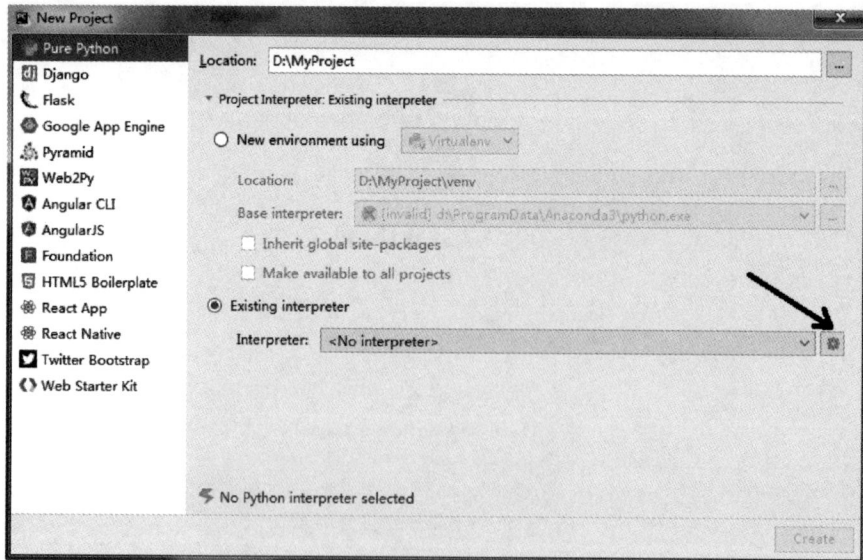

图 3.21　准备调入 interpreter 的页面

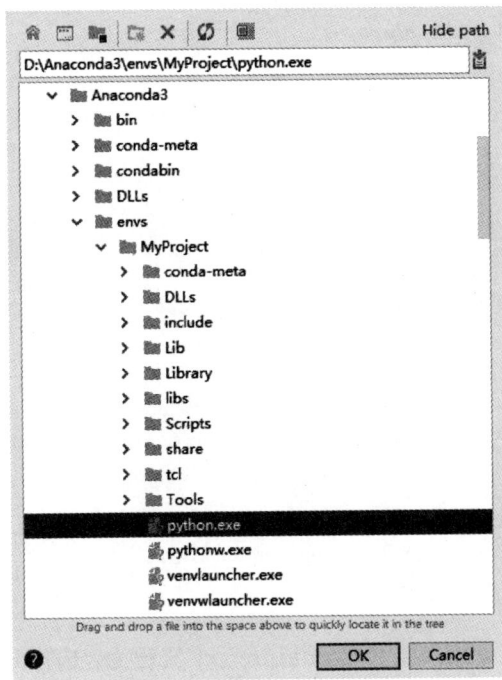

图 3.22　interpreter 的选择页面

（5）选择 interpreter 以后显示如图 3.23 所示的页面，单击 OK 按钮，进入如图 3.24 所示的页面。

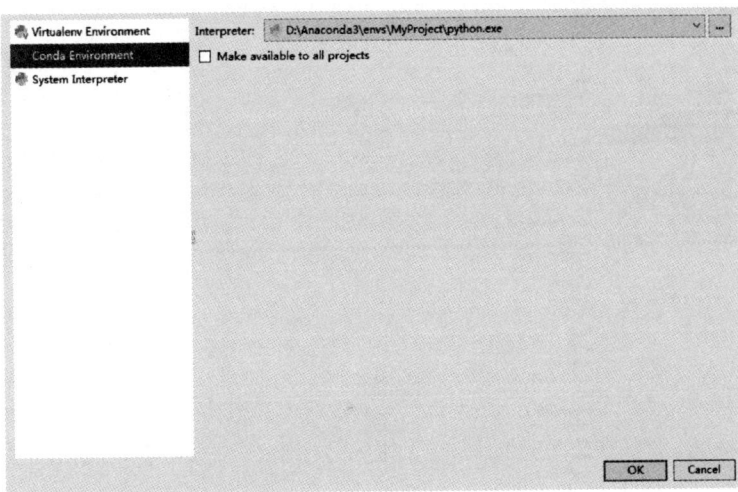

图 3.23　interpreter 选择后的页面

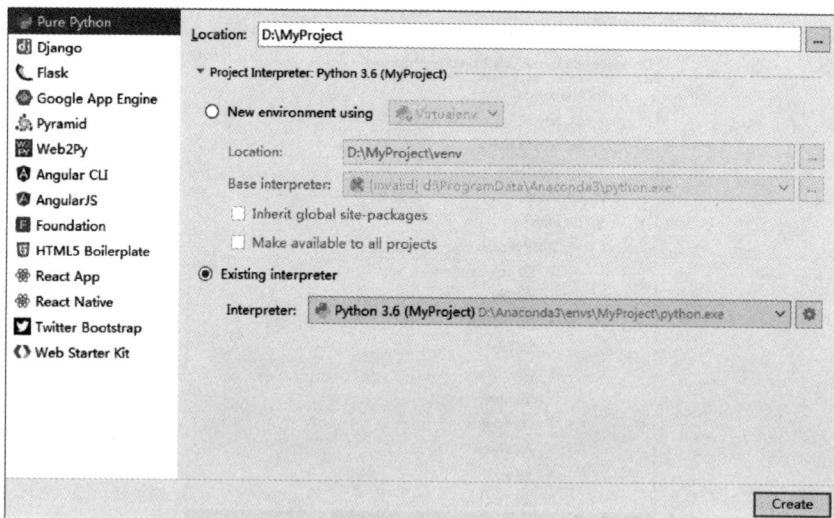

图 3.24   interpreter 创建的页面

2. interpreter 的重选

工程文件创建完成后，如果要修改 interpreter，流程为：选择 File→Settings，进入如图 3.25 所示的页面，单击箭头所示的 Logo，后续过程和前面创建 interpreter 相同，这样可以选择 Anaconda 所建立的其他工程环境。

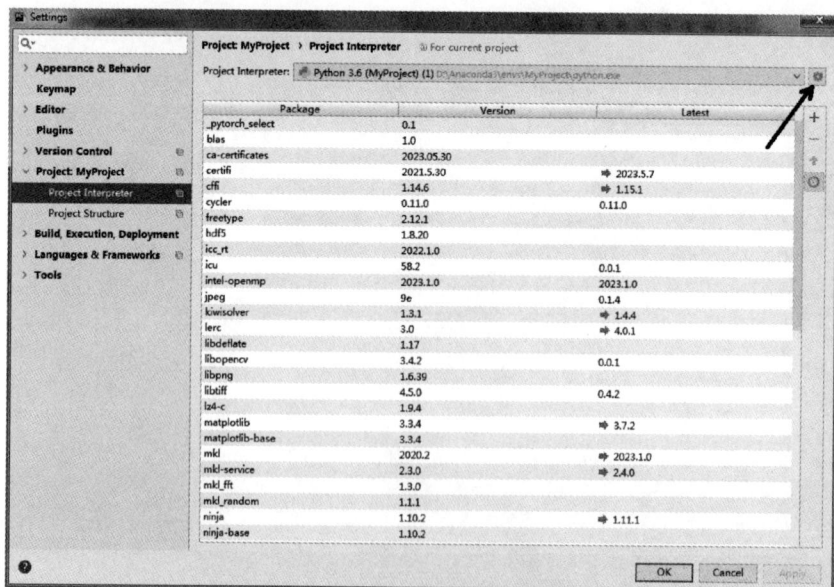

图 3.25   interpreter 的重选择

3.6.4　常见问题

以下列举了一些在环境配置中的常见问题。

（1）Matplotlib 问题。

出现"Initializing libiomp5md. dll，but found libiomp5md. dll already initialized"错误的解决方法为：在程序中添加 import os，运行 os. environ$["KMP\_DUPLICATE\_LIB\_OK"]="TRUE"$。

（2）"Import cv2 ImportError：DLL load failed"找不到指定模块的解决方法为：安装 opencv-python，运行 conda install -c chriskafka opencv-python-headless。

（3）从 conda 导出已有环境，环境会被保存在 environment. yaml 文件中。

```
conda env export >environment. yaml
```

如果想再次创建该环境，或根据已有的 . yaml 文件复现环境，可通过下面的命令来安装环境：

```
conda env create -f environment. yaml
```

注：. yaml 文件移植过来的环境只是安装了原来环境里用 conda install 命令直接安装的第三方包，用 pip 等方法安装的相关文件没有移植过来，需要重新安装。

（4）conda install 命令可以在 conda 的 teminal 运行安装，也可以在 PyCharm 的 teminal 中安装。

3.7　深度神经网络构建示例

题目：基于 LeNet-5 网络实现 MNISIT 数据集的数字识别任务。

1. 实验目的

（1）了解 MNIST 数据集。

（2）掌握 LeNet-5 网络的结构。

（3）完成手写数字识别任务。

2. 实验数据

MNIST 数据集。

3. 导入数据集

torchvision 模块中含有 MNIST 数据集，运行如下代码，可以自行下载，也可以提前下载好 MNIST 数据集，更改路径即可。

（1）加载训练数据。

```
train_loader＝torch. utils. data. DataLoader(
    datasets. MNIST(root＝'. /data', train＝True, download＝True,
        transform＝transforms. Compose([
            transforms. ToTensor(),        ♯Image 转 Tensor, [0, 255]归一化为[0, 1]
            transforms. Normalize((0. 1307, ), (0. 3081, ))]))  ♯数据集给出的均值和标准差
                                                                    系数, 每个数据集都不同
        batch_size＝batch_size, shuffle＝True)
```

（2）加载测试数据集。

```
test_loader＝torch. utils. data. DataLoader(
datasets. MNIST(root＝'. /data', train＝False, transform＝transforms.
Compose([ transforms. ToTensor(),
        transforms. Normalize((0. 1307, ), (0. 3081, ))
        ])), batch_size＝test_batch_size, shuffle＝True)
```

其中：

root 参数：下载地址。

train 参数：要载入的是否是训练集，True 表示是训练集，False 表示不是。

transform 参数：下载格式。

datasets 参数：要装载的训练集。

batch_size 参数：一批中有多少张图像。

shuffle 参数：是否打乱图像顺序。

4. 模型构建

本实验采用的是 LeNet-5 网络架构，结构如图 3.26 所示，可选择 ReLU 函数作为激活
函数。

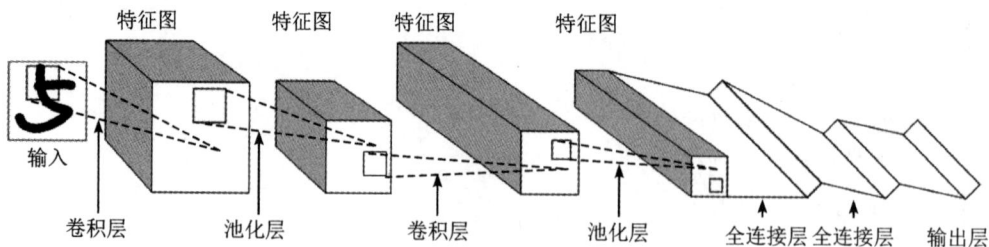

图 3.26   LeNet-5 网络结构

网络的构建过程如下：

```
class LeNet(nn. Module):                      ♯定义类, 存储网络结构
    def __ init __(self):
        super(LeNet, self). __ init __()
```

```
self. conv1＝nn. Sequential(            # input_size 为 1×28×28
    nn. Conv2d(1，6，5，1，2)，           # padding＝2 使输入、输出尺寸相同
    nn. ReLU()，                         # ReLU 激活函数，input_size 为 6×28×28
    nn. MaxPool2d(kernel_size＝2，stride＝2)，   # output_size 为 6×14×14
)
self. conv2＝nn. Sequential(
    nn. Conv2d(6，16，5)，
    nn. ReLU()，                         # input_size 为 16×10×10
    nn. MaxPool2d(2，2)                   # output_size 为 16×5×5
)
...
def forward(self，x)：                    # 定义前向传播过程，输入为 x
    x＝self. conv1(x)
    x＝self. conv2(x)
    x＝x. view(x. size()[0]，－1)          # nn. Linear()的输入、输出维度为一维，所
                                         #  以要把多维度 Tensor 展平成一维
    ...
    return x                             # 返回值
```

5. 训练网络

网络构建完成后，便可以对网络进行训练了，可采用 SGD 算法进行优化，采用交叉熵作为损失函数，代码如下：

```
def train(epoch)：
    model. train()                       # 设置为训练模式
    for batch_idx，(data，target) in enumerate(train_loader)：
        data＝torch. tensor(data). type(torch. FloatTensor). cuda()
        target＝torch. tensor(target). type(torch. LongTensor). cuda()
        torch. optim. SGD(model. parameters()，lr＝lr，momentum＝momentum). zero_grad()
        output＝model(data)               # 把数据输入网络并得到输出
        loss＝nn. CrossEntropyLoss()(output，target)
        loss. backward()
        torch. optim. SGD(model. parameters()，lr＝lr，momentum＝momentum). step()
        if batch_idx % log_interval＝＝0：    # 打印相关信息
            print('Train Epoch：{} [{}/{} ({：. 0f}%)]\tLoss：{：. 6f}'. format(
                epoch，batch_idx * len(data)，len(train_loader. dataset)，
                    100. * batch_idx / len(train_loader)，loss. item()))
```

6. 测试模型

为了测试该网络的准确率，需要构建测试模型，代码如下：

```
def test():
    model.eval()            #设置为测试模式
    test_loss=0             #初始化测试损失值为 0
    correct=0               #初始化预测正确的数据个数为 0
    for data, target in test_loader:
        data=torch.tensor(data).type(torch.FloatTensor).cuda()
        target=torch.tensor(target).type(torch.LongTensor).cuda()
        output=model(data)
        ……#把所有的 loss 值进行累加
        ……#获得最大概率的下标
        ……#将对预测正确的数据个数进行累加
        …#将所有 loss 值进行累加，再除以总的数据长度得到平均 loss
    print('\nTest set: Average loss: {:.4f}, Accuracy: {}/{} ({:.0f}%)\n'.format(
        test_loss, correct, len(test_loader.dataset), 100. * correct / len(test_loader.dataset)))
```

7. 手写数字识别参考程序

完整的手写数字识别参考程序如下：

```
importtorch
importtorch.nn as nn
importtorch.nn.functional as F
importtorch.optim as optim
fromtorchvision import datasets, transforms
fromtorch.autograd import Variable


lr=0.01                 #学习率
momentum=0.5
log_interval=10         #运行多少个 batch 进行一次日志记录
epochs=10
batch_size=64
test_batch_size=1000


#定义网络结构
class LeNet(nn.Module):
    def __init__(self):
        super(LeNet, self).__init__()
```

```python
        self.conv1 = nn.Sequential(
            nn.Conv2d(1, 6, 5, 1, 2),
            nn.ReLU(),
            nn.MaxPool2d(kernel_size=2, stride=2),
        )
        self.conv2 = nn.Sequential(
            nn.Conv2d(6, 16, 5),
            nn.ReLU(),
            nn.MaxPool2d(2, 2)
        )
        self.fc1 = nn.Sequential(
            nn.Linear(16 * 5 * 5, 120),
            nn.ReLU()
        )
        self.fc2 = nn.Sequential(
            nn.Linear(120, 84),
            nn.ReLU()
        )
        self.fc3 = nn.Linear(84, 10)


    # 定义前向传播过程，输入为 x
    def forward(self, x):
        x = self.conv1(x)
        x = self.conv2(x)
        x = x.view(x.size()[0], -1)
        x = self.fc1(x)
        x = self.fc2(x)
        x = self.fc3(x)
        return x


def train(epoch):                    # 定义每个 epoch 的训练细节
    model.train()                    # 设置为训练模式
    for batch_idx, (data, target) in enumerate(train_loader):
        data = data.to(device)
        target = target.to(device)
        data, target = Variable(data), Variable(target)
        optimizer.zero_grad()
```

```
            output=model(data)
            loss=F. cross_entropy(output, target)
            loss. backward()
            optimizer. step()
            if batch_idx % log_interval==0:
                print('Train Epoch: {} [{}/{} ({:.0f}%)]\tLoss: {:.6f}'. format(epoch, batch
_idx * len(data), len(train_loader. dataset), 100. * batch_idx / len(train_loader), loss. item()))


    def test():
        model. eval()
        test_loss=0
        correct=0
        for data, target in test_loader:
            data=data. to(device)
            target=target. to(device)
            data, target=Variable(data), Variable(target)

            output=model(data)
            test_loss +=F. cross_entropy(output, target, size_average=False). item()
            pred=output. data. max(1, keepdim=True)[1]
            correct +=pred. eq(target. data. view_as(pred)). cpu(). sum()
        test_loss /=len(test_loader. dataset)
        print('\nTest set: Average loss: {:.4f}, Accuracy: {}/{} ({:.0f}%)\n'. format(
            test_loss, correct, len(test_loader. dataset), 100. * correct / len(test_loader. dataset)))


if __name__=='__main__':
    device=torch. device('cuda' if torch. cuda. is_available() else 'cpu')

    train_loader=torch. utils. data. DataLoader(
        datasets. MNIST('/home/nvidia/data', train=True, download=False,
                transform=transforms. Compose([
                transforms. ToTensor(),
                transforms. Normalize((0. 1307, ), (0. 3081, ))
                    ])),
        batch_size=batch_size, shuffle=True)


    test_loader=torch. utils. data. DataLoader(
```

```
datasets. MNIST('/home/nvidia/data', train=False, download=False,
        transform=transforms. Compose([
        transforms. ToTensor(),
        transforms. Normalize((0.1307, ), (0.3081, ))
        ])),
    batch_size=test_batch_size, shuffle=True)


model=LeNet()
model=model. to(device)
optimizer=optim. SGD(model. parameters(), lr=lr, momentum=momentum)


for epoch in range(1, epochs + 1):
    train(epoch)
    test()


torch. save(model, 'model. pth')
```

第 4 章
典型网络及应用示例

本章结合应用示例对典型的网络结构进行介绍，主要包括卷积神经网络（Convolutional Neural Networks，CNN）、残差网络（Residual Network，ResNet）、生成对抗网络（Generative Adversarial Networks，GAN）、递归神经网络（Recursive Neural Network，RNN）和图卷积网络（Graph Convolution Network，GCN）。

4.1 卷积神经网络

卷积神经网络是一种深度学习模型，特别适用于处理具有网格结构（如图像和视频）的数据。CNN 最初是为图像处理任务设计的，但也被成功地应用于其他领域，如自然语言处理和医学图像分析。CNN 的关键思想是通过卷积操作来自动提取图像或数据中的特征，这些特征可以用于模式识别、分类、目标检测等任务。下面以目标检测任务为例来介绍 CNN。

4.1.1 目标检测

图像处理的三大任务分别是图像分类、目标检测和图像分割，如图 4.1 所示。

（1）图像分类：判断出图像内的目标属于哪一类，是飞机、轮船还是汽车？

（2）目标检测：在图像分类的基础上，增加了定位，用一个矩形框标记出目标（飞机、汽车或轮船）的位置，并且输出矩形框的中心坐标和矩形框的长与宽。

（3）图像分割：分割是用精确的边界线将目标（飞机、轮船或汽车）和背景划分开，也就是对目标的每一个像素进行正确分类。

正如上文所述，目标检测的任务是找到图像中所有感兴趣的目标在哪里以及目标的类别是什么。由于不同物体的形状、颜色、光照等都有差异，而且还会存在物体间相互遮挡等因素的干扰，因此，目标检测一直是计算机视觉领域极具挑战性的问题。

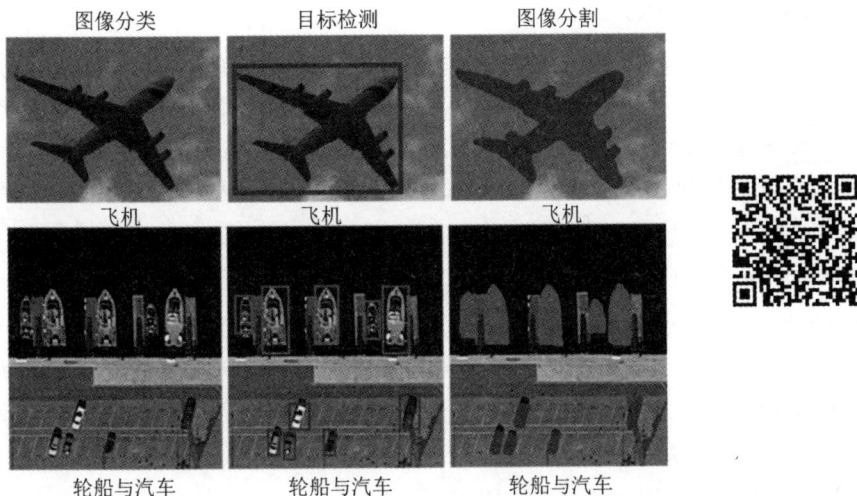

图像分类　　　　目标检测　　　　图像分割

飞机　　　　　飞机　　　　　飞机

轮船与汽车　　　轮船与汽车　　　轮船与汽车

图 4.1　图像分类、目标检测和图像分割示意图

4.1.2　基本原理

Faster RCNN(Faster Region-based Convolutional Network)是一种用于目标检测的深度学习模型，由 Microsoft Research 提出，其设计的目的是加速目标检测的速度，同时保持较高的准确性。下面以 Faster RCNN 在目标检测中的应用为例介绍卷积神经网络的基本原理。

1. Faster RCNN 模型的框架

Faster RCNN 的网络模型如图 4.2 所示。

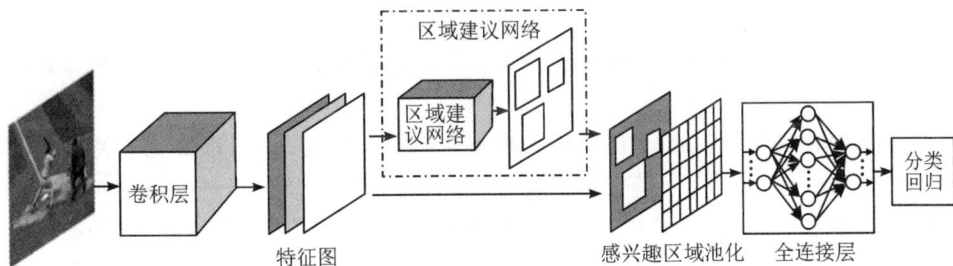

图 4.2　Faster RCNN 的网络模型

1) 卷积层(Conv)

FasterRCNN 首先使用基础的卷积、非线性激活、池化(Conv＋ReLU＋Pooling)提取图像的特征图，该特征图有两个流向，分别用于后续的区域建议网络(Region Proposal Networks，RPN)和全连接层。

2）区域建议网络（RPN）

区域建议网络提取区域建议，给出哪些矩形区域含有目标的建议。该网络也有两个流向：第一个流向是通过 Softmax 判断锚框（Anchors）属于正（Positive，含目标）或者属于负（Negative，背景）；第二个流向利用边框回归修正锚框，获得较精确的建议框（Proposals）。认为区域得分较大的区域建议就是含有目标的区域，因此将得分大的区域建议对应到卷积层获得的特征图上。

3）感兴趣区域池化（RoI Pooling）

感兴趣区域池化收集由卷积层获取的特征图和感兴趣区域的建议框，综合这些信息后提取建议框区域的特征图，送入后续全连接层判定目标类别。所得到的建议框称为感兴趣区域（Region of Interest，RoI），通过 RoI 池化层将建议框对应的特征图都池化到固定大小，这样可以进一步输入后续的全连接层。

4）分类和回归（Classification and Regression）

分类和回归将每个池化后的特征依次通过全连接层，得到该建议区域的分类结果和边框回归结果，最终得到一个目标的检测结果。也就是利用建议框的特征图估计建议框的类别，同时再次回归检测框以获得最终的精确位置和大小。

2. Faster RCNN 各部分构成

1）Conv Layers（以 AlexNet 为主干网络）

输入图像大小是 $224\times224\times3$（RGB3 通道），第一层的卷积核维度是 $7\times7\times3\times96$（卷积核是 4 阶张量）。

（1）卷积（Conv1）结果：特征图大小为 $(224-7+\text{pad})/2+1=110$，特征图维度为 $110\times110\times96$。

（2）填充（Pad）：在图像的周围补充像素，目的是能够整除，除以 2 是因为 2 是图中的步长（Stride）。

然后进行池化操作（Pool1），池化核大小是 3×3，步长为 2，所以池化后特征图的大小为 $(110-3+\text{Pad})/2+1=55$，特征图维度为 $55\times55\times96$。

下一层的卷积（Conv2）操作中，卷积核的维度是 $5\times5\times96\times256$，卷积后特征图维度为 $26\times26\times256$。

后续的过程进行类似的操作，最后取第五层卷积 Conv5 的输出，即维度为 $13\times13\times256$ 的特征图分别送给 RPN 网络和 RoI Pooling。

需要注意的是，Conv Layers 生成的特征图和原图像具有对应关系。

2）区域建议网络（RPN）

（1）锚框。

　　针对一个窗口视野中出现的两个甚至多个对象，如有又高又瘦的人和又宽又长的车，为了区分开这两个对象并且使返回的位置矩形框更为准确，需要不同比例和不同大小的框去贴近这些目标。锚框是人工预设好的不同大小的框，均匀分布在整张图上，如图 4.3 所示。

图 4.3　锚框示意图

　　主干网络最后生成的特征图上的点映射回原输入图像，以其为中心坐标在原图可生成锚框。在 Faster RCNN 中，如果主干网络使用 AlexNet，网络对输入的图像下采样了 16 倍，也就是第五层卷积所获得的特征图上的一个点对应于输入图像上的一个 16×16 的正方形区域（感受野）。以特征图上的一点为中心可以在原图上生成 9 种不同形状和不同大小的边框。

　　边框的中心位置是将特征图上的点映射回原图像得到的。特征图任一点对应的是原图的一块正方形区域，其中心位置就落在该边框的中心位置。当然，由于锚框通常是以主干网络提取到的特征图的点为中心位置，所以生成边框时一个锚框可以不需要指定中心位置，可以从基础的宽和高 16×16 区域变换出任意形状和大小的锚框，其长宽情况为 {128,256,512}×{128,256,512}，如图 4.4 所示。

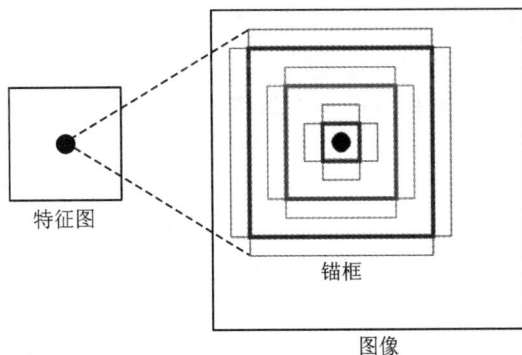

图 4.4　锚框

（2）RPN 网络的构成。

RPN 网络分为两条支路，网络结构如图 4.5 所示。上一条支路通过 Softmax 分类对锚框进行分类，获得正和负的锚框分类。共有 9 种框型，每种框型生成正和负（含目标和不含目标）概率（同种框型二分类），因此，输出 $2\times9=18$ 张特征图；下一条支路用于计算对于锚框的边框进行回归的偏移量，以获得较精确的建议框。由于有 9 种框型，每种框型含中心坐标 (x,y) 和锚框的长和宽 (w,h)，因此，输出 $4\times9=36$ 张特征图。最后的 Proposal 层汇总正锚框和对应边框回归的偏移量，同时剔除太小和超出边界的建议框，完成目标的初步定位。

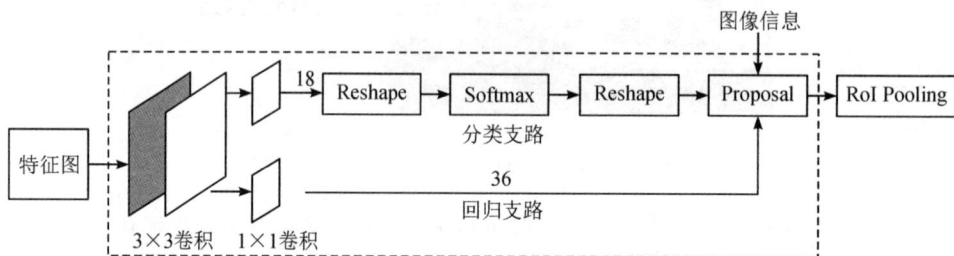

图 4.5　RPN 网络结构

RPN 是在原图尺度上设置候选锚框，用网络去判断哪些锚框是含有目标的正锚框，哪些是不含目标的负锚框，是二分类问题，同时回归出锚框的大小。

（3）RPN 的具体实现。

RPN 的输入是经过卷积层得到的特征图，输出是可能含目标的建议框以及该框内是目标的概率。最终得到的特征图的维度是 $13\times13\times256$，是 256 张特征图，特征图的每个点都是 256 维。进入 RPN 后，首先通过大小为 3×3 的卷积核进行卷积，每个点融合了周围 3×3 的空间信息，4 阶张量的卷积核为 $3\times3\times256\times256$，即每一个卷积核是 $3\times3\times256$，共 256 个卷积核，因此输出了 256 个通道的特征图。

RPN 的分类支路是 18 个输出通道（2 个概率×9 种框型），在 256 通道和分类支路之间使用 $1\times1\times256\times18$ 的卷积核，即每个卷积核是 $1\times1\times256$，共 18 个卷积核。RPN 的回归支路与分类支路类似，回归支路是 36 个输出通道（4 个位置信息×9 种框型），在 256 通道和分类支路之间使用 $1\times1\times256\times36$ 的卷积核，即每个卷积核是 $1\times1\times256$，共 36 个卷积核。回归支路与分类支路分别计算损失并加和，根据求导的结果，进行反向传播和参数更新。

（4）RPN 训练正负样本筛选。

获取特征图每个像素（256 维）的 9 种框型的锚框，给每个锚框分配一个二进制的标签（目标和背景）。两类锚框分配正标签（表示含目标），这两类锚框具有如下特性：

① 与某个基准（Ground Truth，GT）边界框有最高交并比（Intersection over Union，

IoU)重叠的锚框(也许不到阈值 0.7)。

②与任意 GT 边界框有大于 0.7 的 IoU 交叠的锚框,一个 GT 边界框可能给多个锚框分配正标签。

与所有 GT 边界框的 IoU 比率都低于 0.3 的锚框分配负标签(背景)。非正(IoU<0.7)和非负(IoU>0.3)锚框训练时,某些训练有选择地将这些锚框作为正样本,以使正负样本均衡和加速网络收敛,也就是说,对于不同数据集阈值可调。

由于全部锚框用于训练时规模太大,所以训练会在锚框中随机选取 128 个正锚框和 128 个负锚框进行训练。

(5) RPN 损失函数。

两个类别(正锚框含目标和负锚框不含目标)的对数损失(交叉熵)为

$$L_{cls}(p_i, p_i^*) = -\ln[p_i p_i^* + (1-p_i)(1-p_i^*)] \tag{4.1}$$

式中:p_i 表示第 i 个锚框的预测概率;p_i^* 表示第 i 个锚框是正样本时等于 1,否则等于 0。

边框回归也是对预设锚框到基准锚框之间的变换参数拟合的过程,即拟合出平移(dx 和 dy)和伸缩参数(dw 和 dh),由此初步确定建议框。x、y、w、h 分别表示预测框 (Predicted Box)的中心点的坐标、宽度和高度,x、x_a、x^* 分别对应于预测框、锚框和基准框(Ground Truth Box)坐标,y、w、h 也是类似的表示,边界框(Bounding Box,BB)的参数化坐标为

$$\begin{cases} t_x = \dfrac{x-x_a}{w_a}, & t_y = \dfrac{y-y_a}{h_a} \\[2mm] t_w = \ln\dfrac{w}{w_a}, & t_h = \ln\dfrac{h}{h_a} \\[2mm] t_x^* = \dfrac{x^*-x_a}{w_a}, & t_y^* = \dfrac{y^*-y_a}{h_a} \\[2mm] t_w^* = \ln\dfrac{w^*}{w_a}, & t_h^* = \ln\dfrac{h^*}{h_a} \end{cases} \tag{4.2}$$

回归损失为

$$L_{reg}(t_i, t_i^*) = R(t_i - t_i^*) \tag{4.3}$$

式中,R 是平滑 L_1(Smooth L_1)函数,$\text{Smooth}_{L1}(x) = \begin{cases} 0.5x^2 & |x|<1 \\ |x|-0.5 & \text{其他} \end{cases}$

(6) Proposal。

在测试过程中,会得到每个建议框是某个目标的得分情况,同一个目标会被多个建议框包围,这时需要通过非极大值抑制(Non-Maximum Suppression,NMS)操作去除得分较低的建议框,以减少重叠框,如图 4.6 所示。NMS 的获取按照分数排序进行迭代,抑制

的过程是一个迭代—遍历—消除的过程。NMS的具体实现过程是首先将所有建议框的得分进行排序,选中最高分及其所对应的边框,然后遍历其余的框,如果它和当前最高得分框的重叠面积大于一定的阈值,则将其删除,继续选择一个得分最高的框,重复上述过程。

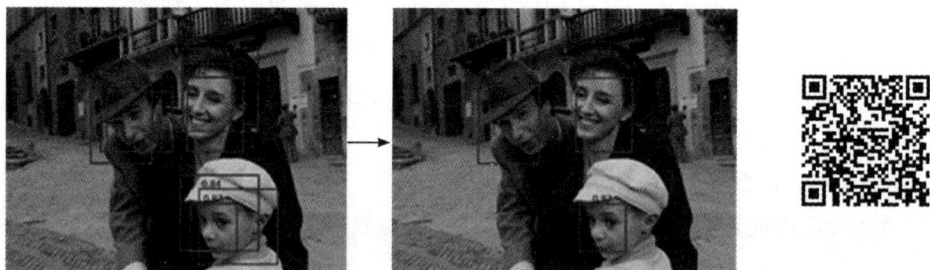

图 4.6 非极大值抑制前(左)和非极大值抑制后(右)

在 Faster RCNN 中,按照 RPN 的 Softmax 分值(Score)从大到小排序,提取前 2000 个预选建议框并对其进行 NMS 操作,将得到的结果再次进行排序,输出 300 个建议框送入 RoI Pooling。

3) RoI Pooling 层

RoI Pooling 层有两个输入来源,一个是主干网络最后获取的特征图,另一个是 RPN 输出的建议框(大小各不相同)。

RPN 修正后的区域建议框在原图的位置映射到主干网络特征图上以后,每个建议框的大小不一样,为了满足后面的全连接层的输入要求,RoI Pooling 后将原图中的建议区域映射到特征图中,送入后续全连接网络。为什么全连接要求固定输入?全连接层是向量(输入)与矩阵(参数)相乘操作,因此需要固定大小的输入。如果网络输入的图像尺寸必须是固定值,可采用两种常用的解决办法,即裁剪(Crop)和拉伸(Warp),但这两种方式会破坏图像原有的结构信息。

卷积层和最大池化层是滑动窗操作,可以接受任意大小的图像输入。如果全连接层网络确定,则输入维度要求固定,Faster RCNN 用区域切割实现全连接层的输入维度要求。每个建议框切割为 7×7 的网格,对每一个网格都进行最大池化处理,这样所有的建议框对应了一个 $7 \times 7 \times 256$ 维度的特征向量,这个特征向量可作为全连接层的输入。

RoI Pooling 的实现过程如图 4.7 所示。左侧输入图像中黑色的边框是要进行特征提取的 RoI,大小为 332×332。在提取该区域的特征时,需要将该区域映射到全图的特征图上,由于下采样率为 16,因此该区域在特征图上的坐标除以 16 并取整,对应的大小为 $332 \div 16 = 20.75$,RoI Pooling 直接将浮点数量化为整数,取整为 20×20,从而得到该 RoI

的特征。然后，再将 20×20 的区域处理为 7×7 的特征，得到 $20\div7=2.857$，再次量化取整为 2，即步长为 2，从 20×20 的区域左上角开始选取 7×7 的区域，这样每个小方格在特征图上都对应了 2×2 的大小。最后，取每个小方格内的最大特征值，作为该小方格的输出，最终实现了 7×7 的输出，即完成了池化的过程。

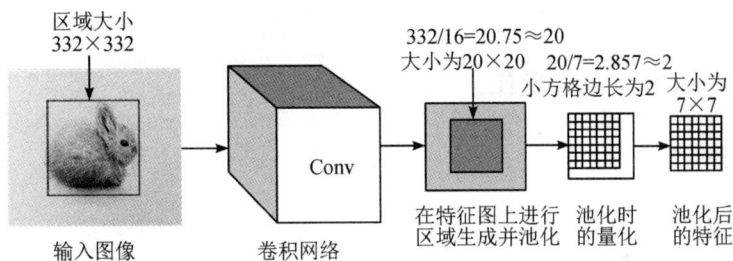

图 4.7　RoI Pooling 的实现过程

4）分类和回归

固定大小的特征向量输入分类和回归网络，采用并行的不同的全连接层，可同时输出分类结果和目标框回归结果，实现端到端的多任务训练，最终可以得到图像上不同物体的分类得分和目标框。

分类部分利用已经获得的建议框特征图，通过全连接（Full Connect，FC）层与 Softmax计算每个建议框具体属于哪个类别（牛、羊、猫、狗等），并输出目标分类概率。同时再次利用边框回归获得每个建议框的位置偏移量，用于回归更加精确的目标检测框，如图 4.8所示。

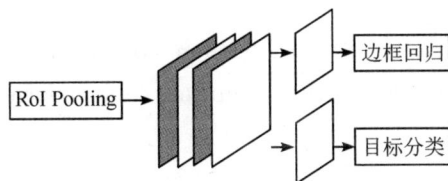

图 4.8　目标分类和回归

Faster RCNN 的损失函数与 RPN 类似，损失函数＝交叉熵（多类）＋平滑 L_1 损失：

$$L(p_i,t_i)=\frac{1}{N_{cls}}\sum_i L_{cls}(p_i,p_i^*)+\lambda\frac{1}{N_{reg}}\sum_i p_i^* L_{reg}(t_i,t_i^*) \tag{4.4}$$

式中，N_{cls} 表示 Batch 的大小，N_{reg} 是锚框的数量，$p_i^* L_{reg}(t_i,t_i^*)$ 表示只有在正样本时才回归边界框。

3. Faster RCNN 模型总结

Faster RCNN 检测算法将图像输入卷积层,得到特征图;利用 RPN 网络对特征图进行卷积,在特征图上以每个像素点为中心设置 9 个尺寸大小、长宽比不同的锚框,返回每个锚框是目标的概率;选取概率大的锚框并通过 RoI Pooling 层统一尺寸;最后进行目标分类和边框回归。

4.1.3 Faster RCNN 实验操作

1. 代码介绍

1) 实验环境

实验环境如表 4.1 所示。

表 4.1 实 验 环 境

条 件	环 境
操作系统	Ubuntu 16.04
开发语言	Python 2.7
深度学习框架	Tensorflow-gpu-1.2.0
相关库	opencv-python easydict cython

2) 代码下载

使用终端命令行 \$ git clone https://github.com/endernewton/tf-faster-rcnn.git 从 GitHub 网站下载代码,或访问网址 https://github.com/endernewton/tf-faster-rcnn,单击右上角的下载按钮进行下载。

3) 代码文件目录结构

代码文件目录结构如下:

```
. -------------------------------------------------工程根目录
├──data
│   ├──demo-------------------------------- demo 测试图存放目录
│   ├──imgs-------------------------------- 带标签的图像存放目录
│   └──scripts
│       └──fetch_faster_rcnn_models.sh------ 下载预训练模型的执行文件
├──docker
```

```
|     └──Dockerfile----------------------------- 为 docker 用户创建的文件
├──experiments
|     ├──cfgs------------------------------------- 训练及验证模型的配置文件
|     └──scripts--------------------------------- 执行文件
├──lib
|     ├──datasets-------------------------------- 数据集存放目录
|     ├──layer_utils----------------------------- 层定义
|     ├──model----------------------------------- 模型
|     ├──nets------------------------------------ 网络结构
|     ├──nms------------------------------------- 非极大值抑制
|     ├──roi_data_layer--------------------------- RoI 池化层定义
|     ├──utils------------------------------------ 可视化文件
|     ├──Makefile-------------------------------- 编译文件
|     ├──setup. py------------------------------- 设置文件
├──tools
|     ├──convert_from_depre. py
|     ├──demo. py-------------------------------- 测试 demo 代码文件
|     ├──_init_paths. py
|     ├──reval. py
|     ├──test_net. py----------------------------- 测试模型代码文件
|     └──trainval_net. py------------------------- 训练模型代码文件
└──README. md--------------------------------- 说明文件
```

2. 数据集介绍

1) 数据集描述

本实验使用的数据集为 Pascal VOC2007，包含 9963 张标注过的图像，共标注出 24 640 个物体，训练集以带标签的图像的形式给出，如表 4.2 所示。这些物体分为四大类，即人类、动物类、交通工具类和家具类，每个大类下又包含多个小类，如动物类包含鸟、猫、牛等，数据集总共包含 20 种小类物体。数据集的部分图像如图 4.9 所示。

表 4.2　数据集图像分类

人类	人						
动物类	鸟	猫	牛	狗	马	绵羊	
交通工具类	飞机	自行车	船	公交车	汽车	摩托车	火车
家具类	杯子	椅子	餐桌	盆栽	沙发	电视/显示器	

图 4.9　数据集部分图像

2）数据集结构

Pascal VOC2007 包含 5 个文件夹，分别是 Annotations、ImageSets、JPEGImages、SegmentationClass 和 SegmentationObject。

（1）Annotations：放置每一张图像的标注，包括图像的尺寸、物体类别、边界框的 4 个顶点坐标等。

（2）ImageSets：包含 3 个文件夹，其中 Layout 存放具有人体部位的数据，Main 是物体图像识别的数据，Segmentation 存放用于分割的数据。这 3 个文件夹里的数据分为训练样本集、验证样本集、训练与测试样本汇合集和测试样本集。

（3）JPEGImages：存放 9963 张格式为 JPG 的原始图像。

（4）SegmentationClass：图像中同一类别的物体被标注为相同颜色，图像格式为 PNG。

（5）SegmentationObject：按目标对象进行图像分割，同一类别的物体被标注为不同的颜色。

3. 实验操作步骤及结果

1）代码下载

下载代码的命令行如下：

```
$ git clone https://github.com/endernewton/tf-faster-rcnn.git
```

2）编译

更改设置文件中的 GPU 型号，使之与自己使用的设备相符，不同设备的修改内容可以参考表 4.3。

表 4.3 不同 GPU 设备对应修改内容

GPU 模型	架 构
TitanX（Maxwell/Pascal）	sm_52
GTX 960M	sm_50
GTX 1080（Ti）	sm_61
Grid K520（AWS g2. 2xlarge）	sm_30
Tesla K80（AWS p2. xlarge）	sm_37

打开工程中的/lib 目录：

```
$ cd tf-faster-rcnn/lib
```

使用 vim 更改设置文件中的 GPU 型号：

```
$ vim setup. py
```

由于使用的是 GTX 1080（Ti），因此修改第 130 行代码为"-arch＝sm_61"。

在/lib 目录下，编译库函数 Cython，清除之前的编译：

```
$ make clean
```

重新编译：

```
$ make
```

回到上级目录：

```
$ cd ..
```

3）下载数据集并解压

从网站下载 Pascal VOC 2007 数据集的 3 个压缩包：

```
$ wget http：//host. robots. ox. ac. uk/pascal/VOC/voc2007/VOCtrainval_06-Nov-2007. tar
$ wget http：//host. robots. ox. ac. uk/pascal/VOC/voc2007/VOCtest_06-Nov-2007. tar
$ wget http：//host. robots. ox. ac. uk/pascal/VOC/voc2007/VOCdevkit_08-Jun-2007. tar
```

在/data 目录下解压：

```
$ tar xvf VOCtrainval_06-Nov-2007. tar
$ tar xvf VOCtest_06-Nov-2007. tar
$ tar xvf VOCdevkit_08-Jun-2007. tar
```

重命名：

```
$ mv VOCdevkit VOCdevkit2007
```

4）下载预训练模型

通过运行执行文件（文件里已经写好下载地址和命令行，直接运行即可）下载预训练模型：

```
$ ./data/scripts/fetch_faster_rcnn_models.sh
```

在/data 目录下解压：

```
$ tar xvf voc_0712_80k-110k.tgz
```

建立预训练模型的软连接，在工程总目录下创建 output 文件夹：

```
$ mkdir output
```

定义变量，使用 res101 网络：

```
$ NET=res101
```

定义训练集：

```
$ TRAIN_IMDB=voc_2007_trainval+voc_2012_trainval
```

在 output 文件夹下创建文件夹：

```
$ mkdir -p output/${NET}/${TRAIN_IMDB}
```

进入该文件夹：

```
$ cd output/${NET}/${TRAIN_IMDB}
```

创建软连接，连接前后两个文件：

```
$ ln -s ../../../data/voc_2007_trainval+voc_2012_trainval ./default
```

回到主目录：

```
$ cd../../..
```

5）Demo 测试

回到主目录，定义 GPU ID：

```
$ GPU_ID=01
```

运行 tools 文件夹下的 demo.py 文件：

```
$ CUDA_VISIBLE_DEVICES=${GPU_ID} ./tools/demo.py
```

6）测试模型

使用训练好的模型对数据进行测试：

```
$ GPU_ID=01
$ ./experiments/scripts/test_faster_rcnn.sh $GPU_ID pascal_voc_0712 res101
```

使用预训练模型进行训练，下载预训练模型，在/data 目录下创建一个 imagenet_weights 文件夹存放训练权重，并进入文件夹：

```
$ mkdir -p data/imagenet_weights
$ cd data/imagenet_weights
```

7）训练模型

如果使用 VGG16 网络对模型进行训练，可从网站下载 VGG16 预训练模型：

```
$ wget -v http://download.tensorflow.org/models/vgg_16_2016_08_28.tar.gz
```

解压：

```
$ tar -xzvf vgg_16_2016_08_28.tar.gz
```

改名：

```
$ mv vgg_16.ckpt vgg16.ckpt
```

返回主目录：

```
$ cd ../..
```

使用执行文件训练模型：

```
$ ./experiments/scripts/train_faster_rcnn.sh 01 pascal_voc vgg16
```

　　Demo 运行结果如图 4.10 所示。由此图可知，目标检测算法（Faster RCNN）使用红色的边界框标记图像中的人、汽车、马、狗等（还有其他类别，此处不一一列举）物体的位置，并在边界框的左上角输出类别的名称及得分。在具体实验中，该检测模型的主干网络可以使用 AlexNet、VGG16、Res101 等模型。

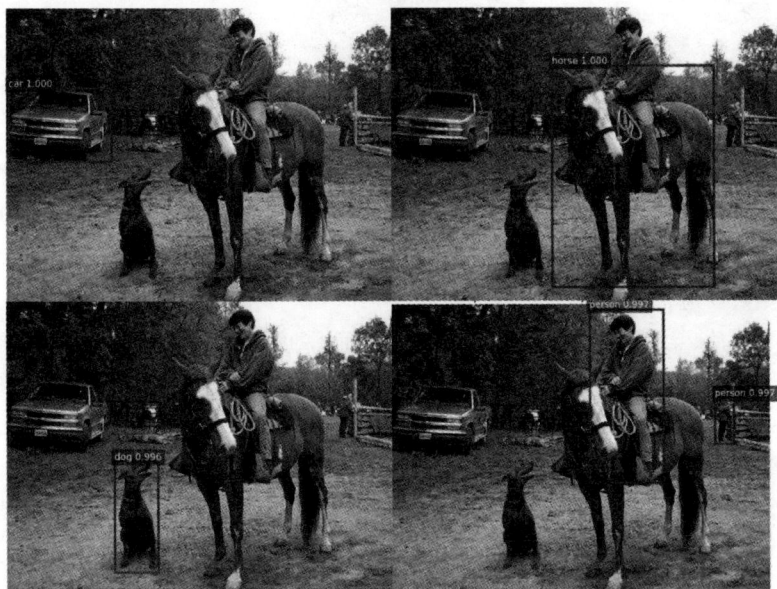

图 4.10　Demo 测试输出图

4.2　残差网络

　　残差网络（ResNet）是一种深度神经网络架构，在 2015 年的 ImageNet 大规模视觉识别比赛（ILSVRC）中取得了显著的成绩。ResNet 的设计旨在解决深度神经网络训练过程中出现的梯度消失和梯度爆炸等问题，使得研究人员可以构建和训练非常深的网络。下面以图像分割任务为例进行讨论。

4.2.1 图像分割

图像分割是在一幅图像中根据物体的特征,对图像中的每个像素点都进行标注,从而划分成不同区域的过程,它用于提取出感兴趣的目标,如图 4.11 所示。

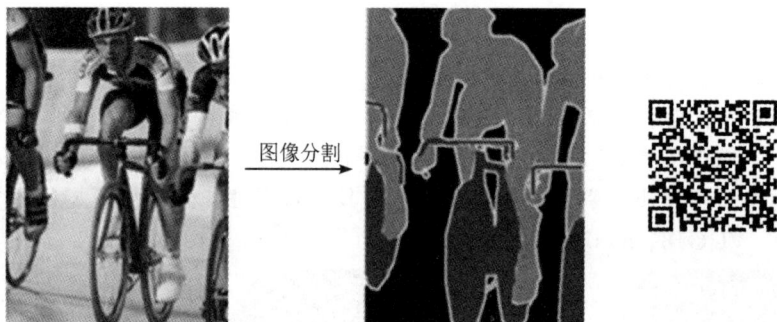

图像分割

图 4.11 图像分割示意图

图像分割是计算机视觉领域的基础性问题之一,通常用于目标识别、场景解析、图像3D重构等研究任务的预处理。从 20 世纪中叶开始,这个领域一直是图像处理方面的研究热点之一,在城市交通管理、医学影像分析、气象预测、无人平台、自动驾驶、地质勘探、指纹识别等领域都有着重要应用。

传统分割方法利用颜色、纹理等图像中的简单信息,而深度学习技术利用的是图像中不容易观察到的特征信息,通常称为图像的高级语义特征,这种根据高级语义实现的图像分割称为语义分割(Semantic Segmentation)。语义分割可以将每一个像素点进行分类,属于同一种类的像素点都分为同一类。与语义分割不同,实例分割(Instance Segmentation)将图像分割提升到了一个新的高度。语义分割不会区分同一类别的不同个体,而实例分割能够将同一种类但不同个体的目标也都分别标定出来,本实验的 Mask RCNN 属于实例分割的典型代表。语义分割和实例分割结果如图 4.12 所示。

(a) 输入图像   (b) 语义分割   (c) 实例分割

图 4.12 语义分割和实例分割结果

4.2.2 基本原理

Mask RCNN 由 Facebook AI Research 提出，该方法对 Faster RCNN 进行了改进，因此，总体上两者的网络结构相似。本小节主要对两者的差异部分进行详细阐述。

1. Mask RCNN 图像分割流程

采用 Mask RCNN 实现图像分割的流程如图 4.13 所示。

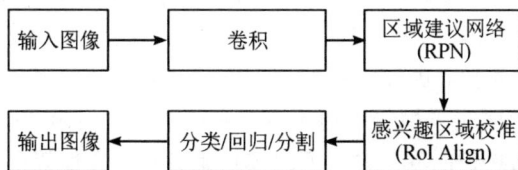

图 4.13 Mask RCNN 图像分割流程

Mask RCNN 图像分割的具体流程如下：

（1）将输入图像经过卷积神经网络，提取该图像中所有目标的特征，得到特征图。

（2）通过区域建议网络提取出不同的目标，并剔除背景成分。

（3）把提取出来的建议框重新整理成统一大小的图像。

（4）将统一后的图像作为神经网络的输入，最终可以在输出图像中框定出目标的位置、类别并分割出目标区域。

2. Mask RCNN 各部分构成

1）主干网络

卷积网络所输出的每一层都包含一种特征，因此可通过增加神经网络层数来增加所能提取到的特征。也就是说尽可能将网络结构设计得很深，以便于提取到图像中更加丰富、层次更高的特征信息。但是，当持续增加深度卷积网络的层数后发现，网络的收敛速度明显下降，同时也带来了严重的梯度消失问题，导致浅层网络的参数得不到更新，网络的性能进一步下降。

实验中采用残差网络（ResNet-50）作为主干网络对输入图像进行特征提取，可以很好地解决上面的问题，它在保证网络深度足够深的同时，也不失网络优越的性能。

（1）深度神经网络存在的问题。

深度神经网络的每一层分别对应不同层次的特征信息（低层、中层和高层），网络越深提取到的不同层次的信息越多，不同层次间的层次信息的组合也会越多。但是，随着网络层数的增加，会出现如下问题：

① 梯度消失/爆炸问题：传统解决方案是数据初始化（Normlized Initializatiton）和批规

范化(Batch Normlization，BN)，虽然缓解了梯度消失/爆炸的问题，但深度加深也带来了另外的问题——网络性能退化(Degradation)，即深度加深了，错误率却上升了。

② 网络性能退化：不断增加神经网络的深度时，通常准确率会先上升然后达到饱和，再持续增加深度则会导致准确率下降。该过程不是过拟合的问题，因为不仅在测试集上误差增大，训练集本身误差也会增大。

③ 恒等映射不易拟合：如果存在某个 K 层的网络 $f(\cdot)$ 是当前最优的网络，可以构造一个更深的网络，其最后几层仅是该网络 $f(\cdot)$ 第 K 层输出的恒等映射(Identity Mapping)，就可以取得与 $f(\cdot)$ 一致的结果；或 K 还不是最佳层数，那么更深的网络就可以取得更好的结果。总之，与浅层网络相比，更深网络的表现不应该更差。然而事与愿违，常常会出现网络退化。这是由于神经网络对于恒等映射不容易拟合，因此引出残差网络。

通过具有非线性映射操作的卷积神经网络模块来直接拟合恒等函数是较为困难的，然而，通过非线性层来拟合恒等于 0 的函数则相对容易一些，这也是残差网络构建的基本思想。

(2) 残差模块。

在原始卷积神经网络模型中，设 x 为输入，$H(x)$ 为所期望的映射，则恒等函数表示为 $H(x)=x$，由于非线性层的存在，这种恒等函数的拟合是比较困难的。在深度残差学习框架中，设映射 $H(x)=F(x)+x$，则残差函数映射 $F(x)=H(x)-x$，此时恒等函数依然为 $H(x)=x$，当 $F(x)=0$ 时，该恒等函数成立。即使有非线性层的存在，这种恒等于 0 的函数的拟合也较为容易。为构建满足 $F(x)=H(x)-x$ 形式的残差函数映射，何凯明等人设计了如图 4.14 所示的残差结构。其中，x 为残差模块的输入，$F(x)$ 为残差映射，$H(x)$ 为所期望的映射输出，ReLU 为激活函数，权重层为若干卷积层。

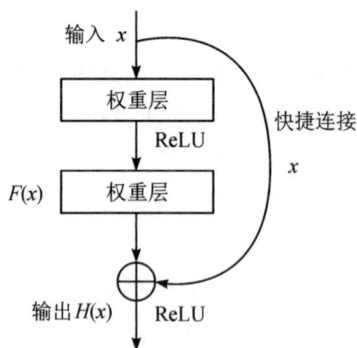

图 4.14 残差模块结构图

通常 $F(x)$ 不为 0 且包含一定特征信息，引入残差结构后网络对于数据的微小变化更加敏感，网络在易于训练的同时性能也会有所提升。使用快捷连接能够简单辅助实现恒等映射，不会产生额外参数且不增加网络的计算复杂度。在残差模块中，x 和 $F(x)$ 的维度必

须是相等的，否则需要对 x 进行变换来实现维度匹配，此时映射 $H(x)$ 可表示为

$$H(x) = F(x) + W_s x \tag{4.5}$$

式中，W_s 表示变换参数。

残差函数 $F(x)$ 是可变的，为了更好地优化不同深度的网络，何凯明等人提出了两种不同的基本残差结构：基本模块和瓶颈模块。其中基本模块的输入、输出维度一致，常用于构建相对较浅的网络，而瓶颈模块的输入、输出维度不一，通过 1×1 卷积来调整特征维度以降低计算复杂度，常用于构建相对较深的网络。ResNet 的基本模块和瓶颈模块的结构分别如图 4.15(a)、(b)所示，其中 D 为大于 1 的常数。

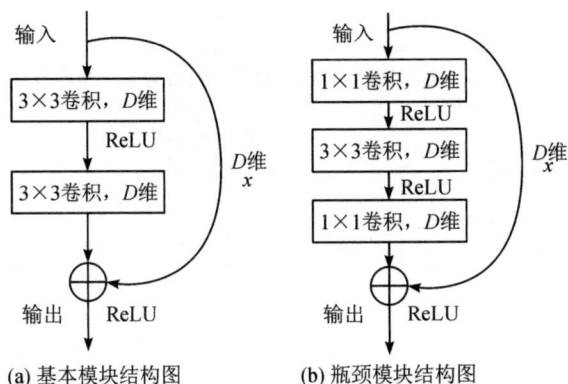

(a) 基本模块结构图　　　　　(b) 瓶颈模块结构图

图 4.15　ResNet 的基本模块和瓶颈模块结构图

（3）残差网络的优势——前后向信息传播的角度。

考虑任意两个层数 $l_2 > l_1$，递归地展开为

$$x^{(l_2)} = x^{(l_2-1)} + F(x^{(l_2-1)}) = x^{(l_2-2)} + F(x^{(l_2-2)}) + F(x^{(l_2-1)}) = \cdots \tag{4.6}$$

$$x^{(l_2)} = x^{(l_1)} + \sum_{i=l_1}^{l_2-1} F(x^{(i)}) \tag{4.7}$$

在前向传播时，输入信号可以从任意低层(l_1)直接传播到高层(l_2)。由于包含了一个天然的恒等映射，一定程度上可以解决网络退化问题。

最终的损失 ε 对某低层输出的梯度可以展开为

$$\frac{\partial \varepsilon}{\partial x^{(l_1)}} = \frac{\partial \varepsilon}{\partial x^{(l_2)}} \frac{\partial x^{(l_2)}}{\partial x^{(l_1)}} = \frac{\partial \varepsilon}{\partial x^{(l_2)}} \left(1 + \frac{\partial}{\partial x^{(l_1)}} \sum_{i=l_1}^{l_2-1} F(x^{(i)})\right)$$

$$= \frac{\partial \varepsilon}{\partial x^{(l_2)}} + \frac{\partial \varepsilon}{\partial x^{(l_2)}} \frac{\partial}{\partial x^{(l_1)}} \sum_{i=l_1}^{l_2-1} F(x^{(i)}) \tag{4.8}$$

损失对某低层输出的梯度分解为两项，其中前一项表明在反向传播时，误差信号可以

不经过任何中间权重矩阵变换直接传播到低层,一定程度上可以缓解梯度消失/爆炸问题。

(4)残差网络的不同结构。

ResNet 的设计主要遵循两个原则:一是若输出特征图具有相同尺寸,则此类残差模块具有相同数量的卷积核;二是若输出特征图尺寸减半,则残差模块的卷积核数量加倍,这样便能让每个残差模块的时间复杂度保持一致。当输入和输出的特征图大小不同时,则通过调节步长并进行卷积操作实现特征图尺寸及通道的匹配以便进行快捷连接。ResNet 的细节及其变体结构如表 4.4 所示。

表 4.4 ResNet 的细节及其变体结构

模块	尺寸	18 层	34 层	50 层	101 层	152 层
Conv1	112×112	卷积核尺寸为 7,卷积核数量为 64,卷积步长为 2				
Conv2	56×56	最大池化层				
		$\begin{bmatrix} 3\times3,\ 64 \\ 3\times3,\ 64 \end{bmatrix}\times2$	$\begin{bmatrix} 3\times3,\ 64 \\ 3\times3,\ 64 \end{bmatrix}\times3$	$\begin{bmatrix} 1\times1,\ 64 \\ 3\times3,\ 64 \\ 1\times1,\ 256 \end{bmatrix}\times3$	$\begin{bmatrix} 1\times1,\ 64 \\ 3\times3,\ 64 \\ 1\times1,\ 256 \end{bmatrix}\times3$	$\begin{bmatrix} 1\times1,\ 64 \\ 3\times3,\ 64 \\ 1\times1,\ 256 \end{bmatrix}\times3$
Conv3	28×28	$\begin{bmatrix} 3\times3,\ 128 \\ 3\times3,\ 128 \end{bmatrix}\times2$	$\begin{bmatrix} 3\times3,\ 128 \\ 3\times3,\ 128 \end{bmatrix}\times4$	$\begin{bmatrix} 1\times1,\ 128 \\ 3\times3,\ 128 \\ 1\times1,\ 512 \end{bmatrix}\times4$	$\begin{bmatrix} 1\times1,\ 128 \\ 3\times3,\ 128 \\ 1\times1,\ 512 \end{bmatrix}\times4$	$\begin{bmatrix} 1\times1,\ 128 \\ 3\times3,\ 128 \\ 1\times1,\ 512 \end{bmatrix}\times8$
Conv4	14×14	$\begin{bmatrix} 3\times3,\ 256 \\ 3\times3,\ 256 \end{bmatrix}\times2$	$\begin{bmatrix} 3\times3,\ 256 \\ 3\times3,\ 256 \end{bmatrix}\times6$	$\begin{bmatrix} 1\times1,\ 256 \\ 3\times3,\ 256 \\ 1\times1,\ 1024 \end{bmatrix}\times6$	$\begin{bmatrix} 1\times1,\ 256 \\ 3\times3,\ 256 \\ 1\times1,\ 1024 \end{bmatrix}\times23$	$\begin{bmatrix} 1\times1,\ 256 \\ 3\times3,\ 256 \\ 1\times1,\ 1024 \end{bmatrix}\times36$
Conv5	7×7	$\begin{bmatrix} 3\times3,\ 512 \\ 3\times3,\ 512 \end{bmatrix}\times2$	$\begin{bmatrix} 3\times3,\ 512 \\ 3\times3,\ 512 \end{bmatrix}\times3$	$\begin{bmatrix} 1\times1,\ 512 \\ 3\times3,\ 512 \\ 1\times1,\ 2048 \end{bmatrix}\times3$	$\begin{bmatrix} 1\times1,\ 512 \\ 3\times3,\ 512 \\ 1\times1,\ 2048 \end{bmatrix}\times3$	$\begin{bmatrix} 1\times1,\ 512 \\ 3\times3,\ 512 \\ 1\times1,\ 2048 \end{bmatrix}\times3$
Conv6	1×1	全局平均池化层				

2)区域建议网络(RPN)

这部分与目标检测的 RPN 相同,可参考 4.1 节。

3)感兴趣区域校准(RoI Align)

(1)RoI Align 的结构与 RoI Pooling 基本相同。RoI Align 操作首先将区域划分成单元格,然后将感兴趣区域调整成同一大小,最后通过双线性插值的方法计算出单元格内的值,并进行最大池化。感兴趣区域校准操作提高了回归定位的准确性,为后面的任务提供了准确的输入图像。

(2) RoI Align 和 RoI Pooling 的主要区别。RoI Align 和 RoI Pooling 主要是浮点数格式(保留小数)与整数格式(取整)的区别。RoI Align 将 RoI 按比例调整大小后,保留成浮点格式,而不是像 RoI Pooling 那样舍弃小数点后取整,即划分单元格后,如果出现无法整除的情况,则 RoI Align 会保留小数点。另外,由于 RoI Align 保留了小数,所以网格线通常不能完整切割像素,因此使用了插值技术,然后进行最大池化。

4) 图像分割

将输入的感兴趣区域图像分为两个分支处理:

(1) 第一个分支通过两层全连接网络进行分类和目标位置回归的操作。

(2) 第二个分支通过两层卷积层进行分割,假设分类产生 K 个类别,那么在分割的特征图中,每一个像素点都包含 K 个二进制值,用于表示该像素点是否属于这一类,即输出 K 个掩膜(Mask)。

以上两个分支如图 4.16 所示。

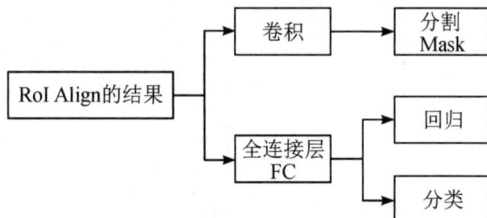

图 4.16　Mask RCNN 的输出分支

5) 输出结果与网络损失

(1) 最终在输入图像上画出目标框,并标定类别,再将每个像素点涂成相应实例的颜色,就呈现出了最终的效果图。

(2) Mask RCNN 最终完成三类任务,因此在计算损失函数时,要将这三部分的损失值求和,如式(4.9)所示,其中,Loss_{cls} 是分类损失(交叉熵损失),Loss_{box} 是边框回归损失(平滑 L_1 损失),Loss_{mask} 是分割损失(交叉熵损失)。

$$\text{Loss} = \text{Loss}_{cls} + \text{Loss}_{box} + \text{Loss}_{mask} \tag{4.9}$$

3. Mask RCNN 模型总结

Mask RCNN 的总体框架如图 4.17 所示,整个框架简述如下:

(1) 输入图像经过残差网络,获取原始图像中的语义信息,得到特征图。

(2) 区域建议网络将目标从特征图中抠出(不分类别,仅二分类出是目标还是背景),得到很多大小不同的感兴趣区域(RoI)。

(3) 经过校准(RoI Align)操作把 RoI 调整成统一大小,这样保证了输入到后续的神经网络中的图像大小一致,最终完成分割任务。

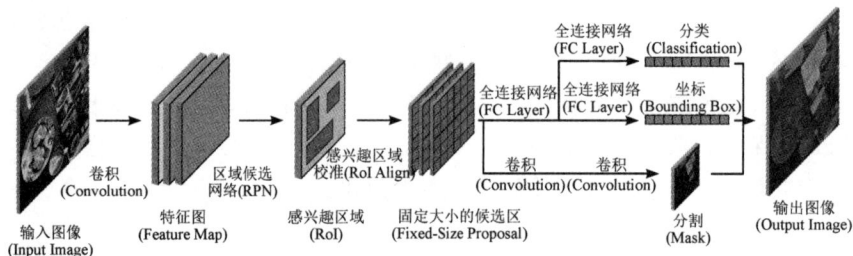

图 4.17　Mask RCNN 总体框架

Mask RCNN 与 Faster RCNN 的区别：Mask RCNN 将 RoI Pooling 层替换成 RoI Align，添加了并列的 CNN 层(Mask 层)进行图像分割，如图 4.18 所示。

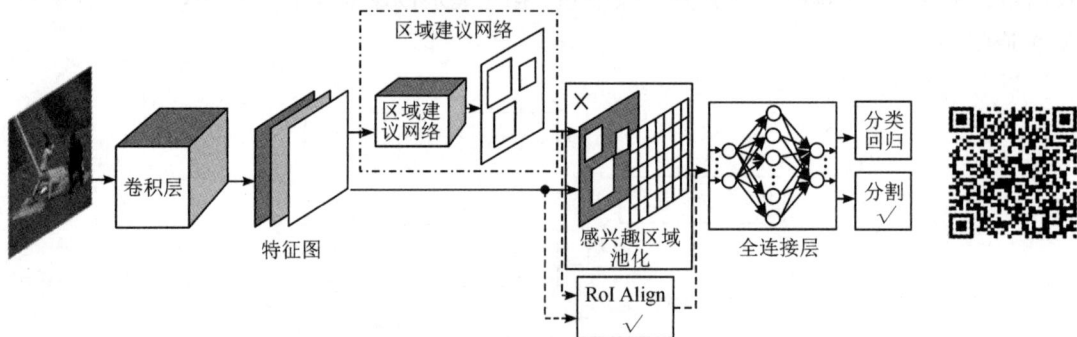

图 4.18　Mask RCNN 与 Faster RCNN 的区别

4.2.3　Mask RCNN 实验操作

1. 代码介绍

1) 实验环境

Mask RCNN 所要求的实验环境如表 4.5 所示。

表 4.5　实 验 环 境

条　件	环　境
操作系统	Ubuntu16.04
开发语言	Python3.6
深度学习框架	Pytorch1.0
相关库	NCCL2 mmcv

2）实验代码

实验所需的代码可以从 https://github.com/open-mmlab/mmdetection 下载，代码的主要文件目录结构说明如下：

```
├──mmdetection-master                    ------------------------------------根文件夹
│    ├──checkpoints                      ---------------------------用于存放训练好的模型
│    ├──configs                          ----------------用于存放配置文件，比如各种网络的结构
│    ├──demo                             -----------------------------------发布者测试出的样例
│    ├──docker                           ----------------------------------实验的 docker 文件
│    ├──docs                             -------------------------------包含的相关文档，如配置文件
│    ├──mmdet                            -----------------------mmdetection 包含的各种组件
│    │    ├──apis
│    │    ├──core                        -----------------------------------------核心组件
│    │    │    ├──anchor                 --------------------------------------锚点组件
│    │    │    ├──bbox                    -------------------------------------坐标框组件
│    │    │    │    ├──assigners
│    │    │    ├──evaluation              ----------------------------------评估组件
│    │    │    ├──fp16                    --------------------------------数据格式组件
│    │    │    ├──mask                    ------------------------------------分割组件
│    │    │    ├──post_processing         --------------------------后处理组件
│    │    │    └──utils
│    │    ├──datasets                     ----------------------------------数据集组件
│    │    ├──models                       ------------------------------------模型组件
│    │    │    ├──anchor_heads            ----------------------------锚点起始组件
│    │    │    ├──backbones               -------------------------------骨干网络组件
│    │    │    ├──bbox_heads              -----------------------------坐标框起始组件
│    │    │    ├──detectors               -------------------------------目标检测器组件
│    │    │    ├──losses                   ---------------------------损失函数组件
│    │    │    ├──mask_heads               -------------------------分割起始组件
│    │    │    ├──roi_extractors           --------------------感兴趣区域提取组件
│    │    │    ├──shared_heads             -----------------------头部共享组件
│    │    │    └──utils
│    │    ├──ops                           ---------------------------------核心操作组件
│    │    │    ├──nms                      ----------------------------------非极大抑制组件
│    │    │    ├──roi_align                ------------------------------RoI Align 组件
│    │    │    ├──roi_pool                 ----------------------------RoI Pooling 组件
│    │    │    └──sigmoid_focal_loss       ------------Sigmoid 损失函数组件
```

```
|   |   |               └──src
|   |   └──utils
|   ├──tests              ----------------------------------测试用到的相关文件
|   ├──tool               ------------------工具，包含用于测试、训练的 Python 文件
|   |   ├──coco
|   |   ├──convert_datasets
|   ├──data               -----------------------------------------用于存放数据集
|   |   └──coco           -----------------------------实验采用的 COCO 数据集
|   └──work_dirs          --------------------------用于存放自己训练的模型
|       └──mask_rcnn_r50_fpn_1x
```

这里有两点需要说明：首先，data 文件夹和 work_dirs 文件夹不是原始下载下来就包含的文件夹，data 文件夹需要自己创建，然后将数据集放入文件夹中，work_dirs 是训练时生成的文件夹，用于存放自己训练的模型；其次，实验中虽然只使用 tools 文件夹中的训练和测试文件，但是在使用它们时会调用上面的所有组件，所以注意要保证文档的完整性。

2. 数据集介绍

1) 数据集描述

我们用笔在纸上完成分割任务时，似乎觉得轻而易举。这是在我们成长过程中不断地学习带来的结果，我们的双眼不停地接收外界信息，逐渐认知这个世界，这些信息就是"数据集"。而身边的人教我们认知这些事物，告诉我们这些是什么，这就是"标记样本"，这样，我们的大脑才能够被不停地"训练"来完成各种各样的复杂任务。

在实验中，为了让神经网络拥有大脑一样的聪明才智，可使用 COCO 数据集进行学习。COCO 数据集的全称是 Microsoft Common Objects in Context，它包含了 328 000 张图像，所有图像一共包含了 2 500 000 个标记好的实例。这些实例一共有 91 个种类，并且这 91 种中有 82 个种类所包含的实例个数都多于 5000 个。图 4.19 是 COCO 数据集的部分图像展示。

图 4.19　COCO 数据集的部分图像展示

2）数据及结构

本实验所采用的 COCO 数据集的结构如下：

```
├──coco
│    ├──annotations
│    ├──annotations_trainval2017
│    │    └──annotations
│    ├──test2017
│    ├──train2017
│    └──val2017
```

其中，test2017 文件夹、train2017 文件夹和 val2017 文件夹分别包含测试、训练和评估所用的数据集，数据集的标记数据在 annotations 文件夹中，标记数据包含位置、种类以及用于分割的掩膜。

3. 实验操作步骤及结果

这里主要使用的是 tools 文件夹下的 train.py 和 test.py，其中 train.py 用于训练，test.py 用于测试。首先可以运行其他学者已经训练好的网络来直观感受此次实验的效果以及能够完成什么样的任务。通过网站 https://open-mmlab.oss-cn-beijing.aliyuncs.com 或者在 docs 文件夹中的 MODEL_ZOO.md 说明文档中找到网址来下载训练好的模型。例如，想要使用已经训练好的网络 mask_rcnn_x101_32x4d_fpn_1x_20181218-44e635cc.pth（主干网络为 ResNet-101），只要将它下载下来并放在 checkpoints 文件夹下，然后在根目录下打开终端，输入以下内容：

$　python tools/test.py configs/mask_rcnn_x101_32x4d_fpn_1x.py checkpoints/mask_rcnn_x101_32x4d_fpn_1x_20181218-44e635cc.pth --show

即可生成一张分割后的结果图，如图 4.20 所示（对于 test.py 会在测试过程中详细介绍）。

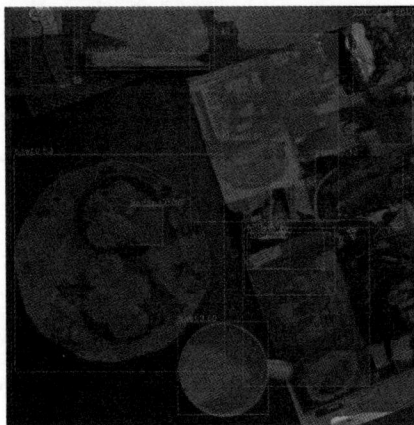

图 4.20　对已训练好的网络进行测试

图 4.20 中对每一个物体都进行了位置的框定，并标明了所属的类别，在类别右边是物体属于这一类别的可能性，图中最明显的就是每种物体上都有花花绿绿的颜色，这是对每个目标进行分割的结果。

1）训练操作

将 COCO 数据集放在 data 文件夹下，这里采用软连接的方式避免大量的数据拷贝操作，在根目录下打开终端，执行：

$ ln -s ${COCO 数据集根目录的绝对路径}　data/

这时就可以看到 COCO 数据集出现在 data 文件夹下了。

现在就可以开始着手训练这个网络，继续在刚才的终端输入：

$ python tools/train.py　configs/mask_rcnn_r50_fpn_1x.py

train.py 后面跟了一个必填的参数：网络结构的 Python 文件路径，来指定要训练的网络结构，这里使用主干网络为 ResNet-50 的 Mask RCNN 网络结构。运行上面的代码之后就开始训练过程，一共将数据集训练 12 次，也就是 12 个 epoch。训练完成后的结果被存放在 work_dirs 文件夹下的相对应文件夹 mask_rcnn_r50_fpn_1x 内，结构如下：

```
└──mask_rcnn_r50_fpn_1x
    ├──epoch_1.pth
    ├──epoch_2.pth
    ├──epoch_3.pth
    ├──epoch_4.pth
    ├──epoch_5.pth
    ├──epoch_6.pth
    ├──epoch_7.pth
    ├──epoch_8.pth
    ├──epoch_9.pth
    ├──epoch_10.pth
    ├──epoch_11.pth
    ├──epoch_12.pth
    └──latest.pth -> epoch_12.pth
```

打开这个文件夹后会发现有 12 个 epoch，也就是说每一个 epoch 完成后就会在相应文件夹下产生一个当前训练好的网络。如果想把训练好的模型存在其他地方，只需要在上面的命令后面再加上一个参数 work_dir ${指定的目录}即可。例如，想要放在根目录下自己创建的 trained_model 文件夹下，在命令后加上参数 work_dir trained_model 即可。

2）测试过程

下面对自己训练的模型进行测试，在根目录下打开终端，执行：

$ python tools/test.py　configs/mask_rcnn_r50_fpn_1x.py work_dirs/mask_rcnn_r50_fpn_1x/epoch_12.pth　--show

test.py 包含两个必填的参数：第一个是指定所使用的网络结构，这里应该保证和训练过程中使用的网络结构相同；第二个参数指定了训练好的模型路径，使用最终第 12 个 epoch 得到的模型来测试，原始图像和执行后得到的结果图像如图 4.21 所示。

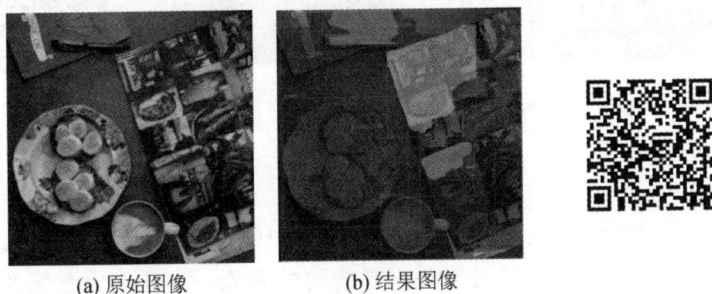

(a) 原始图像　　　　　　(b) 结果图像

图 4.21　原始图像和执行后得到的结果图像

4.3　生成对抗网络

生成对抗网络(Generative Adversarial Network，GAN)是于 2014 年提出的一种深度学习模型。GAN 的设计灵感来自博弈论，其目标是让生成模型和判别模型相互对抗，以达到生成更真实数据的目的。下面以语义图生成风景图的任务为例进行说明。

4.3.1　语义图生成风景图

图像处理领域的语义概念是指对图像内容、内涵的理解，由此引申出的语义图像是用物体的类别去标记图像的每个像素。语义图像的合成技术便是通过输入一张语义图像，输出对应现实中真实场景的图像。图像理解与语义图像合成的示意图如图 4.22 所示。

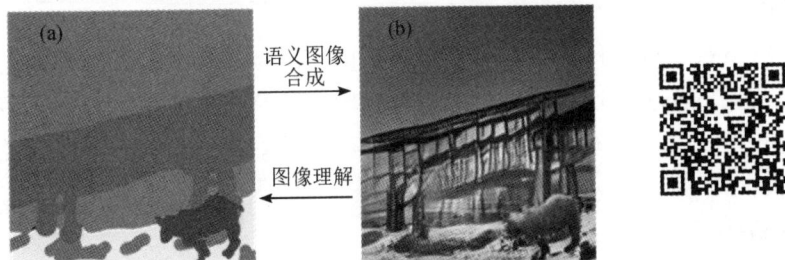

图 4.22　图像理解与语义图像合成示意图

如果设计一个 CNN 网络，直接建立输入和输出的映射，则会带来一个问题，即生成图像质量不清晰。语义分割图的每个标签，如"人"可能对应不同的人，那么模型学习到的将是不同人的平均，会造成模糊，如图 4.23 所示。

图 4.23　CNN 网络的语义图像合成

1. GAN

传统 GAN 缺失对应的生成关系，在传统 GAN 中随机输入一些噪声（随手画的草图），就会随机输出一些对应的图像，但可能并不是想要的图像，并且生成图像的质量较低，如图 4.24 所示。

随机信号

图 4.24　随机信号的对应生成图像

2. CGAN

为了解决 GAN 太过自由的问题，一个很自然的想法是给 GAN 加一些约束，于是便有了条件 GAN（Conditional Generative Adversarial Network，CGAN），CGAN 需要输入随机噪声及条件。

3. Pix2Pix

Pix2Pix（Predict Pixels from Pixels）由 Berkeley AI Research 提出，该模型能够学习复杂的图像转换规则，通过 CGAN 实现输入图像到输出图像的映射。同时与这个模型相关的 Pix2Pix 软件（https://affinelayer.com/pixsrv/）吸引了大量互联网用户在系统上进行自己的创作。

4. Pix2PixHD

Pix2PixHD 由 NVIDIA Corporation 提出，该模型在 Pix2Pix 模型的基础上解决了生成图像质量较低的问题，提升了图像质量以及深度图像合成和编辑的分辨率。如图 4.25 所示，Pix2PixHD 实现了运用语义标注(给定语义信息的不同颜色)给街景图增加树木以及更改车的颜色或者改变街道类型的操作。

图 4.25　语义图像合成应用举例

4.3.2　基本原理

1. GAN 网络

1) GAN 网络构成

传统的 GAN 网络由生成网络 G(Generator)和判别网络 D(Discriminator)两个部分构成，且 G 与 D 均采用神经网络结构。其网络结构如图 4.26 所示，首先向 G 网络输入随机信号 z 生成图像 $G(z)$，然后 D 网络把生成网络合成图像 $G(z)$ 与真实图像 x 进行区分，输出 $D(G(z))$ 代表图像 $G(z)$ 为真实图像的概率，其取值范围为 $0\sim1$，$D(G(z))$ 越接近于 1 就表明生成图像越真实。G 与 D 网络是一个"相互博弈"的过程，当参数不断更新到 D 网络无法判断生成图像是真还是假，即 $D(G(z))=0.5$ 时，则整个网络处在最佳理想的状态。

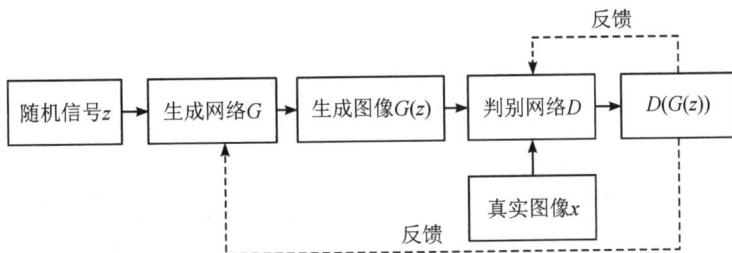

图 4.26　GAN 网络结构图

2）GAN 的训练过程

生成模型与对抗模型是完全独立的两个模型，训练采用单独交替迭代训练，具体过程如下：

（1）初始化生成器 G 和判别器 D 两个网络的参数。

（2）从训练集抽取样本（真样本），生成器利用定义的噪声分布生成样本（假样本）。

（3）固定生成器 G，训练判别器 D，使其尽可能区分真假。

（4）固定判别器 D，更新生成器 G，使判别器尽可能区分不了真假（判别器 D 仅进行误差传播）。

（5）多次更新迭代后，理想状态下，最终判别器 D 无法区分图像是来自真实的训练样本集还是来自生成器 G 生成的样本，此时判别的概率为 0.5，完成训练。

3）判别模型的损失函数

判别模型的损失函数为

$$\text{Loss}_D = -((1-y)\ln(1-D(G(z))) + y\ln D(x)) \tag{4.10}$$

当输入真实图像时，只考虑第二部分，$D(x)$ 为判别模型的输出，表示输入 x 为真实数据的概率，目的是让判别模型的输出 $D(x)$ 尽量靠近 1，y 是标签。

当输入假图像时，只计算第一部分，$G(z)$ 是生成模型的输出，是一张假图像，让 $D(G(z))$ 的输出尽可能趋向于 0。

损失函数是交叉熵损失函数，当更新完判别模型的参数后，再去更新生成模型的参数。以上步骤使判别模型具有强的区分力。

4）生成模型的损失函数

生成模型的损失函数为

$$\text{Loss}_G = (1-y)\ln(1-D(G(z))) \tag{4.11}$$

对于生成模型，让 $G(z)$ 产生的假图像尽可能和真实图像一样（判别器 D 判别为大的概率，即生成的图像与真实图像逼近）。最小化生成模型的误差，即只将由 $G(z)$ 产生的误差传给生成模型。

2. Pix2Pix 网络模型

基于传统的 GAN 模型，计算机无法判断合成的图像是否与用户所想的相同，导致输入与输出没有关联。Pix2Pix 提出了各类图像翻译（一幅图像到另一幅图像的转换）的统一框架（分辨率 256×256 左右），是一个条件 GAN（CGAN），输入只有一个条件信息，没有输入噪声信息，因为如果输入噪声和条件，噪声往往被淹没在条件当中。Pix2Pix 网络模型草图和 G 的合成图一起输入判别器 D，让判别器 D 在草图轮廓的条件下对 G 的合成图像进行判断（真图与草图也一起输入），这个过程如图 4.27 所示。

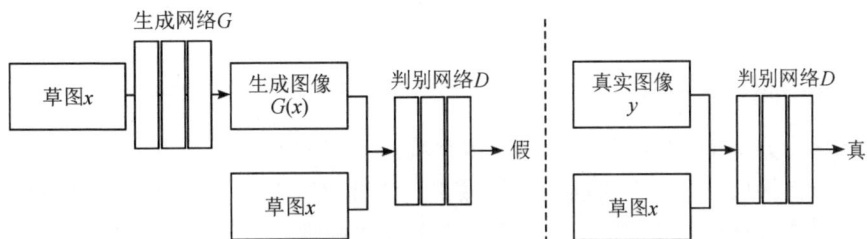

图 4.27　Pix2Pix 的生成与判别过程

1) Pix2Pix 网络生成器

Pix2Pix 网络模型中生成器 G 借鉴了 U-Net 网络结构，这种结构类似于编码-解码模型（Encoder-Decoder）。

U-Net 左半部分是编码过程，把图像的特征提取出来，提取为一套"密码"（卷积网络）；右半部分将这个"密码"解码（反卷积网络）。图 4.28 所示是一个 U-Net 网络结构图，U-Net 网络由卷积神经网络中的卷积层、池化层、ReLU 激活层、反卷积层等构

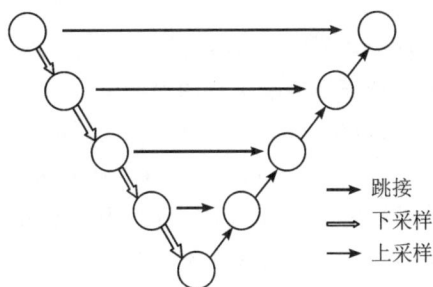

图 4.28　U-Net 网络结构图

成。在网络右侧反卷积上采样部分中，每完成一次上采样，就和左侧特征提取部分的对应通道相同尺度经过拼接后进行特征图融合。

从另外一个角度来看，Pix2Pix 生成器网络结构如图 4.29 所示，其中有 8 层卷积层作为编码层，进行特征提取，7 层反卷积层作为解码层进行图像合成输出。其中跳跃连

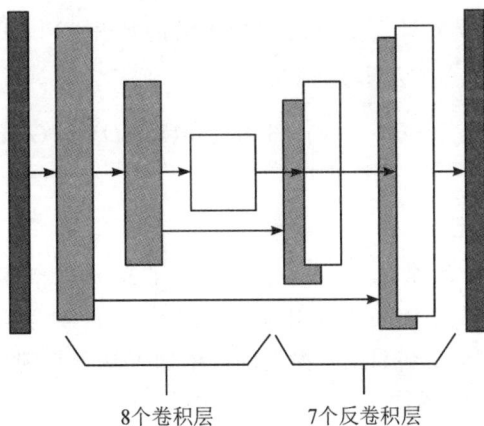

8个卷积层　　7个反卷积层

图 4.29　Pix2Pix 生成器网络结构图

接（Skip-connect）让解码层不断利用编码层中提取的信息，使得生成器生成的图像保留原输入图像的一些细节信息。

2）Pix2Pix 网络判别器

对于要求高分辨率、高细节保持的图像领域，GAN 的网络结构并不适合，一般是在最后引入一个全连接层，然后将判别的结果输出，输出的结果是一个整体图像的加权值，无法体现局部图像的特征，对于精度要求高的任务比较困难。

判别器 PatchGAN（马尔可夫判别器）是全卷积网络，在 Pix2Pix 网络中，PatchGAN 将图像以 $N \times N$ 的块来进行划分，并对每个块进行判断。具体来说，PatchGAN 将输入映射为 $N \times N$ 的二维矩阵 $\boldsymbol{X}$，$\boldsymbol{X}_{ij}$ 的值代表其所对应的区域为真样本的概率（Sigmoid），将 $\boldsymbol{X}_{ij}$ 求均值，即为判别器的最终输出。$\boldsymbol{X}_{ij}$ 对应判别器对输入图像的一个区域的判别输出，这样训练使模型更能关注图像细节。

PatchGAN 完全由卷积层构成，经卷积得到的特征矩阵对应着原图像的一个感受野（Receptive Field），可以更好地保持图像的高分辨率与细节信息。经过 PatchGAN 处理的输出矩阵更注重原始图像的不同部分，如果原图像大小为 256×256，当 $N = 256$ 时，相当于对原图像进行逐像素的判断；当 $N = 1$ 时，相当于传统判别器方法，即对整张图像进行判别。

3）Pix2Pix 网络损失函数

与原始 GAN 不同，Pix2Pix 的 G 网络的输入是一张待转换的图像 x（输入草图未加入噪声 z）；D 网络的输入是待转换图像 x（草图）和目标图像 y（真图），或待转换图像 x（草图）和生成图像 $G(x, z)$（假图）。

Pix2Pix 基于 CGAN，损失函数中增加了一个额外的 L_1 损失，L_1 损失产生的模糊性更小，L_1 损失相比于 L_1 损失具有更好的保护边沿的特性。Pix2Pix 最终的目标函数为

$$\begin{cases} G^* = \underset{G}{\mathrm{argmin}}\underset{D}{\max} L_{cGAN}(G, D) + \lambda L_{L1}(G) \\ L_{cGAN}(G, D) = E_{x, y}\big[\ln D(x, y)\big] + E_x\big[\ln(1 - D(x, G(x, z)))\big] \\ L_{L1}(G) = E_{x, y} \| y - G(x, z) \|_1 \end{cases} \quad (4.12)$$

3. Pix2PixHD 网络模型

Pix2PixHD 在 Pix2Pix 的基础上，较好地解决了高分辨率图像转换（翻译）的问题。Pix2PixHD 网络模型的生成器从 U-Net 升级为多级 U-Net，判别器从 PatchGAN 升级为多尺度 PatchGAN 判别器，Pix2PixHD 的损失函数增加了基于判别器特征的匹配损失，最终可以合成高清的 2048×1024 图像。

Pix2PixHD 网络的具体结构如下：

1) Pix2PixHD 网络生成器

Pix2PixHD 的生成器由 Pix2Pix 模型的 U-Net 结构升级为多级生成器(Coarse-to-fine),如图 4.30 所示。它由两部分组成,即 $G = \{G_1, G_2\}$,G_1 表示全局生成网络,G_2 表示局部增强网络(分为两部分)。

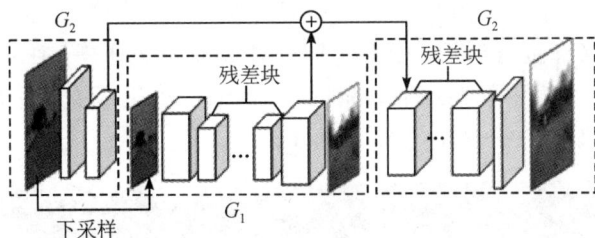

图 4.30　Pix2PixHD 网络生成器

G_1 和 Pix2Pix 生成器没有差别,是一个端对端的 U-Net 结构,输入输出分辨率均为 1024×512。G_1 的架构有三部分:卷积前端[a convolutional front-end,$G_1(F)$]、残差模块[a set of residual blocks,$G_1(R)$]和反卷积后端[a transposed convolutional back-end,$G_1(B)$]。

G_2 的结构与 G_1 相同,也包括三部分:$G_2(F)$、$G_2(R)$ 和 $G_2(B)$。G_2 的左半部分提取特征,$G_2(R)$ 的输入是 $G_2(F)$ 和 $G_1(B)$ 的输出(最后一层)的特征图的相加融合,把融合后的信息送入 G_2 的后半部分输出高分辨率图像,G_2 的输入、输出的分辨率均为 2048×1024。

2) Pix2PixHD 网络判别器

Pix2PixHD 模型的判别器使用多尺度判别器,判别的 3 个尺度为原图/生成图(细尺度)、原图/生成图的 1/2 降采样和原图的 1/4 降采样(粗尺度)。在不同尺度的特征图上进行判别,越粗糙的尺度感受野越大,越关注全局一致性。

Pix2PixHD 和 Pix2Pix 模型都是基于 PatchGAN 进行判别,Pix2PixHD 使用了 3 个相同架构的 PatchGAN 作为 D 网络,每个网络的输入是不同尺度的图像,在 3 个不同的尺度上进行判别。判别器的输入由通道维度组合后构成,即由语义标签图(语义图)和真/假图构成。

3) Pix2PixHD 网络损失函数

(1) 特征匹配损失。

Pix2PixHD 添加了一个基于判别器的特征匹配损失以稳定训练,即从判别器的中间层提取特征,定义判别器 D_k 的第 i 层的特征提取器为 $D_k^{(i)}$,T 为层数,s 为语义标签图,x 为真图,N_i 为每层的元素数,特征匹配损失为

$$L_{\mathrm{FM}}(G, D_k) = E_{(s, x)} \sum_{i=1}^{T} \frac{1}{N_i} \| D_k^{(i)}(s, x) - D_k^{(i)}(s, G(s)) \|_1 \qquad (4.13)$$

（2）总损失。

Pix2PixHD 结合了 GAN 损失和特征匹配损失：

$$\min_G \max_{D_1, D_2, D_3} \sum_{k=1, 2, 3} L_{\mathrm{GAN}}(G, D_k) + \lambda \sum_{k=1, 2, 3} L_{\mathrm{FM}}(G, D_k) \qquad (4.14)$$

Pix2Pix 使用语义图进行训练，但对于同一种类的相邻物体，在生成时会导致边沿模糊。因此，Pix2PixHD 使用实例分割边沿图进行训练，因为它包含了相邻的同一种类不同物体之间的边沿。增加的边沿图如图 4.31 所示。

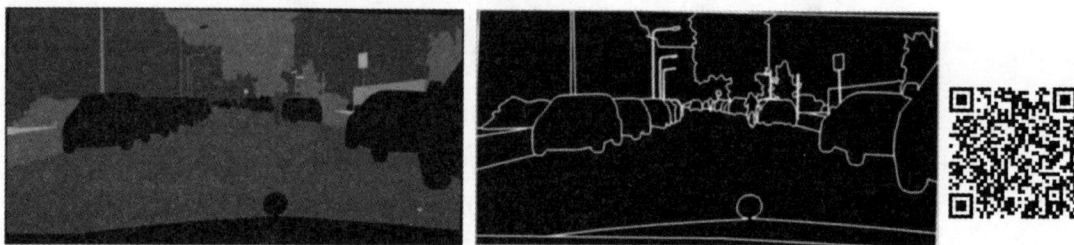

(a) 语义图　　　　　　　　　　　　　　(b) 边沿图

图 4.31　输入的语义图和边沿图

4）Pix2PixHD 网络训练

G 网络训练的时候，先训练 G_1 网络，再训练 G_2 网络，然后联合训练 G_1 和 G_2 网络。首先在较低分辨率的图像上训练一个残差网络 G_1，然后将另一个残差网络 G_2 附加到 G_1，两个网络在高分辨率图像上进行联合训练。如果要得到更高分辨率的图像，只需要增加更多的局部增强网络即可（如 $G = \{G_1, G_2, G_3\}$）。

使用多尺度判别器做高分辨率判别器，即 3 个相同网络架构但处理图像尺寸不同的判别器（判别器为 D_1、D_2 和 D_3）。处理图像的尺寸分别是 2048×1024、1024×512 和 512×256，训练时分别用 3 种尺度的真/假图像训练判别器。

4.3.3　Pix2PixHD 实验操作

1. 代码介绍

1）实验环境

语义图生成风景图的实验环境如表 4.6 所示。

表 4.6 实 验 环 境

条　件	环　境
操作系统	Ubuntu16.04
开发语言	Python3.6
深度学习框架	Pytorch1.0
相关库	opencv torchvision dominate>=2.3.1 dill scikit-image

2）实验代码

实验代码下载地址为 https://github.com/NVlabs/SPADE.git。

3）代码文件目录结构

代码的主要文件目录结构说明如下：

```
SPADE                        ----------------------------------------------工程根目录
├──data                      ---------------------------定义用于加载图像和标签映射的类
├──datasets                  --------------------------用来存放训练所要使用的数据集文件
│   ├──coco_stuff
│   ├──coco_generate_instance_map.py        --------------实例映射生成脚本
├──models                    ------------该目录下存放了 Pix2PixHD 模型的整体网络结构
├──options                   --------------网络测试、训练等过程中相关参数的选项
├──docs
├──trainers                  ----------------------------------------------训练器文件
├──util                      ------------------------------util 包中存放了一些常用的公共方法
├──results                   ------------测试后生成，存放了 Pix2PixHD 模型的测试结果
├──checkpoints               --------------------训练后生成，存放了模型权重等文件
├──train.py                  ----------------------------------------------训练文件
├──test.py                   ----------------------------------------------测试文件
├──draw_demo.py              ------------------------------demo 可视化交互文件
├──requirements.txt          ------------------------------环境配置说明文件
└──README.md                 ------------------------------代码说明文件
```

2. 数据集介绍

训练过程中采用的数据集为 COCO-Stuff 数据集，图 4.32 给出了部分语义标注的图像

数据。

　　COCO-Stuff 数据集使用像素级填充标注了 COCO 数据集的 164 000 张图像，这些标注可用于场景理解任务，如语义分割、目标检测和图像字幕等。该数据集包含 91 个 things 类、91 个 stuff 类和 1 个未标记类。未标记类在以下两种情况下使用：标签不属于预定义类中的任何一个或者标注时无法推断像素的标签。

图 4.32　COCO-Stuff 数据集部分图像

COCO-Stuff 数据集的下载地址为 http://www.github.com/nightrome/cocostuff10k。

3. 实验操作步骤及结果

1）代码准备

代码如下：

```
$ git clone https://github.com/NVlabs/SPADE.git
$ cd SPADE/
$ pip install -r requirements.txt
$ cd models/networks/
$ git clone https://github.com/vacancy/Synchronized-BatchNorm-PyTorch
$ cp -rf Synchronized-BatchNorm-PyTorch/sync_batchnorm .
$ cd ../../
```

2）数据集准备

　　下载 train2017.zip、val2017.zip、stuffthingmaps_trainval2017.zip 和 annotations_trainval2017.zip，然后进行文件名更改，代码如下：

```
$ cd SPADE/datasets/coco_stuff/
$ unzip train2017.zip && unzip val2017.zip && unzip stuffthingmaps_trainval2017.zip && unzip annotations_trainval2017.zip
$ cd models/networks/
```

接着对所下载的 4 个压缩文件进行解压操作，并把解压的文件移动到相应的目录，如

图 4.33 所示。

```
$ rm train_img、train_label、val_img、val_label
$ sudo mv train2017 train_img
$ sudo mv val2017 val_img
```

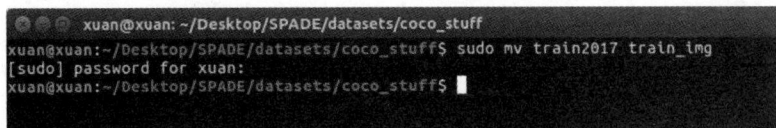

图 4.33　移动文件的终端

　　为了保持代码的一致性，在训练模型的过程中需要进行数据集"替换"的过程，将代码文件中自带的 train_img、train_label、val_img、val_label 文件删除，并且将下载好的 4 个文件重命名为原本相对应的文件名，更改后文件夹情况如图 4.34 所示。

train_img　　　train_inst　　　train_label　　　val_img

val_inst　　　val_label

图 4.34　更改后的文件夹情况

3）数 据 集 制 作

数据集的制作过程如下：

```
$ cd ../..
$ cd datasets
$ python coco_generate_instance_map.py\
--annotation__file[insatnces_train2017.jason 路径] \
--image_dir [train_img 路径]--label_dir [train_inst 路径]
```

　　成功替换掉 4 个文件后，还有两个文件需要完成数据集映射并存储在未删除的 train_inst 和 val_inst 文件中。这里需要对源代码中的 coco_generate_instance_map.py 文件进行部分参数修改，将映射文件（annotation__file）的 default 改为 insatnces_train2017.jason 的路径，将 label_dir 的 default 改为 train_inst 的路径，将 image_dir 的 default 改为 train_img 的路径后，运行此文件，就可以发现计算机已经自动生成 train_inst 对应的文件（即为数据的标签）。

```
$ python coco_generate_instance_map.py \
--annotation__file [insatnces_val2017.jason 路径]\
--input_label_dir [val_img 的路径]\
--input_label_dir [val_inst 的路径]
```

由于要进行测试工作，将 label_dir 的 default 改为 val_inst 的路径，将 image_dir 的

default 改为 val_img 的路径,然后运行这个文件。同时这个文件中也有很多参数可以自行修改,例如 label_nc 用于数据集中的标签类别数量,contain_dontcare_label 用于指定其是否具有未知标签,no_instance 表示数据集不具有实例映射等,它们同样也具有默认值。

4)训练模型

训练模型加载过程如下:

```
$ cd../..
```

在 base_options.py 文件中将 dataroot 的 default 更改为 coco_stuff 文件路径名,dataset_mode 中的 default 改为 coco。

```
$ python train. py -- name [label2coco]
  -- dataset_mode [coco] -- dataroot [coco_stuff 路径名]
```

这一步通过更改 train. py 文件中的 name、dataset_mode 及 dataroot 参数,使文件与数据集匹配,再进行训练。

5)测试

模型测试过程如下:

```
$ python test. py -- name [label2coco]
  -- dataset_mode [coco] - dataroot [coco_stuff 路径名]
```

通过更改 test. py 文件中的 name、dataset_mode 及 dataroot 参数进行测试,这时会产生一个 result 文件,可以从中查看相应的输入语义标签及合成的对应图像,如图 4.35 所示。

图 4.35 测试结果文件示意图

4.4　递归神经网络

递归神经网络(RNN)是一类专门用于处理序列数据的神经网络。与传统的前馈神经网络不同,RNN 具有一种循环结构,这种循环结构允许神经网络在处理序列数据时保留先前的状态,使其能够捕捉和处理序列中的时序信息。下面以自然语言处理任务为例进行阐述。

4.4.1　AI 对对联

对联对仗工整,平仄协调,是中文语言的独特艺术形式。对联文字长短不一,短的只有一两个字,长的甚至可达几百字。对联的形式多种多样,有正对、反对、流水对等。但是总的来说,对联都有字数相等、断句一致、平仄结合、音调和谐、词性相对、位置相同、内容相关、上下衔接等特点。

人工智能对对联(AI 对对联)是人工智能与语言艺术融合的结晶,人工智能技术的成熟和计算机性能的提升都为它的实现提供了可能。AI 对对联使用了自然语言处理(Natural Language Processing,NLP)领域的技术,下面详细介绍自然语言处理及其发展。

身处信息时代,数据量以难以估量的速度增长着。而此类数据有相当一部分都与语言和文本相关,如电子邮件、网页、论坛发帖、电话等,而自然语言处理也开始帮助人类完成从简单到复杂的日常处理任务。自然语言处理是计算机科学领域与人工智能领域中的一个重要方向,它研究能实现人与计算机之间用自然语言进行有效通信的各种理论和方法。如今,它已经彻底改变了人们工作和生活中处理数据的方式,并且未来也会一直持续改变。

自然语言处理早在 1950 年就由艾伦·图灵(Alan Turing)在《计算机器与智能》(Computing Machinery and Intelligence)一书中提出。1980 年年底,机器学习引入自然语言处理以后,自然语言处理的发展速度渐渐加快起来。而深度学习技术的引入,让自然语言处理的发展和效果也更上一层楼。自然语言处理包括自然语言理解(Natural Language Understanding,NLU)和自然语言生成(Natural Language Generation,NLG)。自然语言理解是将人类语言转换为代码、电信号等计算机可理解的信息,自然语言生成则是将电子信息转换为人类语言,两者互为逆过程,如图 4.36 所示。

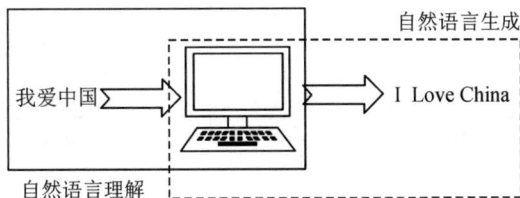

图 4.36　NLP 原理示意图

　　微软亚洲研究院在 2015 年推出了人工智能对对联的程序,百度、阿里巴巴和腾讯这三大互联网巨头也在近几年的春节期间提供了智能对联应用。2017 年,一个名为"王斌给您对对联"的网站在互联网中得到关注,用户输入任意的一个句子作为上联,人工智能则会给出令人意想不到的下联(见图 4.37)。同在 2017 年,电视节目《机智过人》上亮相的 AI 对联机器人"小薇",也是人工智能技术成果的一次综合展示。

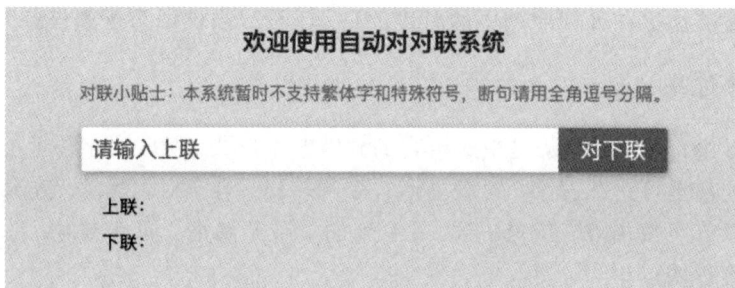

欢迎使用自动对对联系统

对联小贴士:本系统暂时不支持繁体字和特殊符号,断句请用全角逗号分隔。

请输入上联　　　　　　　　　　　对下联

上联:
下联:

图 4.37　"王斌给您对对联"的网页截图

　　除了 AI 对对联之外,自然语言处理还有很多的实际应用,其中最普遍的应用案例便是机器翻译(Machine Translation)和虚拟助手(Virtual Assistant)。机器翻译已经广泛应用于实际生活中,如有道词典 APP 目前就是基于神经网络技术实现的机器翻译;而虚拟助手目前已经运用在智能设备中,如微软的 Cortana、谷歌的 Assistant 和苹果的 Siri。

4.4.2　基本原理

1. 自然语言处理概述

　　本实验可实现输入上联,就能对出下联的功能。输入一段中文作为上联,通过编码操作,将转化的向量值输入深度神经网络,最终输出的结果再经过解码,就生成了字数相同、对仗工整的下联。这种做法能够达到和人对对联一样的效果。其原理图如图 4.38 所示。

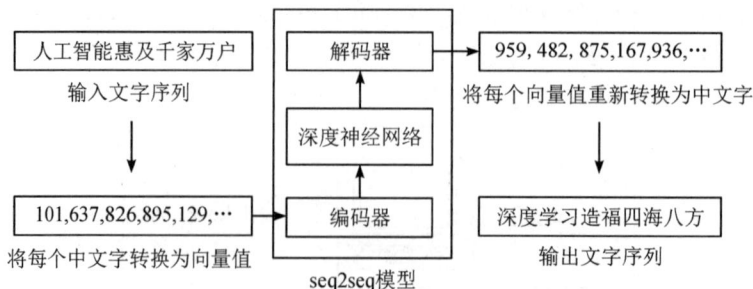

图 4.38　AI 对对联的原理图

　　AI 对对联技术由编码解码技术、模型训练技术和模型测试技术三个方面组成。编码解码技术的基本原理是将人类可以理解的文字和计算机可以理解的向量值相互转换；模型训练技术的基本原理是用已有的训练集（即大量的对联数据）训练模型的参数（即后面要提到的语义向量 C），直到模型参数收敛为止。模型测试技术的基本原理是将用户提出的上联经过编码（Encode）输入训练好的模型，得到的输出再解码（Decode），得到下联。

　　计算机无法直接对文字进行处理，而是将文字转换为计算机可以理解的符号再做进一步的运算。本实验就是将文字序列中的每一个文字转换成一个个向量值，而数据集中就有一个专门的文件来表示每个汉字映射什么值。当文字被转换为向量值后，便可载入模型去训练或测试。

2. 递归神经网络

　　本实验使用的递归神经网络是一个特殊的神经网络系列，适用于处理时间序列数据，如一系列文本或者股票价格。RNN 中含有一个叫作状态变量的参数，用来获取数据中隐藏的各种模式，所以 RNN 能够对序列数据建模。传统的前馈神经网络一般不具备这种能力，除非用获取到的序列中的重要模式的特征表示来表示数据，这样的特征表示相当困难。当然，传统神经网络也可以对时间序列中的每个位置都设有单独的参数集，但是这样会让网络变得相当复杂，也大大增加了对内存的需求。RNN 却随时共享相同的参数集，这样 RNN 就能学习序列每一时刻的模式。在序列中观察到的每一个输入，状态变量将随时间更新。给定先前观察到的序列值，这些随时间共享的参数通过与状态向量组合，就能预测序列的下一个值。

　　对于网络结构而言，在传统的神经网络模型中，从输入层到隐含层再到输出层，层与层之间是全连接的，但每层之间的节点却是无连接的，这种普通的神经网络对于解决一些问题具有局限性。例如，要预测句子的下一个单词是什么，一般需要用到前面的单词，因为一个句子中前后单词并不是独立的。

　　RNN 中的一个序列当前的输出与前面的输出也有关，具体表现为：网络会对前面的信息进行记忆并应用于当前输出的计算中，即隐藏层之间的节点不再无连接而是有连接的，并且隐藏层的输入不仅包括输入层的输出，还包括上一时刻隐藏层的输出。所以理论上，RNN 可以对任意长度的序列进行处理。在实验中，为了降低复杂性，往往假设当前的状态与前面几个状态有关。

　　RNN 包含输入单元（Input Units），输入集标记为 $\{x_0, x_1, x_2, \cdots, x_t, x_{t+1}, \cdots\}$，而输出单元（Output Units）的输出集则被标记为 $\{y_0, y_1, y_2, \cdots, y_t, y_{t+1}, \cdots\}$。RNN 还包含隐藏单元（Hidden Units），将它的输出集标记为 $\{h_0, h_1, h_2, h_3, \cdots, h_t, h_{t+1}, \cdots\}$。其中，有一条单向信息流是从输入单元流向隐藏单元的，又有一条单向信息流是从隐藏单元流向输出单元的。而某些情况，RNN 会打破限制，引导信息从输出单元返回隐藏单元，这些被称为"Back Projections",并且隐藏层的输入还包括上一隐藏层的状态,也就是说,隐藏层内的节点可以自连也可以互连。

RNN 可以展开成一个全神经网络,如图 4.39 所示(其中 A 表示神经网络)。例如,一个含有 t 个单词的句子,就可以展开成一个 t 层的神经网络,每一层代表一个单词。

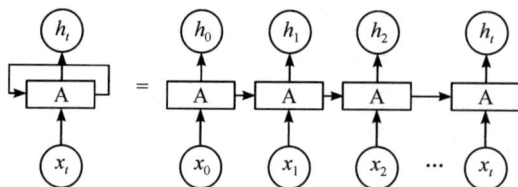

图 4.39 RNN 展开示意图

RNN 有一对一、一对多、多对一和多对多等形式。图 4.39 左边的一对一 RNN 是单输入单输出的,当前输入依赖之前观察到的输入,用于股票预测、场景分类和文本生成。图 4.40(a)是多对一递归神经网络,输入一个序列 $(x_1, x_2, x_3, \cdots, x_t)$,输出单个元素 y,主要用于句子分类。图 4.40(b)和图 4.40(c)是一对多递归神经网络,输出任意数量的元素 $(y_1, y_2, y_3, \cdots, y_t)$,用于图像描述。图 4.40(d)所示多对多递归神经网络是输入任意长度的序列 $(x_1, x_2, x_3, \cdots, x_t)$,也输出任意长度的 $(y_1, y_2, y_3, \cdots, y_t)$,常用于机器翻译和聊天机器人。本实验使用的模型就是基于多对多递归神经网络的。在机器翻译中,输入序列和输出序列可以是不等长的,这种多对多的结构又称为编码-解码(Encoder-Decoder)结构,后文将对此进行详细描述。

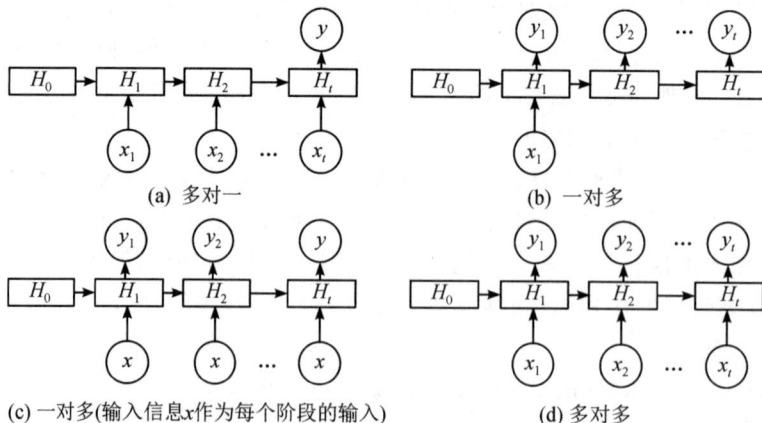

(a) 多对一   (b) 一对多

(c) 一对多(输入信息 x 作为每个阶段的输入)   (d) 多对多

图 4.40 不同的编码-解码结构

在实践中已经证明,RNN 在自然语言处理中有着非常成功的应用,如词向量表达、语句合法性检查、词性标注等。而长短时记忆(Long Short Term Memory,LSTM)模型则是

RNN 中广泛采用的典型模型。

3. LSTM

句子中的词按顺序输入网络时，有些词的意思和上下文有关，如代词等，如果没有记住之前的词，只考虑当前词是无法被理解的。因此，在 LSTM 网络中有细胞状态和隐状态(隐状态也代表特征)，可以通过遗忘门、记忆门、输出门选择性记住以前输入的有用信息，遗忘无用信息并输出，这个过程也是信号保持与衰减的过程，通过乘权值和叠加操作来实现，其流程如图 4.41 所示。

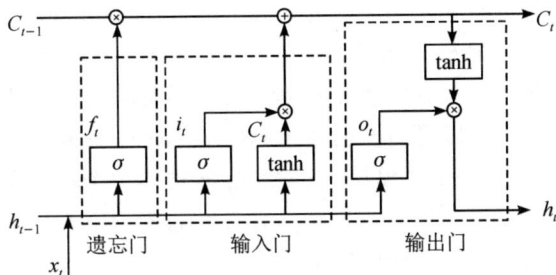

图 4.41　LSTM 结构流程图

LSTM 包含 3 个门：遗忘门、输入门和输出门。LSTM 的输入包含两个部分：前一时刻的隐态 h_{t-1} 和词向量 x_t。首先将输入送入遗忘门，经过 Sigmoid 门控函数得到输出 f_t，该门控函数可以将输入值转换成 0~1 的数值，若接近 0 则选择遗忘，接近 1 则选择保留。W_f 为网络参数，该过程表示如下：

$$f_t = \sigma(W_f \cdot [h_{t-1}, x_t] + b_f) \tag{4-15}$$

对于输入门，首先将输入信息经过 Sigmoid 函数进行选择性记忆得到 i_t，同时将输入信息经过 tanh 函数获取新的候选值向量 C_t，然后将两个函数的输出相乘。W_i 和 W_c 为网络参数，该过程表示如下：

$$\begin{cases} i_t = \sigma(W_i \cdot [h_{t-1}, x_t] + b_i) \\ C_t = \tanh(W_c \cdot [h_{t-1}, x_t] + b_c) \end{cases} \tag{4-16}$$

经过输入门和遗忘门可以将当前神经网络发现的新的信息更新到细胞状态中，得到更新后的细胞状态 C_t。其中，细胞状态会记录从开始到结束所有时刻的信息并不断更新，该过程表示如下：

$$C_t = f_t C_{t-1} + i_t C_t \tag{4-17}$$

对于输出门，同样先将输入信息经过 Sigmoid 函数进行选择性记忆得到 o_t，然后将更新后的细胞状态 C_t 经过 tanh 激活函数进行放缩并与 o_t 相乘，得到最终的输出信息 h_t。经过 Sigmoid 函数的选择与 tanh 函数的放缩，最终输出的隐状态 h_t 能够很好地确定所携带的信息。该过程表示如下：

$$
\begin{cases}
o_t = \sigma(\boldsymbol{W}_o[h_{t-1}, x_t] + \boldsymbol{b}_o) \\
h_t = o_t \tanh(\boldsymbol{C}_t)
\end{cases}
\qquad (4-18)
$$

式中：$\boldsymbol{W}_o$ 是网络参数；$\boldsymbol{b}$ 是偏置矩阵；σ 是对输入内容进行 Sigmoid 函数激活；tanh 是激活函数，可以将输出值控制在 $-1 \sim 1$ 之间，帮助调节网络所处理的信息值。

4. 网络结构介绍

本实验使用的网络基于 Seq2Seq 模型，它是一个编码-解码结构在文字序列处理中应用的模型。2017 年，谷歌为机器翻译相关研究开源了基于 TensorFlow 的 Seq2Seq 函数库，使得仅仅使用几行代码就可以轻松完成模型训练过程。首先要了解什么是编码-解码结构。编码器是将输入序列转化成一个固定长度的向量，解码器是将输入的固定长度向量解码成输出序列。它的编码解码方式可以是门控循环单元(Gate Recurrent Unit，GRU)模型、LSTM 模型等结构，本实验用的是 LSTM 模型。Seq2Seq 架构有一个显著的优点，就是输入序列和输出序列的长度是可变的。所以它被广泛应用于机器翻译、自动对话机器人、文档摘要自动生成、图像描述自动生成等实际应用中。

Seq2Seq 的输入是一个文字序列 $(x_1, x_2, x_3, \cdots, x_t)$，首先编码器对输入进行编码，再经过函数变换为中间语义向量 $\boldsymbol{C}$，解码器则根据中间语义向量 $\boldsymbol{C}$ 和已经生成的历史输出，去生成新的输出 $(y_1, y_2, y_3, \cdots, y_t)$，如图 4.42 所示。

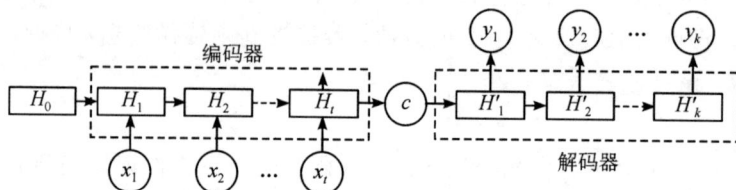

图 4.42　Seq2Seq 的一种结构

Seq2Seq 模型有很多变种，图 4.43 展示了另外一种结构，可以将中间语义向量 $\boldsymbol{C}$ 当作解码器的每一时刻输入。

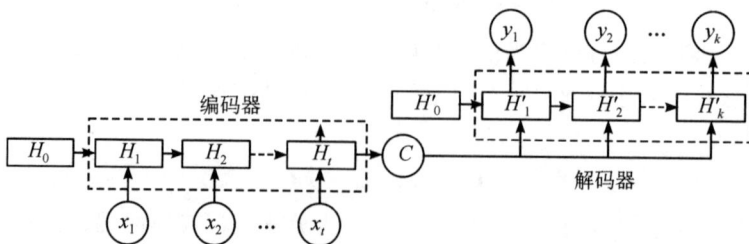

图 4.43　Seq2Seq 的另一种结构

一般的编码-解码结构中，编码和解码的唯一联系就是语义编码 C，即将整个输入序列的信息编码成一个固定大小的状态向量再解码，相当于信息的有损压缩。这样做有以下两个缺点：

（1）中间语义向量无法完全表达整个输入序列的信息。

（2）随着输入信息长度的增加，由于向量长度固定，先前编码好的信息会被后来的信息覆盖，丢失很多信息。

这就相当于，语义编码 C 对输出的影响是相同的。而事实上，一定会有一个输入或者历史输出对当前输出的贡献最大。例如，在对对联应用中，上联（输入）的对仗信息和下联（输出）的某一上下文信息会对输出的另一个字有着很大的影响。这就引出了 Seq2Seq 结构中带有注意力（Attention）机制的模型。

注意力模型的特点是解码器不再将整个输入序列编码为固定长度的中间语义向量 C，而是根据当前生成的新单词计算新的 C_i，使得每个时刻输入不同的 C，这样就解决了单词信息丢失的问题，结构如图 4.44 所示。

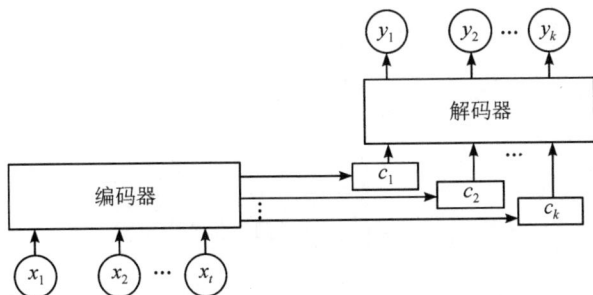

图 4.44 带有注意力机制的 Seq2Seq 结构

每一个 C 会自动选取当前输入 y 最合适的上下文信息。比如，用 a_{ij} 衡量编码器中的第 j 阶段的 H_j 和解码时第 i 阶段的相关性，最终的解码器中的第 i 阶段的输入的上下文信息 C_i 就来自所有 H_j 和 a_{ij} 的加权和。

由图 4.45 可知，输入的序列是"千家万户"，编码器中的 $H_1 \sim H_4$ 就分别看作"千""家""万""户"所代表的信息。在对对联时，第一个上下文 C_1 和"千"这个字最相关，因此对应的 a_{11} 权值就比较大，而相应的 $a_{12} \sim a_{14}$ 的权值就比较小；而第二个上下文 C_2 和"家"这个字最相关，因此对应的 a_{22} 权值就比较大，而相应的 a_{21}、a_{23} 和 a_{24} 的权值就比较小；以此类推。

权重 a_{ij} 也是从模型中学出的，如图 4.46 所示。它与解码器的第 $i-1$ 阶段的隐状态和编码器第 j 个阶段的隐状态有关。图 4.47 展示了前面的例子中对于 a_{1j}、a_{2j}、a_{3j}、a_{4j} 的学习过程。

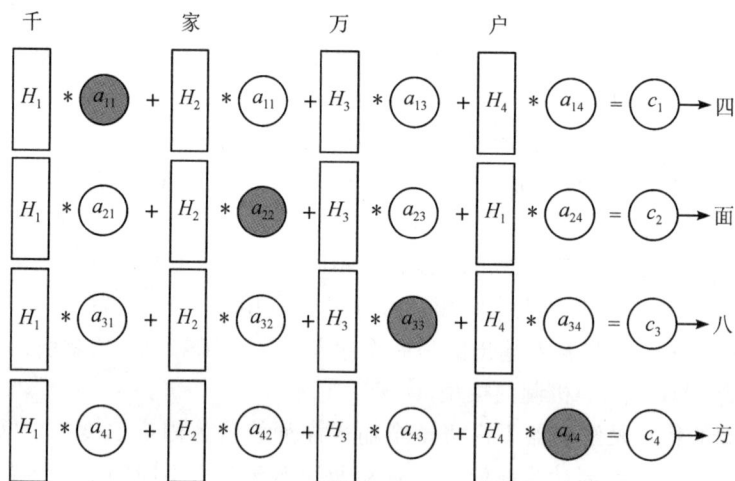

图 4.45 Attention 机制的语义编码 C 生成图示

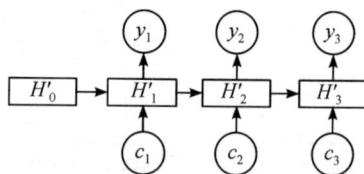

图 4.46 Attention 机制的解码器图示

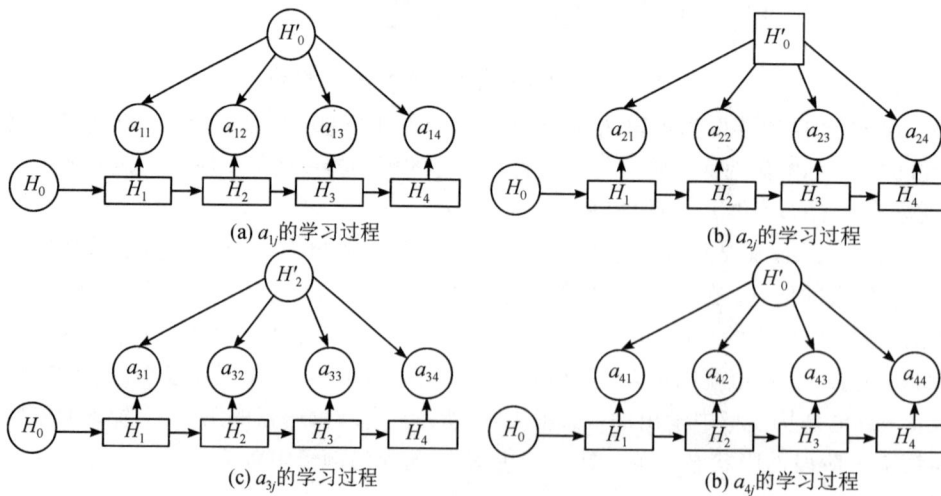

(a) a_{1j} 的学习过程

(b) a_{2j} 的学习过程

(c) a_{3j} 的学习过程

(b) a_{4j} 的学习过程

图 4.47 注意力机制模型 a_{ij} 的学习过程

以上过程的表示形式为 $C_i = \sum_{j=1}^{t} a_{ij} H_j$ ，其中 $a_{ij} = \dfrac{\exp(s_{ij})}{\sum_{k=1}^{t} \exp(s_{ik})}$ ， $s_{ij} = \mathrm{sim}(H'_{i-1}, H_j)$ ，

这里 sim(·) 表示相似性运算，如可以进行点积运算等获取相似度。

4.4.3　Seq2Seq 实验操作

1. 代码介绍

1）实验环境

本实验所需要的环境如表 4.7 所示。

2）实验代码下载地址

实验代码的下载地址为 https://github.com/JoanYu/Seq2Seq-couplet。

表 4.7　实 验 环 境

条　件	环　境
操作系统	Ubuntu18.04LTS
开发语言	Python3.6
深度学习框架	Tensorflow1.14
相关库	仅 Python 内建函数

3）代码文件目录结构

代码的主要文件目录结构说明如下：

```
├──bleu.py          ----------------------------------------bleu 评价函数
├──couplet.py       ---------------------存放输入/输出文件地址及训练参数
├──LICENSE          ----------------------------原作者的开源许可证文件
├──model.py         ----------------模型文件，定义了 init、train、eval 等函数
├──reader.py        -------------------------------------读取数据的文件
├──README.markdown  --------------------------------------------说明书
├──Seq2Seq.py       --------------Seq2Seq 结构文件，调用了 tf 库的一些函数
├──terminal.py      ----------------------------------让结果在终端显示
└──test.py          ----------------------------------让结果在终端显示
```

2. 数据集介绍

数据集下载地址为 https://github.com/wb14123/couplet-dataset/releases/download/1.0/couplet.tar.gz。

代码的原作者使用了数据爬取工具在互联网上抓取了 700 000 对对联样本作为数据集。为了方便大家使用，作者又发布了整理好的数据集。

下载 zip 包并解压，得到了两个文件夹 train 和 test，另有一个文件 vocabs，而两个文件夹都各有一个 in.txt 文件和 out.txt 文件。解压后的文件夹的文件结构如下：

```
├──test
│    ├──in. txt
│    └──out. txt
├──train
│    ├──in. txt
│    └──out. txt
└──vocabs
```

其中，文件夹 train 为训练集，train/in. txt 包含了上联数据，每一行为一个上联，每个字都用空格隔开，train/out. txt 包含了下联数据，每一行为一个下联，每个字也都用空格隔开。in. txt 和 out. txt 这两个文件的相同行数的内容为一个对偶。文件夹 test 为测试集，test/in. txt 的内容来自 train/in. txt，test/out. txt 也同样如此。vocabs 为单字文件，除了前四行是"＜s＞""＜/s＞"" 。"","之外，其余每行都是对联中出现过的字，在本实验中有文字转向量表的作用。

3. 实验操作步骤及结果

训练网络模型：下载代码并解压，进入工程文件夹后，打开 couplet. py，将文件中引用数据集路径的代码改成数据集的路径，并指示 output_dir 路径。具体来说，假如数据集放在工程文件夹里，并且指示输出的网络文件到工程文件夹里的 couplet_output 文件夹中，可以将代码改为：

```
m＝Model(
        'couplet/train/in. txt',
        'couplet/train/out. txt',
        'couplet/test/in. txt',
        'couplet/test/out. txt',
        'couplet/vocabs',
        num_units＝1024, layers＝4, dropout＝0. 2,
        batch_size＝32, learning_rate＝0. 001,
        output_dir＝'couplet_output',
        restore_model＝False)
```

最后一行的 m. train(5000000)设置的训练代数可以根据需要编辑修改。

然后在 py36 虚拟环境的终端下，将当前目录切换到工程文件夹，输入：

```
python couplet. py
```

接下来就是漫长的训练时间了，可以实时地在终端上查看效果。训练的初始阶段，output 内容十分不理想，随着训练代数的增加，output 内容会渐渐地正常起来，此时，就会体会到亲手训练的人工智能"变聪明"的喜悦了。训练集数据内容如图 4.48 所示。

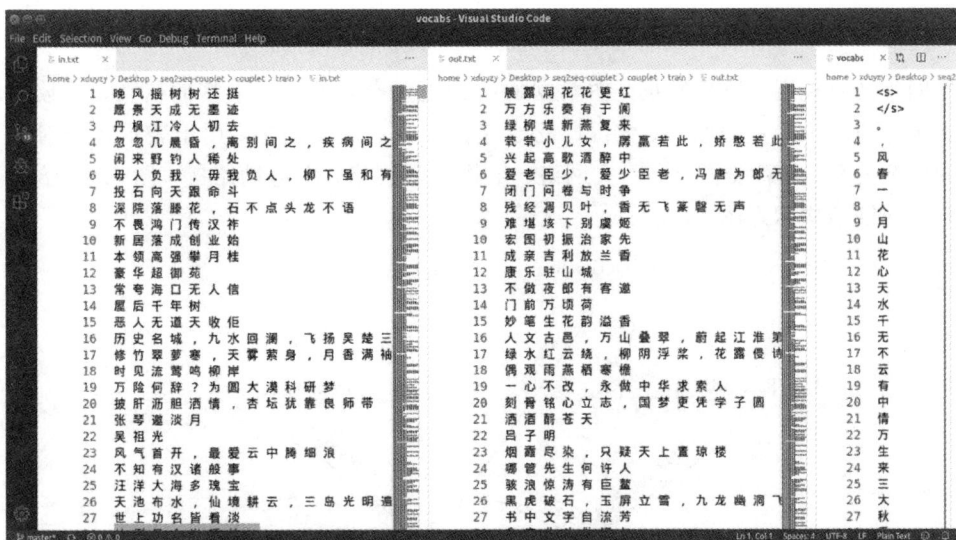

图 4.48　训练集数据内容

测试网络模型：当训练完成以后，进入工程文件夹，打开 terminal. py，将其中的两段代码改成为：

> vocab_file='couplet/vocabs'
>
> model_dir='couplet_output'

在 py36 虚拟环境的终端下，将当前目录切换到工程文件夹，输入：

> python test. py

终端中出现"请输入："字样时，试着输入一句话作为上联，按回车键，就能看见 AI 对对联输出的结果了。

4.5　图卷积网络

图像是规则的二维数据，文本或者声音都是规则的一维序列数据。除了这些规则的数据之外，人们日常遇到的更多的是不规则的非欧氏数据，如社交网、交通网、大脑神经系统等，这些数据通常以图结构的形式表示。图卷积网络（Graph Convolutional Networks，GCN）是一种专门用于处理图数据的深度学习模型，图数据由节点和边组成，节点表示对象，边表示对象之间的关系。GCN 的目标是学习节点表示，进而应用深度学习方法完成图数据的相关任务，如节点分类、图分类、链接预测等。下面以图节点分类任务为例进行讨论。

4.5.1　图节点分类

不同于结构规则的欧氏数据，图数据的结构更复杂，蕴含着丰富的信息，图数据的研究是学术界的一个热点问题。图数据广泛地存在于人们的生活中，用于表示复合对象元素之间的复杂关系，如社交网络、引文网络、生物化学网络、交通网络等。图 4.49 给出了公司运营的网络结构示意图。

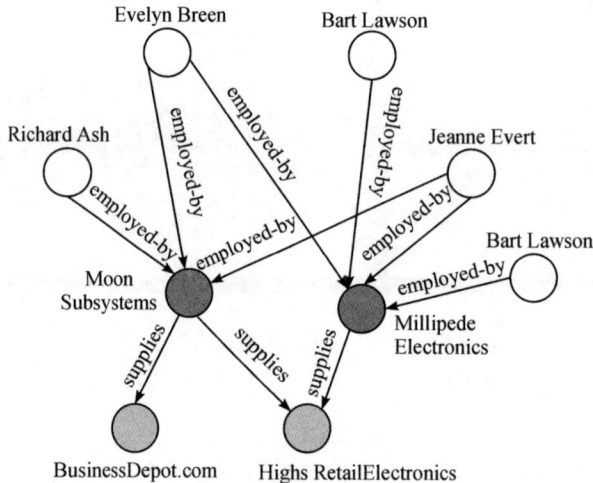

图 4.49　图结构示意图

本实验主要关注图节点分类的问题，如图 4.50 所示。给定一个图，节点分类的目标是学习节点和对应类别标签的映射关系，并预测未知节点的类别标签。节点分类是一个重要的图数据挖掘任务，可以应用在很多领域。随着深度学习在图像、文本等领域的成功，研究人员开始关注用深度学习建模图数据，基于深度学习的图数据建模方法也逐渐被应用于节点分类问题。

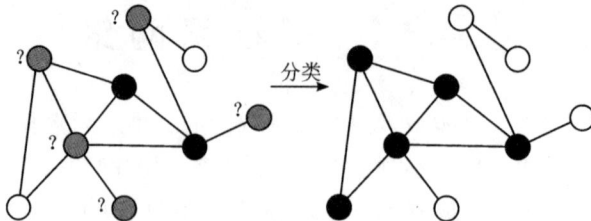

图 4.50　节点分类任务

图神经网络与一般机器学习场景有很大的区别，一般的机器学习假设数据之间独立同分布，但是在图网络的场景下，样本是有关联的，预测样本和训练样本通常会存在边的关系，如图 4.51 所示。

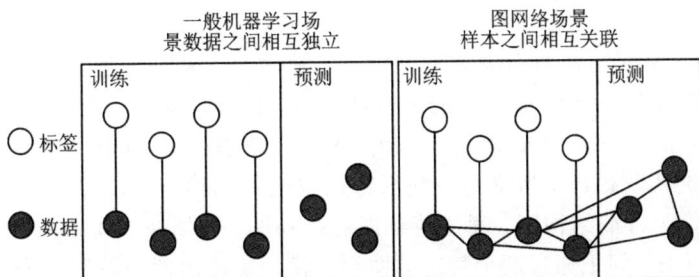

图 4.51　一般机器学习与图神经网络应用场景的区别

　　图谱分解技术是研究图数据的一种重要方法，该方法通过频域变换，将图变换至频域进行处理，再将处理结果变换回空域来得到图上节点的表示，如图 4.52(a) 所示。近年来，空域卷积借鉴了图像的二维卷积，并逐渐取代了频域图学习方法。图结构上的卷积是对节点邻居的聚合，如图 4.52(b) 所示。

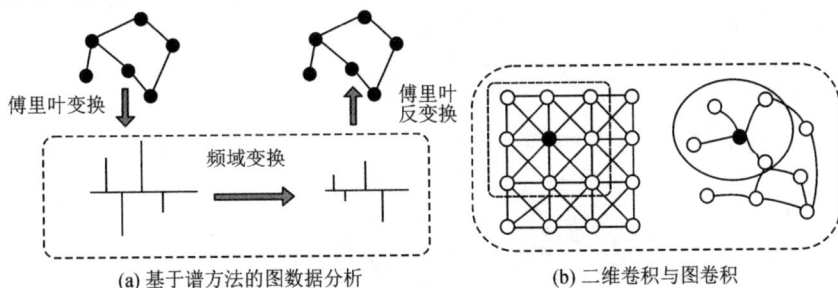

(a) 基于谱方法的图数据分析　　　　(b) 二维卷积与图卷积

图 4.52　图谱分解与图卷积

　　图卷积神经网络作为一种学习图结构数据的神经网络，其原理是节点在每个卷积层中聚合来自其拓扑邻居的特征信息，如图 4.53 所示。其中，特征信息通过网络拓扑结构传播到邻居节点表示中，然后通过学习所有节点嵌入表示，用于下游的分类等任务。该学习过

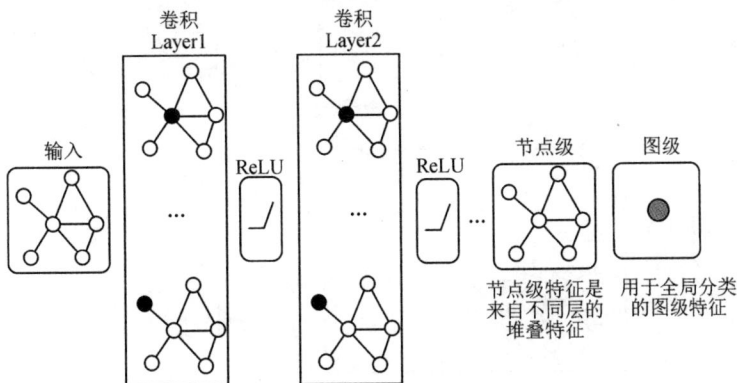

图 4.53　图卷积神经网络框架

程是由部分节点标签来监督的。

现有的大部分 GCN 方法自适应地融合拓扑结构和节点特征的能力有限，以至于性能甚至还低于只利用拓扑信息或特征信息的多层感知器。因此，本实验介绍 AM-GCN(Adaptive Multi-channel Graph Convolutional)方法，以提升 GCN 融合这两种信息的性能。该方法由北京邮电大学研究团队提出。为了充分利用特征空间中的信息，该方法将节点特征生成的 k 近邻(kNN)图作为特征结构图，通过特征图和拓扑图，在拓扑空间和特征空间上传播节点特征，从而在这两个空间中通过两个特定的图卷积模块提取出两个特定的嵌入(Embedding)。考虑到两个空间之间的共同特性，设计了一个带有参数共享策略的公共图卷积模块来提取它们共享的公共嵌入。进一步利用注意力机制自动学习上述 3 种不同嵌入的重要性权重，从而自适应地将这些信息融合。在这个过程中，节点标签能够监督学习过程，自适应地调整权重，提取最相关的信息。此外，该模型设计了一致性和视差约束损失，以确保学习嵌入的一致性和视差平衡。

4.5.2 基本原理

1. 整体框架

本实验的整体框架如图 4.54 所示。AM-GCN 由两个特定卷积模块、一个通用模块和

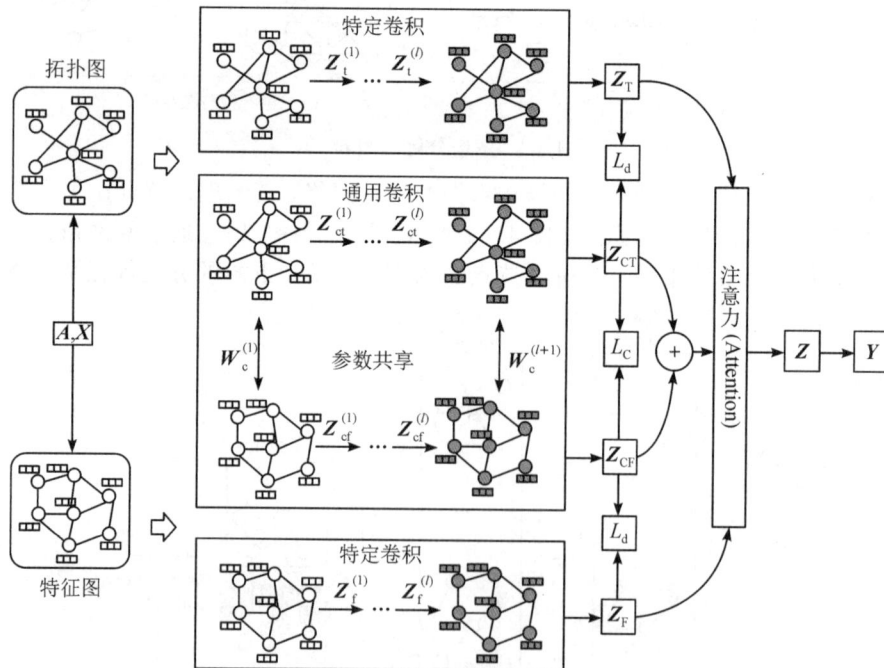

图 4.54　AM-GCN 流程图

一个注意力模块构成。其核心思想是，AM-GCN 允许节点特征不仅在拓扑空间中传播，而且还允许在特征空间中传播，同时从这两个空间中提取与节点标签最相关的信息。为此，模型构建了基于节点特征 $\boldsymbol{X}$ 的特征图，通过两个特定的卷积模块，节点特征 $\boldsymbol{X}$ 能够在特征图和拓扑图上传播，以分别学习两个特定的嵌入 $\boldsymbol{Z}_\mathrm{F}$ 和 $\boldsymbol{Z}_\mathrm{T}$。由于这两个空间中的信息具有共同特征，因此模型设计了具有参数共享策略的通用卷积模块来学习嵌入向量 $\boldsymbol{Z}_\mathrm{CF}$ 和 $\boldsymbol{Z}_\mathrm{CT}$，并采用一致性约束 L_C 来增强 $\boldsymbol{Z}_\mathrm{CF}$ 和 $\boldsymbol{Z}_\mathrm{CT}$ 的"共同"特性。此外，差异性约束 L_d 是为了确保 $\boldsymbol{Z}_\mathrm{F}$ 和 $\boldsymbol{Z}_\mathrm{CF}$、$\boldsymbol{Z}_\mathrm{T}$ 和 $\boldsymbol{Z}_\mathrm{CT}$ 之间的独立性。考虑到节点标签可能与拓扑或特征相关，也可能与两者都有关，AM-GCN 利用注意力机制自适应地将这些嵌入与学习到的权值融合，从而提取出最相关的信息 $\boldsymbol{Z}$，用于最终的分类任务。

2. 特定卷积模块

如图 4.55 给出了两种不同的特定卷积结构，捕获过程是基于节点的特征矩阵 $\boldsymbol{X}$ 建立 kNN 图 $G_\mathrm{f} = (\boldsymbol{A}_\mathrm{f}, \boldsymbol{X})$，这里 $\boldsymbol{A}_\mathrm{f}$ 表示 kNN 图的邻接矩阵。

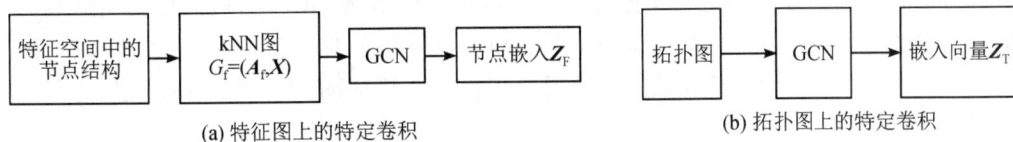

(a) 特征图上的特定卷积　　(b) 拓扑图上的特定卷积

图 4.55　两种特定卷积模块示意图

实验中从特征空间和拓扑空间两个角度进行图的构建，然后再利用特定卷积模块生成特定的嵌入。

1) 特征图上的特定卷积模块

首先计算 n 个节点的相似矩阵 $\boldsymbol{S} \in \mathbf{R}^{n \times n}$。本实验采用两种方法获得相似矩阵，如式 (4.19) 和式 (4.20) 所示，其中节点 i 和节点 j 的特征向量为 $\boldsymbol{X}_i$ 和 $\boldsymbol{X}_j$。

(1) 余弦相似性：

$$S_{ij} = \frac{\boldsymbol{X}_i \cdot \boldsymbol{X}_j}{|\boldsymbol{X}_i||\boldsymbol{X}_j|} \tag{4.19}$$

(2) 高斯核函数：

$$S_{ij} = \mathrm{e}^{-\frac{\|\boldsymbol{x}_i - \boldsymbol{x}_j\|^2}{t}} \tag{4.20}$$

其中，t 是高斯核函数的一个参数，控制函数的衰减速度。

将对应节点的 k 个最相似的节点进行边连接，从而得到特征空间下的邻接矩阵 $\boldsymbol{A}_\mathrm{f}$，再结合多层 GCN 的前向传播公式得到特征空间下的特定节点嵌入，如式 (4.21) 所示。令特征空间的输入图为 $(\boldsymbol{A}_\mathrm{f}, \boldsymbol{X})$，第 l 层的输出可以表示为

$$\boldsymbol{Z}_\mathrm{f}^{(l)} = \mathrm{ReLU}(\boldsymbol{D}_\mathrm{f}^{-\frac{1}{2}} \boldsymbol{A}_\mathrm{f}) \boldsymbol{D}_\mathrm{f}^{-\frac{1}{2}} \boldsymbol{Z}_\mathrm{f}^{(l-1)} \boldsymbol{W}_\mathrm{f}^{l} \tag{4.21}$$

其中，W^l 是 GCN 的第 l 层的权重矩阵，ReLU 是激活函数，初始化 $Z_f^{(0)} = X$，$A_f = A_f + I_f$，D_f 是 A_f 的对角矩阵。用特定的卷积模块在特征空间中提取的最后一层特定输出嵌入为 Z_F。

2）拓扑图上的特定卷积模块

根据实际物理信息构建的拓扑图，得到拓扑空间下的邻接矩阵 A_t。令初始的输入图为 $G_t = (A_t, X_t)$，其中 $A_t = A$，$X_t = X$，计算方法与特征空间中的相同。用特定的卷积模块在拓扑空间提取的最后一层特定嵌入为 Z_T。

3. 通用卷积模块

实际上，特征空间和拓扑空间并不是完全不相关的。节点分类任务应当与特征空间、拓扑空间或两者中的信息相关联，因此不仅需要提取这两个空间中的节点特定嵌入，还需要提取这两个空间共享的公共信息。为了解决这个问题，模型设计了一个具有参数共享策略的通用卷积模块，用于提取两个空间共享的共同嵌入。

从特征空间和拓扑空间进行图的建模，然后再结合多层 GCN 的前向传播公式得到这两个空间中的节点特定嵌入，最后提取这两个空间共享的公共信息。

（1）特征图上的通用卷积模块。用通用卷积模块从特征图 (A_t, X) 抓取节点嵌入 $Z_{cf}^{(l)}$，如式（4.22）所示：

$$Z_{cf}^{(l)} = \text{ReLU}\left(D_f^{-\frac{1}{2}} A_f D_f^{-\frac{1}{2}} Z_{cf}^{(l-1)} W_c^{(l)} \right) \tag{4.22}$$

其中，这两种节点嵌入共用一个权重矩阵 $W_c^{(l)}$。

（2）拓扑图上的公共卷积模块。用通用卷积模块从拓扑图 (A_t, X) 抓取节点嵌入 $Z_{ct}^{(l)}$，如式（4.23）所示：

$$Z_{ct}^{(l)} = \text{ReLU}\left(D_t^{-\frac{1}{2}} A_t D_t^{-\frac{1}{2}} Z_{ct}^{(l-1)} W_c^{(l)} \right) \tag{4.23}$$

这里 $W_c^{(l)}$ 表示通用卷积模块的第 l 层的权重矩阵，$Z_{ct}^{(l-1)}$ 是第 $l-1$ 层的节点嵌入，$Z_{ct}^{(0)} = X$。

（3）两个空间的公共嵌入如式（4.24）所示：

$$Z_C = \frac{Z_{CT} + Z_{CF}}{2} \tag{4.24}$$

这里的 Z_{CT} 和 Z_{CF} 分别是不同图输入的最终输出嵌入。

4. 注意力机制

模型有两个特定的嵌入 Z_T 和 Z_F，以及公共的嵌入 Z_C，考虑到节点标签可能与它们中的一个或者多个相关，利用注意力机制学习它们对应的重要性，如式（4.25）所示：

$$(\alpha_t, \alpha_c, \alpha_f) = \text{att}(Z_T, Z_C, Z_F) \tag{4.25}$$

这里，α_t、α_c、$\alpha_f \in \mathbf{R}^{n \times 1}$ 分别是 Z_T、Z_C、Z_F 的 n 个节点的注意值。对于节点 i，它在 Z_T 的嵌入为 $Z_T^i \in \mathbf{R}^{1 \times h}$（$Z_T$ 的第 i 行）。

（1）通过一个非线性变换将嵌入进行变换，再利用一个共享的注意力向量 $q \in \mathbf{R}^{h' \times 1}$ 得到注意力值 W_{T}^{i}：

$$W_{\mathrm{T}}^{i} = q^{\mathrm{T}} \cdot \tanh(W \cdot (z_{\mathrm{T}}^{i})^{\mathrm{T}} + b) \tag{4.26}$$

这里 $W \in \mathbf{R}^{h' \times h}$ 是权重矩阵，$b \in R^{h' \times 1}$ 是偏置向量。同理，可得到注意力值 W_{C}^{i}、W_{F}^{i}，如图 4.56 所示。

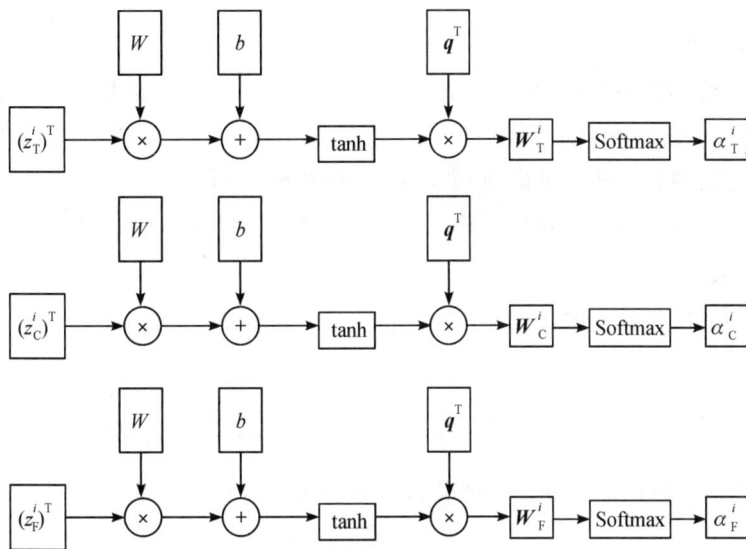

图 4.56　注意力机制模型的 α_{T}^{i}、α_{C}^{i} 和 α_{F}^{i} 的学习过程

（2）使用 Softmax 函数对注意力值归一化：

$$\alpha_{\mathrm{T}}^{i} = \mathrm{Softmax}(W_{\mathrm{T}}^{i}) = \frac{\exp(W_{\mathrm{T}}^{i})}{\exp(W_{\mathrm{T}}^{i}) + \exp(W_{\mathrm{C}}^{i}) + \exp(W_{\mathrm{F}}^{i})} \tag{4.27}$$

这里的 α_{T}^{i} 值越大则对应的嵌入越重要，α_{C}^{i}、α_{F}^{i} 同理。对所有的 n 个节点，有学习权重 $\alpha_{\mathrm{t}} = [\alpha_{\mathrm{T}}^{i}] \in \mathbf{R}^{n \times 1}$，$\alpha_{\mathrm{c}} = [\alpha_{\mathrm{C}}^{i}] \in \mathbf{R}^{n \times 1}$，$\alpha_{\mathrm{f}} = [\alpha_{\mathrm{F}}^{i}] \in \mathbf{R}^{n \times 1}$，$\alpha_{\mathrm{T}} = \mathrm{diag}(\alpha_{\mathrm{t}})$，$\alpha_{\mathrm{C}} = \mathrm{diag}(\alpha_{\mathrm{t}})$，$\alpha_{\mathrm{F}} = \mathrm{diag}(\alpha_{\mathrm{f}})$。

（3）结合这 3 种嵌入得到最终的嵌入 Z：

$$Z = \alpha_{\mathrm{T}} \cdot Z_{\mathrm{T}} + \alpha_{\mathrm{C}} \cdot Z_{\mathrm{C}} + \alpha_{\mathrm{F}} \cdot Z_{\mathrm{F}} \tag{4.28}$$

模型利用注意力机制来自动学习不同嵌入的重要性权重 α_{T}、α_{C} 和 α_{F}，这样，节点标签能够监督学习过程，以便于自适应地调整权重以提取最相关的信息。

5. 损失函数

对于通过公共卷积模块得到的两个输出嵌入 Z_{CT} 和 Z_{CF}，设计了一个一致性约束来进一步增强其共同性。

1）一致性约束

如果 $\boldsymbol{Z}_{\mathrm{CTnor}}$ 和 $\boldsymbol{Z}_{\mathrm{CFnor}}$ 是对嵌入矩阵 $\boldsymbol{Z}_{\mathrm{CT}}$ 和 $\boldsymbol{Z}_{\mathrm{CF}}$ 的标准化，利用 L_2 正则化 $\boldsymbol{Z}_{\mathrm{CTnor}}$ 和 $\boldsymbol{Z}_{\mathrm{CFnor}}$，然后用这两个标准化矩阵获取 n 个节点的相似性 $\boldsymbol{S}_{\mathrm{T}}$ 和 $\boldsymbol{S}_{\mathrm{F}}$，从而产生以下约束：

$$L_{\mathrm{C}} = \parallel \boldsymbol{S}_{\mathrm{T}} - \boldsymbol{S}_{\mathrm{F}} \parallel_{\mathrm{F}}^{2} \tag{4.29}$$

其中，$\boldsymbol{S}_{\mathrm{T}} = \boldsymbol{Z}_{\mathrm{CTnor}} \cdot \boldsymbol{Z}_{\mathrm{CTnor}}^{\mathrm{T}}$，$\boldsymbol{S}_{\mathrm{F}} = \boldsymbol{Z}_{\mathrm{CFnor}} \cdot \boldsymbol{Z}_{\mathrm{CFnor}}^{\mathrm{T}}$。

2）差异性约束

由于 $\boldsymbol{Z}_{\mathrm{T}}$ 和 $\boldsymbol{Z}_{\mathrm{CT}}$ 都是来自相同的拓扑图 $G_t = (\boldsymbol{A}_t, \boldsymbol{X}_t)$，为了确保捕捉差异性信息，可利用希尔伯特-施密特独立性准则（Hilbert-Schmidt Independence Criterion，HSIC）（HSIC 是一种简单但有效的独立性度量措施）来增强这两种嵌入的差异。

$$L_{\mathrm{d}} = \mathrm{HSIC}(\boldsymbol{Z}_{\mathrm{T}}, \boldsymbol{Z}_{\mathrm{CT}}) + \mathrm{HSIC}(\boldsymbol{Z}_{\mathrm{F}}, \boldsymbol{Z}_{\mathrm{CF}}) \tag{4.30}$$

3）目标函数

结合节点分类任务和约束条件，有如下总体目标函数：

$$L = L_t + \gamma L_{\mathrm{C}} + \beta L_{\mathrm{d}} \tag{4.31}$$

其中，$L_t = -\sum_{l \in L} \sum_{i=1}^{C} Y_{li} \mathrm{lin} Y_{li}$ 是训练集的节点分类交叉熵函数，γ 和 β 是一致性和差异性约束项的参数，在标签数据的引导下，可以通过反向传播来优化模型，并学习节点的嵌入来进行分类。

4.5.3　图节点分类实验操作

1. 代码介绍

1）实验环境

本实验所需要的环境如表 4.8 所示。

表 4.8　实 验 环 境

条　件	环　境
操作系统	CentOS Linux release7.6.1810
开发语言	Python3.7
深度学习框架	Pytorch1.1.0
相关库	NumPy $>=$ 1.16.2 SciPy $>=$ 1.3.1 NetworkX $>=$ 2.4 scikit-learn $>=$ 0.21.3

2）实验代码下载地址

实验代码的下载地址为 https://github.com/tkipf/pygcn。

3）代码文件目录结构

代码的主要文件目录结构说明如下：

```
AM-GCN-master        --------------------------------------------工程目录
AMGCN
  ├──case_study
  │      └──Case1.py   ------------------------生成由 900 个节点组成的随机网络一
  │      └──Case2.py   ------------------------生成由 900 个节点组成的随机网络二
  ├──config.py         --------------------------------------------参数读取
  ├──dataprocess.py    -------------------------------------------数据处理过程
  ├──layers.py         ------------------------------------------定义图卷积
  ├──main.py           ----------------------------------------该代码的主要操作部分
  ├──models.py         --------------------------------------------模型列表
  ├──utils.py          --------------------------------------------数据处理
  ├──data              ----------------------------------------存放数据集文件的目录
  ├──README.md         --------------------------------------------说明文件
```

2. 数据集介绍

本实验在 6 个数据集上进行评估，使用了 Citeseer、UAI2010、ACM、BlogCatalog、Flickr、CoraFull。Citeseer 是一个研究论文的引文网络，节点为出版物，边为引文链接，节点属性是论文的词袋，论文被分为 6 类：Agents、AI(人工智能)、DB(数据库)、IR(信息检索)、ML(机器语言)和 HCI。UAI2010 是有 3067 个节点和 28 311 个边的数据集，可用于社区检测。ACM 数据集的节点代表论文，两者之间有边的条件是两篇论文有共同的作者，论文特征是关键词的词袋，选取了在 KDD、SIGMOD、SIGCOMM、MobiCOMM 上发表的论文，按研究领域被分为 3 类：数据库、无线通信和数据挖掘。BlogCatalog 数据集的节点数为 10 312，边条数为 333 983，数据集包含 Nodes.csv 和 Edges.csv 两个文件。其中，Nodes.csv 是以字典的形式存储用户的信息，但是只包含节点 ID，Edges.csv 存储博主的社交网络，以此来构成图。Flickr 是用户分享图像和视频的社交网络，节点代表用户，边代表他们的关系，所有的节点根据用户的兴趣组分为 9 类。CoraFull 数据集是放大版的 Cora 数据集，包括 19 793 个节点，每个节点以 8710 维表示，并含有 63 421 条边，包含 70 个类别。

数据集下载地址分别如下：

① Citeseer：https://github.com/tkipf/pygcn。

② UAI2010：http://linqs.umiacs.umd.edu/projects//projects/lbc/index.html。

③ ACM：https://github.com/Jhy1993/HAN。

④ BlogCatalog：https://github.com/mengzaiqiao/CAN。

⑤ Flickr：https://github.com/mengzaiqiao/CAN。

⑥ CoraFull：https://github.com/abojchevski/graph2gauss/。

3. 实验操作步骤及结果

下载代码文件和数据集并分别解压，解压之后放到 data 文件夹。运行 main.py 文件就可以训练模型，需要传入的相关参数如表 4.9 所示。更改 config 文件夹下的 20coraml.ini 的参数配置，表 4.10 对其中的主要参数进行了介绍，详细步骤可查看程序文件夹中的 README.md。

表 4.9　运行 main.py 所需参数说明

参　量	路　径	形　状	说　明
config.feature_path	'.../data/coraml/coraml.feature'	(2708，1433)	特征向量
config.label_path	'.../data/coraml/coraml.label'	(2708，)	标签
config.test_path	'.../data/coraml/test20.txt'	(1000，)	测试集
config.train_path	'.../data/coraml/train20.txt'	(120，)	训练集

表 4.10　参　数　说　明

参 数 名 称	参 数 说 明
dataset	数据集文件名称
labelrate	每一类样本中取带标签的个数
epochs	训练的迭代次数
lr	模型的学习率
class_num	类别个数
structgraph_path	结构图存放路径
featuregraph_path	特征图存放路径
feature_path	特征的存放路径
label_path	数据标签存放路径
test_path	数据的测试集存放路径
train_path	数据的训练集存放路径

以上下载的数据集的目录构成相似,以 CoraFull 数据集为例,主要包括 coraml.feature、coraml.label、test20.txt 和 train20.txt 等文件,这些原文件打开后的内容情况如图 4.57 所示。

0.000000 0.000000 0.000000 0.000000 0.000000 0.000000 0.000000	1 0
0.000000 0.000000 0.000000 0.000000 0.000000 0.000000 0.000000	2 0
0.000000 0.000000 0.000000 0.000000 0.000000 0.000000 0.000000	3 0
0.000000 0.000000 0.000000 0.000000 0.000000 0.000000 0.000000	4 0
0.000000 0.000000 0.000000 0.000000 0.000000 0.000000 0.000000	5 0
0.000000 0.000000 0.000000 0.000000 0.000000 0.000000 0.000000	6 0
0.000000 0.000000 0.000000 0.000000 0.000000 0.000000 0.000000	7 0
0.042731 0.000000 0.000000 0.000000 0.067169 0.000000 0.000000	8 0
0.000000 0.000000 0.114517 0.000000 0.000000 0.000000 0.000000	9 0

(a) coraml.feature文件　　　　　　　　　　　　(b) corml.label文件

test20.txt ×		train20.txt ×	
1	14167	1	5738
2	7277	2	12249
3	4675	3	15479
4	12728	4	16806
5	9835	5	2580
6	3121	6	3775
7	3183	7	5471
8	1299	8	16389
9	3677	9	3883
10	14824	10	3935
11	5538	11	5414
12	5262	12	10456
13	19671	13	8120
14	15183	14	15854
15	8853	15	562

(c) test20.txt文件　　　　　　　　　　　　(d) train20.txt文件

图 4.57　CoraFull 数据集主要文件构成

以 CoraFull 数据集为例,利用下载好的数据集训练模型,通过以下方式运行 main.py,训练过程中部分输出结果如图 4.58 所示。

```
$ conda activate base
$ python main. py -d cora -l 20
```

```
e:0 ltr: 1.7926 atr: 0.1417 ate: 0.3150 f1te:0.2039
e:1 ltr: 1.7800 atr: 0.3250 ate: 0.4160 f1te:0.3057
e:2 ltr: 1.7689 atr: 0.5417 ate: 0.5150 f1te:0.4202
e:3 ltr: 1.7570 atr: 0.7167 ate: 0.5910 f1te:0.5105
e:4 ltr: 1.7446 atr: 0.8333 ate: 0.6530 f1te:0.5831
e:5 ltr: 1.7338 atr: 0.8500 ate: 0.6830 f1te:0.6237
e:6 ltr: 1.7206 atr: 0.8667 ate: 0.7050 f1te:0.6533
e:7 ltr: 1.7093 atr: 0.8917 ate: 0.7150 f1te:0.6672
e:8 ltr: 1.6959 atr: 0.9083 ate: 0.7240 f1te:0.6816
e:9 ltr: 1.6841 atr: 0.8917 ate: 0.7270 f1te:0.6882
```

(a) 训练开始时的输出结果

```
e:240 ltr: 0.0307 atr: 1.0000 ate: 0.6860 f1te:0.6597
e:241 ltr: 0.0328 atr: 1.0000 ate: 0.6840 f1te:0.6543
e:242 ltr: 0.0318 atr: 1.0000 ate: 0.6830 f1te:0.6535
e:243 ltr: 0.0325 atr: 1.0000 ate: 0.6830 f1te:0.6535
e:244 ltr: 0.0302 atr: 1.0000 ate: 0.6830 f1te:0.6535
e:245 ltr: 0.0322 atr: 1.0000 ate: 0.6870 f1te:0.6580
e:246 ltr: 0.0339 atr: 1.0000 ate: 0.6890 f1te:0.6608
e:247 ltr: 0.0313 atr: 1.0000 ate: 0.6880 f1te:0.6605
e:248 ltr: 0.0333 atr: 1.0000 ate: 0.6850 f1te:0.6591
e:249 ltr: 0.0316 atr: 1.0000 ate: 0.6850 f1te:0.6591
epoch:11 acc_max: 0.7370 f1_max: 0.6978
```

(b) 训练结束时的输出结果

图 4.58　CoraFull 数据集训练过程中的部分输出结果

第 5 章
ChatGPT

　　ChatGPT 是由 OpenAI 公司开发的一种基于 GPT(Generative Pre-trained Transform-er)架构的聊天型语言模型，是 GPT-3 的一种变体，专门用于进行对话生成任务。这个模型的主要特点是它可以根据输入的对话上下文来生成连贯、相关的回复，能够处理多轮对话，并根据先前的语境作出响应。ChatGPT 已经被广泛应用于在线客服、智能助手、语言理解和生成等应用领域。

5.1　背景知识

　　2022 年 11 月，OpenAI 公司开发的智能聊天机器人 ChatGPT 成为全球热议话题，它不仅是一场技术的创新与应用，为人工智能注入了新的活力，更重要的是它还为人工智能的发展带来了机遇和挑战。ChatGPT 在带来人工智能商业化契机的同时，也会刺激更多的技术创新。因此，ChatGPT 一定会带来更深、更多、更宽广的技术创新浪潮，这才是推动社会向前发展的动力，所以各领域的科学家都很重视它。

　　ChatGPT 是一种基于 Transformer 网络架构的生成式预训练模型，也称为预训练生成式聊天模型。从整体技术路线上来看，ChatGPT 使用了大规模语言模型(Large Language Model，LLM)，并在引入强化学习来微调(Finetune)预训练的语言模型。其中的强化学习采用的是人类反馈强化学习(Reinforcement Learning from Human Feedback，RLHF)，即将强化学习与人类反馈相结合，通过收集训练师提供的对话和比较数据来创建奖励模型，并使用近端策略优化(Proximal Policy Optimization，PPO)来微调模型，其目的是通过其奖励惩罚机制(Reward)让 LLM 模型学会理解各种自然语言处理任务，并学会判断什么样的答案是理想的(诚实、有帮助、无害，即 3H 规则)。

5.2 ChatGPT 相关理论知识

ChatGPT 采用了一系列深度学习的新技术，包括无监督学习、有监督学习、多任务学习以及基于人类反馈的强化学习。下面对 ChatGPT 所涉及的主要相关内容 Transformer、GPT 以及人类反馈强化学习进行讨论。

5.2.1 Transformer

Transformer 是一种基于注意力机制（Attention Mechanism）的神经网络架构，该架构在自然语言处理（NLP）任务中取得了显著的成功，并成为许多深度学习应用中的重要组成部分。Transformer 的主要优势之一是其具有并行计算的能力，这样会使其在处理序列数据时更加高效。它不依赖于递归结构，而是通过自注意力机制（Self-attention Mechanism）来捕捉序列中不同位置之间的关系，这使得 Transformer 能够更好地处理长距离依赖性，并且在训练过程中也更容易并行化。

1. 自注意力机制

当人们观察一件事物的时候，眼睛会特别关注物体比较特别的地方，而不自觉地忽略物体的其他地方，这就是注意力机制的由来。这种机制使得眼睛可以快速地捕捉关键信息。

经过神经网络得到的一系列隐状态中，有些隐状态是特别重要的，需要特别重视，所以可以给其比较大的权重；若是不重要的隐状态，那么就给其比较小的权重。将这些权重写成矩阵形式（注意力权重矩阵）后，再与隐状态相乘时，重要隐状态对整个和的结果影响更大，不重要的隐状态对结果几乎没有影响。在神经网络中加入自注意力机制的好处是，使得该网络可以记住更多之前输入的信息，进而更好地处理有用和无用的信息。

自注意力机制可以关注自身输入数据之间的相对重要性，不需要借助额外先验知识的指导；可以自动捕捉数据之间的相关性，进而挖掘出潜在的关键信息，减少对外部特征信息的依赖。自注意力机制的主要结构如图 5.1(a)所示。

首先，将输入 X 分别映射成 Q、K 和 V 特征，该映射过程可表示为

$$Q = XW_Q, \quad K = XW_K, \quad V = XW_V$$

其中，W_Q、W_K 和 W_V 均为可学习的权重。然后，计算 Q 和 K 的乘积，并将其结果进行缩放，避免出现因乘积结果过大而引起梯度消失的问题；再利用 Softmax 函数对其进行归一化，得到自注意力权重，该过程可表示为

$$W = \mathrm{Softmax}\left(\frac{QK^{\mathrm{T}}}{\sqrt{d}}\right)$$

其中，W 为自注意力权重，d 为 Q 和 K 的维度。最后，计算自注意力机制的输出 $Y = WV$。

Transformer 结构中构造了一种多头自注意力机制，可以充分发掘数据之间的相关性

及隐藏信息。多头自注意力机制的结构如图 5.1(b) 所示。

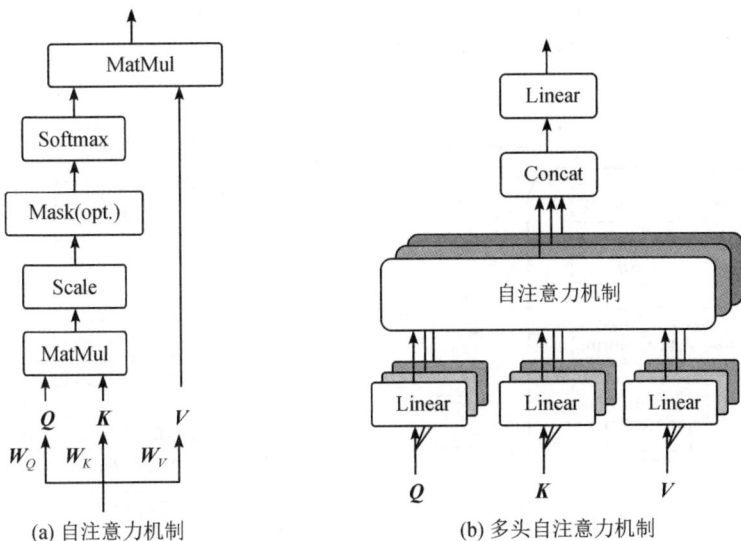

(a) 自注意力机制　　　　　(b) 多头自注意力机制

图 5.1　自注意力机制结构图

首先对 $\boldsymbol{Q}$、$\boldsymbol{K}$ 和 $\boldsymbol{V}$ 特征均分别进行 h 次不同的线性空间投影，得到 h 组维度均为 d_{head} 的 $\boldsymbol{Q}'_i$、$\boldsymbol{K}'_i$ 和 $\boldsymbol{V}'_i$ 特征，并分别用自注意力机制处理每组 $\boldsymbol{Q}'_i$、$\boldsymbol{K}'_i$ 和 $\boldsymbol{V}'_i$ 特征，得到 h 个维度均为 d_{head} 的自注意力结果，并将所有结果拼接后再次进行线性映射，最终得到多头自注意力机制的输出，该过程可表示为

$$\boldsymbol{Y}_{\text{mutil}} = \boldsymbol{W}_m \text{Concat}(\boldsymbol{Y}_{\text{head}}^1, \boldsymbol{Y}_{\text{head}}^2, \cdots, \boldsymbol{Y}_{\text{head}}^h)$$

其中，$\boldsymbol{Y}_{\text{mutil}}$ 为多头自注意力机制的输出，h 为自注意力头的总数，$\boldsymbol{Y}_{\text{head}}^i$ 为第 i 个自注意力头的输出，$\text{Concat}(\cdot)$ 为拼接操作，$\boldsymbol{W}_m$ 为可学习的参数。

在多头自注意力机制中，虽然每个注意力头的输入均为同一组 $\boldsymbol{Q}$ 特征、$\boldsymbol{K}$ 特征和 $\boldsymbol{V}$ 特征，但是为了降低计算复杂度，经过线性映射后，每个注意力头的 $\boldsymbol{Q}'_i$、$\boldsymbol{K}'_i$ 和 $\boldsymbol{V}'_i$ 特征的维度均降为原输入维度的 $1/h$，进而其所对应输出 $\boldsymbol{Y}'_i$ 的维度通常也为输入维度的 $1/h$，经过拼接操作和线性映射后，多头自注意力机制的输出维度将与输入维度保持一致。

2. Transformer 的结构

Transformer 可以用于自然语言处理任务和计算机视觉任务中，并且已经取得了显著的成果。Transformer 是一种编码-解码结构，相比于常用的循环神经网络以及长短时记忆网络，最大的优势在于其具有自注意力机制，并且可以实现并行计算。另外，Transformer 本身是不能利用单词的顺序信息的，因此需要在输入中添加位置嵌入(Embedding)，否则 Transformer 就是一个词袋模型了。

Transformer 的重点是自注意力机制，其中用到的 **Q**、**K** 和 **V** 矩阵是通过线性变换得到的。Transformer 的多头注意力机制中有多个自注意力，可以捕获单词之间多种维度上的相关系数。Transformer 的结构如图 5.2 所示。

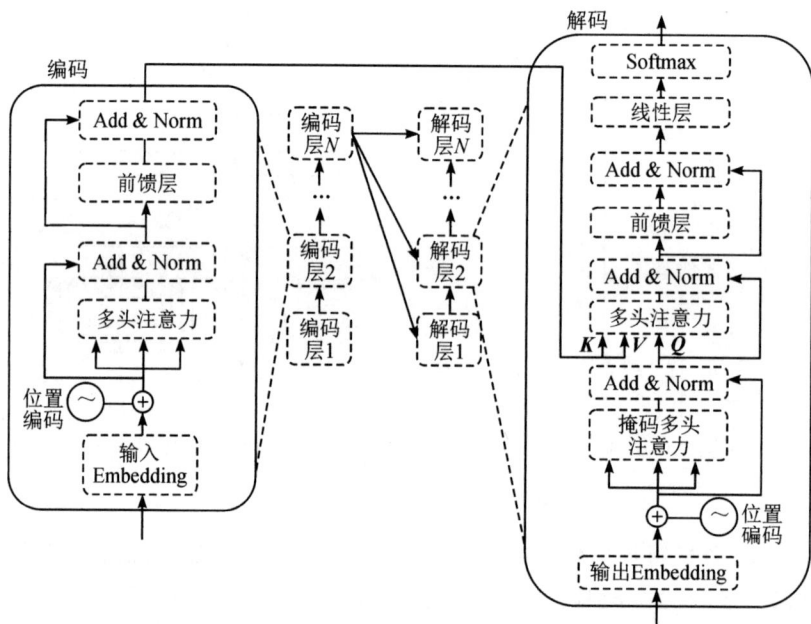

图 5.2　Transformer 结构示意图

Transformer 用于文本翻译的流程为：首先获取输入句子的每一个单词的表示向量 **X**，**X** 由单词的嵌入（Embedding，是从原始数据提取出来的特征）和单词位置的嵌入相加得到；然后将得到的单词表示构成的矩阵传入编码器，经过多个编码层后可以得到句子所有单词的编码信息矩阵 **C**，每一个编码层输出的矩阵维度与输入完全一致；将输出的编码信息矩阵 **C** 传递到解码器中，解码器依次会根据当前翻译过的单词翻译下一个单词。在使用的过程中，翻译到第 $i+1$ 个单词时需要通过掩码操作遮盖住第 $i+1$ 个单词之后的所有单词。

下面分别介绍 Transformer 的编码器和解码器结构。

1）编码器（Encoder）

首先输入句子描述，将单词的嵌入和单词位置的嵌入相加得到每一个单词的表示向量 **X**。然后经过多头注意力之后，获得和输入词向量 **X** 维度相同的向量 **Z**。之后将 **X** 与 **Z** 相加后再进行 LayerNorm 规范化。LayerNorm 以单个样本为目标，把样本所有维度的值进行规范化。经过 LayerNorm 后得到了新的向量 **s**，然后将其送入前馈神经网络中，可以理解为又经历了一个线性转换，线性转换后的值再和 s 相加，然后 LayerNorm 规范化的操作输出高阶向量 R。另外，这里引入叠加（Add）残差操作，将多头注意力得到的向量 Z 和原始的 X 向量相加得到新的 Z 向量，这也是对 Z 向量的一个补充。同样，Z 向量经过前馈（Feed Forward）之后生成 R 向量并再与 Z 相加，这个过程也是对 R 向量的一个补充，这里利用了残差的思想。

2）解码器（Decoder）

解码器的内部结构与编码器的内部结构具有一定的相似性，比如在编码器中通过多头注意力实现并行化计算，而在解码器中与之对应的是掩码多头注意力。掩膜的作用是：在编码器的多头注意力的计算过程中，由于输入的单词向量是已知的，所以每个单词的相关系数是可以全部计算出来的；但是在解码器中，需要先解出第一个单词，再将第一个单词作为输入依次解出后续的单词，那么在解第一个单词的时候由于后面所有的单词都是未知的，所以需要对当前时刻以后的信息进行掩盖，即进行掩码操作。具体来说，是将对应位置的相关系数值设为负无穷，这样在进行 Softmax 转换后得到对应的值便为 0。用掩码矩阵作用于每个头的输出矩阵上便可得到对应的相关系数矩阵，再经过 Softmax 变换便可得到系数值 α，进而得到注意力的 Z 向量。

解码器最后输出的是一个向量，但是最终需要的是单词，这就是线性层和 Softmax 层所要解决的问题。线性层是一个全连接神经网络，将解码器输出的较小维度的向量映射到字典大小维度的向量，这个映射后的向量就是对数向量。这个向量再经过 Softmax 转换为各个维度对应的概率值，最高概率对应维度所对应的单词便是解码器所要输出的单词。

5.2.2　GPT

生成式预训练 Transformer 模型是一种基于互联网数据训练的文本生成深度学习模型，用于问答、文本摘要生成、机器翻译、分类和代码生成等。GPT 处理能力随模型参数的数量而变化，每一个新的 GPT 模型都比之前的模型有更多的参数，GPT-1 有 1.2 亿个参数，GPT-2 有 15 亿个参数，而 GPT-3 有超过 1750 亿个参数，GPT-4 中参数的确切数量目前没有公布。

1. GPT-1

OpenAI 在 2018 年 6 月提出的预训练模型 GPT（GPT-1）采用自回归的预训练方式，适合自然语言生成任务的场景。该模型以 Transformer Decoder 作为基础网络，在 Transformer 基础上进行了改进，传统的 Transformer Decoder 包含两个多头注意力（Multi-Head Attention）结构，GPT-1 只保留了掩码多头注意力（Masked Multi-Head Attention），如图 5.3 所示。

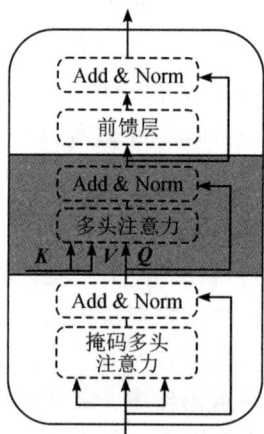

图 5.3　GPT Decoder 模型结构

Transformer Decoder 利用掩码多头自注意力屏蔽单词后面的内容,是语言模型的基础。因为没有使用 Encoder,所以不需要编码-解码注意(Encoder-Decoder Attention)部分。虽然 GPT-1 在未经调试的任务上会有一些效果,但其泛化能力远低于有监督的微调的效果,因此 GPT-1 是一个比较好的语言理解模型,而非对话式的模型结构。总体来看,GPT-1 是无监督预训练与有监督微调的联合,是单向语言模型。

2. GPT-2

GPT-2 是在 2019 年 2 月发布的。GPT-2 没有对原有的网络进行过多的结构创新与设计,仅使用了更多的网络参数与更大的数据集,最大模型共计 48 层,使用了无监督学习的方法,在大规模文本语料库上进行预训练。

GPT-2 在 GPT-1 的基础上添加了多个任务,扩增了数据集和模型参数,把各种自然语言处理(Natural Language Processing,NLP)任务的数据集添加到预训练阶段,将机器翻译、文本摘要、领域问答等都加入预训练。由于多个任务在同一个模型上进行学习,所以该模型既可以用于翻译,也可以用于分类等任务。相较于 GPT-1,GPT-2 的参数量和训练数据都爆发式地增长了。除理解能力外,GPT-2 在生成方面也表现出较强的性能,如聊天、续写、生成假新闻、角色扮演等。在模型和训练数据变大之后,GPT-2 展现出了普适而强大的能力,并在多个特定的语言建模任务上实现了卓越的性能。因此,总体来说,GPT-2 利用了无监督预训练,使用了更多的数据和更大的模型,也增加了几个辅助的训练任务。

3. GPT-3

GPT-3 是在 2020 年 5 月发布的,这个模型包含的参数比 GPT-2 多了两个数量级,模型增加到 96 层,在学习方式上比 GPT-2 有了极大的改进。

传统的预训练通常是两阶段的：首先用大规模的数据集对模型进行预训练；然后利用下游任务的标注数据集进行微调。这个过程也是大多数 NLP 模型任务的基本工作流程。GPT-3 开创性地提出了一种语境学习（In-Context Learning），通过给模型输入一定的提示信息和范例来提高模型的性能，如给 GPT-3 输入如下内容：

请把以下中文翻译成英文：

飞机$=>$ plane；

其中，飞机翻译成 plane 是一个范例，引导模型去感知应该输出什么内容。输入的范例可以有不同的形式：

（1）只给提示，没有范例，称为零样本（Zero-shot）；

（2）给一个范例，称为单样本（One-shot）；

（3）给多个范例，称为小样本（Few-shot）。

在 GPT-3 的预训练阶段，是多种任务同时进行学习的，如"做数学运算，续写，翻译"同时进行。这种语境学习的方式，在超大模型上展现了优异的性能，即只需要给出一个或者几个范例，模型就能如法炮制地给出正确回应，但这样的语境学习对于超大模型才能显现出较好的性能。

GPT-3 在许多 NLP 数据集上都取得了很好的效果，包括翻译、问题回答等任务。另外，GPT-3 在其他领域也有优异的表现，如在句子中使用一个新词或执行 3 位数运算等。

4. GPT-3.5

GPT-3.5 是在 2022 年 6 月发布的，在 GPT-3 的基础上增加了更多的网络参数和更大的数据集。GPT-3.5 与 GPT-3 的主要区别在于，GPT-3.5 使用了人类反馈强化学习（RLHF），通过收集训练师提供的对话和比较数据来创建奖励模型，并利用 PPO 来微调模型。这样，GPT-3.5 可以更好地适应不同的任务和场景，如聊天、调试代码、写故事、创作歌词等。

5. GPT-4

GPT-4 是在 2023 年 3 月发布的。OpenAI 发布的关于 GPT-4 技术规范的信息相对较少，没有关于用于训练系统的数据、模型大小、运行的硬件情况或创建的方法等相关信息。GPT-4 具有多模态的能力，可以接收图像和文本输入，并生成文本输出，这些特性是基于DALLE 模型（文本生成图像）的功能。GPT-4 在众多专业和学术领域展现出了与人类相当的水平。例如，在部分专业模拟资格考试中，GPT-4 的成绩能够达到排名前 10% 的水平。

5.2.3　人类反馈强化学习

强化学习是一种学习如何从状态映射到行为获取奖励最大的学习机制，会在给定的环境中，不断地根据环境的惩罚和奖励，拟合到一个最适应环境的状态，是一种通过试错来进行学习的模型。

人类反馈强化学习(RLHF)是一种将强化学习与人类反馈相结合的技术,通过人类反馈来指导智能系统的行为。人类反馈是一种人机交互的方法,旨在让用户或专家提供关于智能系统行为的反馈,如哪些行为是正确的,哪些是错误的,等等。通过这种方式,人类可以直接影响智能系统的学习过程,有助于其更好地适应不同的任务和场景。这种方法减轻了传统强化学习中需要大量试错的问题,使得智能系统可以更加高效、快速地学习。

RLHF 的一大优势是,它能够使模型向多元化的反馈分析者学习,帮助模型生成更能代表不同观点和用户需求的回复,这有助于提高输出的质量和相关性,使模型在各种情况下都有较好的表现。RLHF 能够结合强化学习与人类反馈,可以帮助模型学习和生成更平衡、更具代表性的回复,降低产生偏向性的风险,从而提高大语言模型的性能。

RLHF 的应用领域很广泛,如聊天机器人、教育、医疗等。在聊天机器人领域,RLHF 可以训练一个基于对话的人工智能文本工具,ChatGPT 就是其中的典型应用。

5.3 ChatGPT 的训练过程

ChatGPT 是基于 GPT-3.5 的基础模型框架构建的,在 GPT-3.5 的基础上进行了改进和优化。ChatGPT 和 InstructGPT 是在 GPT-4 之前发布的预热模型,两者的模型结构和训练方式完全一致,都使用了指示学习(Instruction Learning)和 RLHF 来指导模型的训练,不同之处在于采集数据的方式有所差异。下面介绍 ChatGPT 训练过程中的 3 个阶段,并对训练过程进行总结。

1. 有监督微调阶段

该阶段收集人工生成的问题和回复的数据集(问答生成),并微调语言模型。利用人工编写的问题和适当的回复制作数据集。这些问答涉及的领域很广,既有生活中易于理解的知识,也有专业性较强的专业知识。然后,利用该数据集通过监督学习微调语言模型。

prompt 是一段用于引导 GPT 模型生成特定响应的文本,可以是一个问题、一句话、一段对话或一些关键提示;prompt 通过提供上下文和指导,帮助模型理解用户的意图,并生成相应的回答或内容。prompt 模式通常是指一种输入-输出的数据格式,用于训练和评估机器学习模型。在训练过程中,模型接收包含 prompt 的输入和对应的输出数据,这种方式可以使模型更加可控,从而满足特定的需求。

为使模型能够理解人类不同类型指令中蕴含的不同意图,判断生成内容是不是高质量的结果,有监督微调采取了以下步骤:

(1)从测试用户提交的 prompt 中随机抽取一批,然后请专业的标注人员为这些 prompt 给出高质量答案。

(2)使用这些<prompt,answer>数据来微调该模型,以使其初步具备理解人类

prompt 中所包含的意图，并根据这个意图给出相对高质量回答的能力。

在该过程中，训练师可以选择接受、修改或拒绝这些建议，并给出自己的回答。可以用它们来微调一个预训练好的语言模型，得到一个初始模型。

2. 训练奖励模型阶段

收集模型对问题回复的排名，并训练奖励模型(Reward Model，RM)。针对每一个问题，从模型对同一问题的多个回复中进行采样，将这些回复提交给反馈分析者，然后根据其偏好对这些回复进行排名，利用排名数据训练奖励模型，使得该模型可以预测大众喜欢的输出内容。

奖励模型源于强化学习中的奖励函数，能够对当前的状态给出一个分数，来说明这个状态产生的价值大小。大语言模型中的奖励模型是对输入的问题和答案计算出一个分数，输入的答案与问题匹配度越高，则奖励模型输出的分数也越高。为了创建强化学习的奖励模型，需要收集比较数据，由具有质量排名的两个或多个回答组成，目的是利用训练师提供的比较数据来获得一个奖励模型，从而评估不同回答的质量。通过对用户提交的 prompt 进行随机抽样，并利用第一阶段的有监督微调好的模型，生成 K 个不同的回答，形成以下数据：

$<$prompt, answer1$>$

$<$prompt, answer2$>$

…

$<$prompt, answer$K>$

标注人员根据相关性、信息性和有害信息等标准，对 K 个结果进行排序，生成排序结果数据。然后，研究者使用这个排序结果数据进行逐对排序训练来训练奖励模型。

如果 RM 模型接收一个输入$<$prompt, answer$>$，则会给出评价回答质量高低的奖励分数 Score。对于一对训练数据$<$answer1, answer2$>$，假设人工排序中 answer1 排在 answer2 前面，那么损失函数则鼓励 RM 模型对$<$prompt, answer1$>$的打分要比$<$prompt, answer2$>$的打分高。奖励模型通过与人类专家进行交互，获得对于生成响应质量的反馈信号，从而进一步提升大语言模型的生成能力和自然度。

3. 强化学习微调阶段

该阶段将奖励模型作为奖励函数，对语言模型进行微调，最大限度利用奖励机制。通过这种方式，让语言模型偏好于人类评估者喜欢的回复类型。

这个步骤的目的是利用强化学习的方法来微调初始模型，使其能够生成更高质量的回答。结合人工标注，将强化学习引入预训练语言模型是 ChatGPT 最大的创新点。对于奖励模型，利用近端策略优化(Proximal Policy Optimization，PPO)来微调模型。PPO 是一种基于策略梯度的强化学习算法，可以有效地处理高维和连续的动作空间。

这一阶段可以概括为以下 4 个部分：

（1）由第一阶段的监督模型初始化 PPO 模型的参数。

（2）PPO 模型生成回答。

（3）用第二阶段 RM 模型对回答进行评估和打分。

（4）通过打分更新训练 PPO 模型参数。

该阶段的训练过程不仅使用强化学习的优化目标，还使用了两个正则项来约束模型的表现。

4．训练过程总结

在第一阶段和第二阶段利用了 RLHF 方法，首先通过人工标注微调 GPT 模型得到初始模型，用初始模型生成 K 个回答并人工排序，然后训练 RM 模型；第三阶段，以初始模型参数为基础，利用 RM 模型获得的奖励进行训练，把奖励分数依次传递，由此产生策略梯度，通过强化学习的方式更新 PPO 模型参数。通过不断重复迭代第二阶段和第三阶段，最终会训练出更高质量的 ChatGPT 模型。

5.4　ChatGPT 与其他任务的结合

ChatGPT 可以与其他任务结合，以适应特定的应用需求。这通常涉及微调 ChatGPT 模型，使其在特定任务上表现更优。下面以 HuggingGPT 为例进行说明。

1．任务背景

目前的 LLM 可以在语言理解、生成、互动和推理方面具有较好的表现，但是在建立先进智能系统的道路上仍面临一些挑战，特别是缺乏处理视觉和语音等复杂信息的能力。在现实场景中，一些复杂的任务通常由多个子任务组成，因此需要多个模型的调度和合作，这超出了语言模型的能力范围。为了解决这一难题，微软亚洲研究院和浙江大学的研究团队联合发布了一个大模型协作系统——HuggingGPT，让 ChatGPT 与人工智能社区 Hugging Face 连接起来，将语言作为通用接口，让 LLM 作为控制器，管理行业内现有的人工智能模型。

2．HuggingGPT 的原理

通过利用 ChatGPT 强大的语言能力和 Hugging Face 中丰富的人工智能模型，HuggingGPT 能够覆盖不同模式和领域的众多复杂的人工智能任务，并在语言、视觉、语音和其他挑战性任务中取得优异的结果，为实现高级人工智能铺设了一条新的道路。ChatGPT 在收到用户请求时进行任务规划，根据机器学习社区 Hugging Face 中的功能描述选择模型，用选定的人工智能模型执行每个子任务，并根据执行结果总结响应。

HuggingGPT 的整个过程可以分为以下 4 个阶段：

（1）任务规划：通过 ChatGPT 分析用户请求，根据用户意图进行任务拆分。

（2）模型选择：依据所拆分任务描述，ChatGPT 选择 Hugging Face 中的模型。

（3）任务执行：调用并执行每个选定的模型，并将结果返回给 ChatGPT。

（4）响应生成：利用 ChatGPT 整合所有模型的预测，并进行总结和输出。

HuggingGPT 能够利用外部模型，整合多模态感知能力，处理多个复杂的人工智能任务。HuggingGPT 目前利用 ChatGPT 来连接 Hugging Face 中各种人工智能模型，覆盖文本分类、目标检测、语义分割、图像生成、问答、文本到语音、文本到视频等 24 个任务。

5.5　ChatGPT 的应用

假设使用者已经有 OpenAI 的账号，下面介绍使用 ChatGPT 的 3 种方法。

1. 使用 OpenAI 的官网服务

OpenAI 的官方网址为 https://openai.com/。

（1）访问 OpenAI 的官网，单击网页左侧底部的"Chat GPT"，进入 ChatGPT 界面。

（2）单击"TRY CHATGPT"，进入 ChatGPT 的服务页面，如图 5.4 所示。

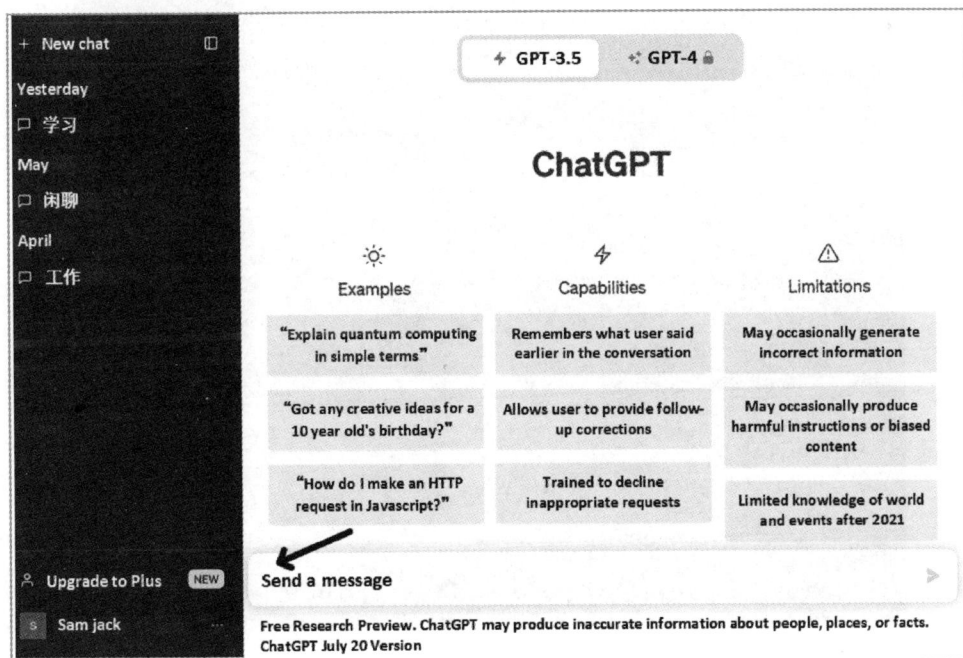

图 5.4　ChatGPT 的服务页面

（3）在"Input"中输入你要和 ChatGPT 聊天的信息，然后单击"Send a message"。

（4）ChatGPT 会根据你的输入回复一条信息，你可以根据回复的信息继续聊天。

2. 使用 ChatGPT APP

Github 上的开源项目实现了将 ChatGPT 服务封装成 APP 的功能，并支持 Mac、Windows 和 Linux 平台。

开源项目的地址为 https://github.com/lencx/ChatGPT/。

这里以 Windows 平台为例，其他平台类似。有以下两种安装方式：

第一种，直接下载安装包进行安装。单击图 5.5 中箭头所指的位置，下载安装包。

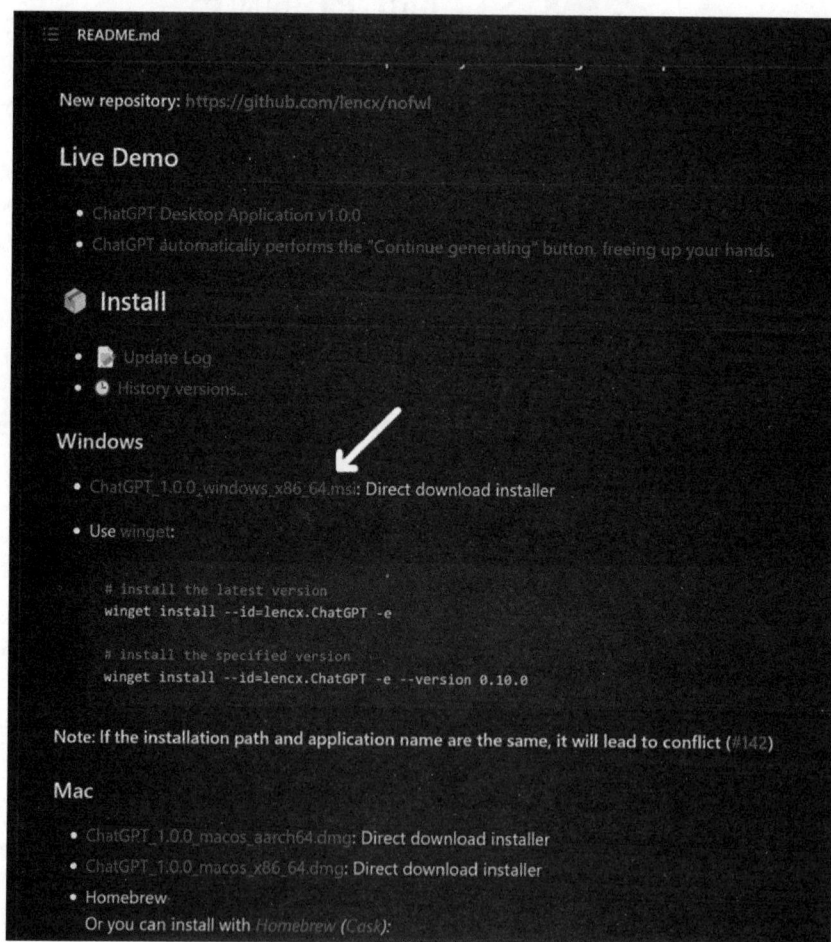

图 5.5　安装包下载界面

下载完成后，双击安装包进行安装。如图 5.6 所示，单击"Next"，直到完成安装。

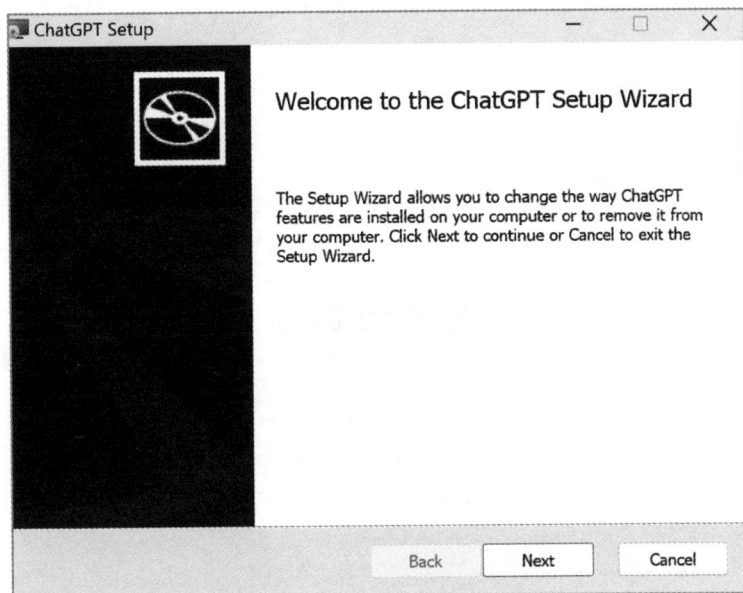

图 5.6　安装包安装界面

第二种，利用命令进行安装。命令如下：

　　# 安装最新版本（如图 5.7 所示）

　　winget install --id=lencx.ChatGPT -e

　　# 安装指定版本

　　winget install --id=lencx.ChatGPT -e --version 0.10.0

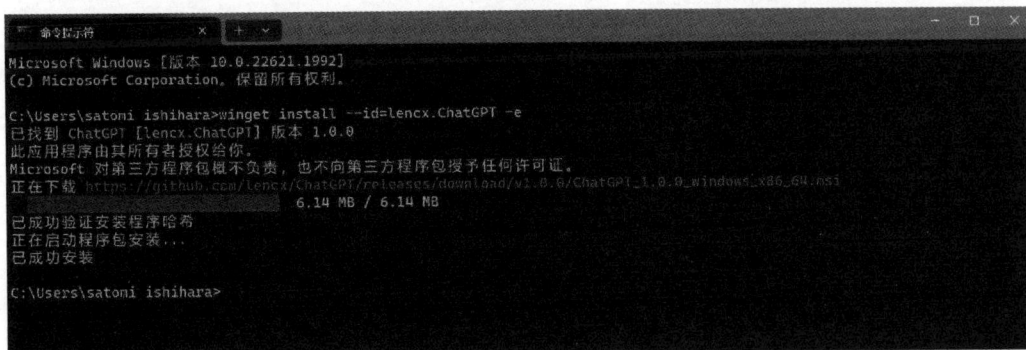

图 5.7　命令安装界面

安装完成后，界面如图 5.8 所示，输入 OpenAI 的账号，登录即可。

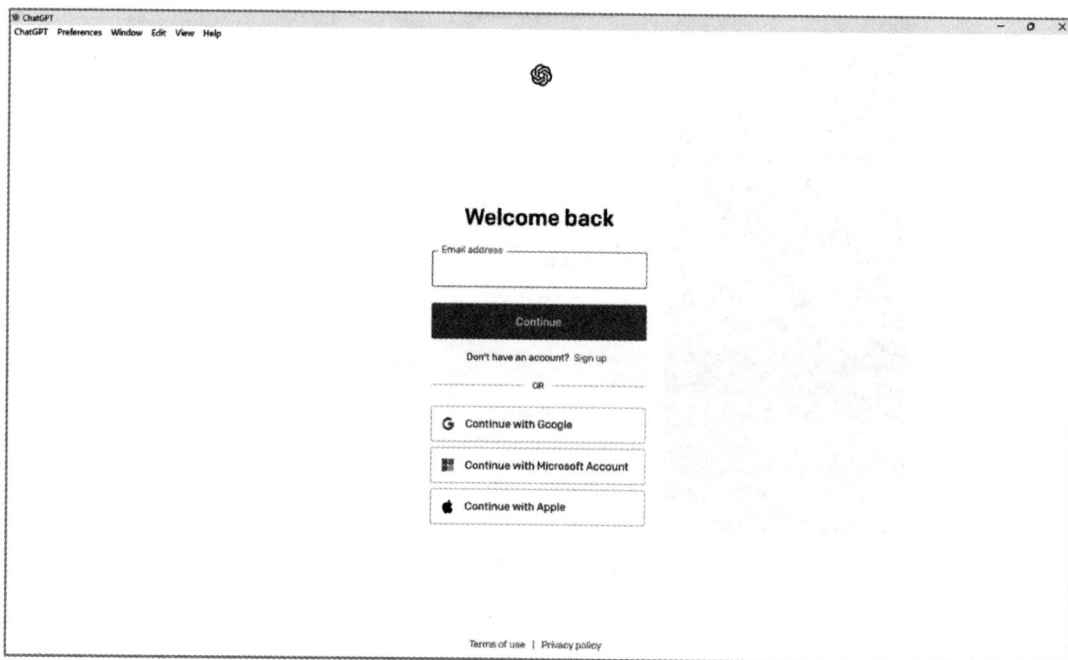

图 5.8　账号登录界面

3. 使用 ChatGPT Python API

在前面的步骤完成注册 OpenAI 账户并申请 API key 后，就可以通过 Python API 的形式调用 ChatGPT 服务。通过 OpenAI 账户找到自己的 API key，具体如图 5.9 所示。

然后创建以下 Python 代码并运行：

```python
import openai
# 设置 API key
openai. api_key="YOUR_API_KEY"
# 确定模型和提示语
model_engine="text-davinci-003"
prompt="What is the capital of France?"
# 生成响应
completion=openai. Completion. create(
    engine=model_engine,
    prompt=prompt,
    max_tokens=1024,
```

```
    n=1,
    stop=None,
    temperature=0.5,
)
# 获得响应文本
message=completion.choices[0].text
print(message)
```

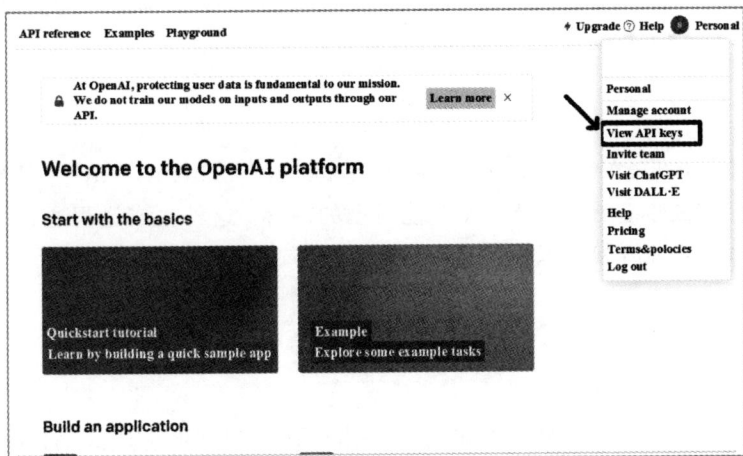

(a) OpenAI平台界面

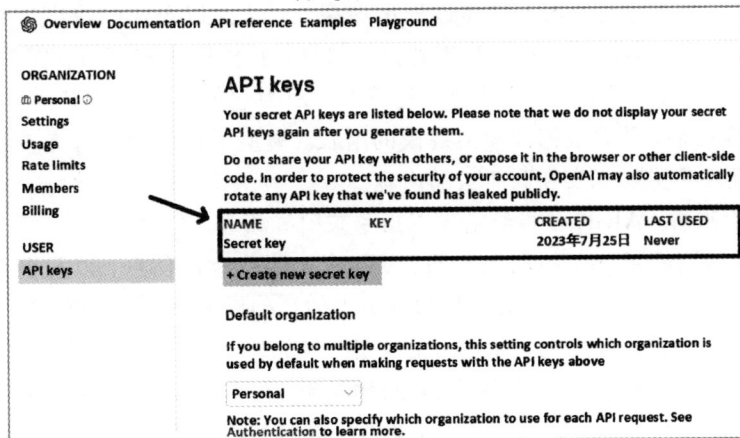

(b) API key界面

图 5.9　从 OpenAI 官网查询自己的 API key

　　在上面的代码中,需要将 YOUR_API_KEY 替换为自己的 API key,然后就可以运行代码并检查生成的输出。还可以通过更改提示文本和其他参数来生成不同的回复。

第 6 章
AIGC

人工智能生成内容(Artificial Intelligence Generated Content，AIGC)是指利用人工智能技术来自动生成文本、图像、音频或其他类型的内容。这种生成过程通常基于训练好的模型，这些模型能够理解和模拟人类创造的内容风格、结构和语境。

6.1 背景知识

AIGC 是利用人工智能技术来生成内容，ChatGPT 和其他生成式 AI(Generative AI，GAI)技术都属于 AIGC 的范畴，主要涉及通过 AI 模型创建数字内容，如图像、音乐和自然语言等。AIGC 的目标是使内容创建过程更加高效，从而以更快的速度生成高质量的内容。AIGC 从人类提供的指令中提取和理解意图信息，并根据其知识和意图信息生成内容。近年来，大规模模型在 AIGC 中变得越来越重要，因为它们实现了较好的意图信息提取，从而提高了生成结果。随着数据和模型规模的增长，模型可以学习的分布变得更加全面和接近现实，从而产生更加真实和高质量的内容。

从技术层面来看，AIGC 是指给定人工指令来引导模型，并利用 GAI 算法生成满足指令的内容。该生成过程通常包括两个步骤：从指令中提取意图信息，以及根据提取的意图生成内容。近年来，AIGC 的主要进展是利用更大的基础模型架构，在更大的数据集上训练更复杂的生成模型，并能够调动大量的计算资源。例如，GPT-3 的主框架与 GPT-2 基本保持一致，但预训练数据量从 38 GB(WebText)增长到 570 GB(CommonCrawl)，基础模型大小从 1.5 B 增长到 175 B。因此，GPT-3 在意图提取等多项任务上的泛化能力优于 GPT-2。

6.2 AIGC 的发展过程

AIGC 是对专业生成内容(Professional Generated Content，PGC)和用户生成内容

(User Generated Content，UGC)等传统内容创作方式的补充和进一步发展。AIGC 技术的发展历程大致可以分为 3 个阶段，分别是基于规则的方法、基于统计的方法和基于深度学习的方法。

1. 基于规则的方法

基于规则的方法出现于 20 世纪 60 到 80 年代，是 AIGC 技术的初期阶段，受限于当时的科技水平，研究人员通过编程技术控制计算机，实现内容的输出，且仅限于小范围实验。这一阶段主要基于规则或模板的方法来生成内容，利用语法规则来生成句子或使用图形库来生成图像。此阶段代表性的技术成果是 Eliza，它具有模式匹配和智能短语搜索答案的能力，但并没有反映语义理解。然而，如今大多数人仍然将 Eliza 视为人工智能的灵感来源。

2. 基于统计的方法

基于统计的方法出现于 20 世纪 90 年代到 21 世纪初，是 AIGC 技术的发展和成熟阶段，也是从实验性向实用性逐渐转变的时期。随着隐马尔可夫模型、贝叶斯网络、随机森林、高斯混合模型的发展，这些模型可以生成序列数据，如语音和其他时间序列信息等。这种方法可以提高内容的多样性和灵活性，但也存在内容的不合理性和不可解释性。该时期出现了一些典型的成果，如微软展示了一款全自动同声传译系统，该系统能够在短时间内将语音从英语翻译成中文，并且准确率很高；FaceGen 是一个基于贝叶斯网络的人脸生成器，它可以根据给定的人脸图像或参数，生成与之相似或不同的新的人脸。

3. 基于深度学习的方法

基于深度学习的方法始于 2010 年，AIGC 进入快速发展阶段。该阶段主要利用基于深度学习的方法来生成内容，例如利用循环神经网络或变分自编码器来生成文本，或利用卷积神经网络或生成对抗网络来生成图像。这些方法可以实现内容的高质量和高逼真度，但也存在数据量大、计算复杂度高等问题。该时期出现了一些典型的成果，如 StyleGAN 是一个基于生成对抗网络的图像生成器，它可以根据给定的图像或风格，生成与之相关的新图像；OpenAI 发布了一款名为 ChatGPT 的新型聊天机器人，它能够理解人类语言，并像人类一样生成文本；与 ChatGPT 相比，Bard 可以利用外部知识来源，通过提供自然语言问题的答案而不是搜索结果来帮助用户解决问题；微软的 Turning-NLG9 是一个大语言模型，应用于摘要、翻译和问答等。AIGC 已经显示出巨大的应用潜力和商业价值，引起了各个领域的广泛关注。

6.3　AIGC 的核心技术

AIGC 是一个交叉的领域，涉及自然语言处理、计算机视觉、语音处理等多个领域的技术和方法的整合,不同类型的内容生成可能需要不同的技术组合和算法。下面以基础模型和预训练大模型为例进行讨论。

6.3.1　基础模型

基础模型主要包括变分自编码器、生成对抗网络、扩散模型和 Transformer 等。

1. 变分自编码器

变分自编码器(Variational Auto-Encoder,VAE)是一种深度生成模型,与传统的自编码器通过数值方式描述潜在空间不同,它增加了变分推断,以概率方式对潜在空间进行观察,在数据生成方面应用价值较高,适用于生成文本、图像和视频等。VAE 分为编码器和解码器两部分,编码器将原始数据编码到潜在空间的概率分布描述,解码器通过采样数据重构生成新数据。

VAE 目标通常是生成更多新的与输入相似的图像。因此,通过编码器将每个特征以概率分布来表示,然后在分布范围内进行采样可得到生成图像的潜在特征表示,最后通过解码器对潜在特征解码得到生成图像。VAE 的工作流程如图 6.1 所示。

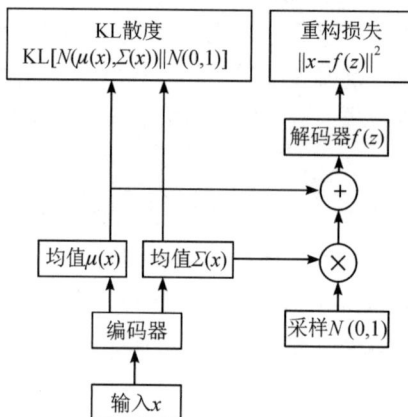

图 6.1　VAE 示意图

2. 生成对抗网络

生成对抗网络(GAN)利用零和博弈策略学习,在图像生成中应用广泛,如图像超分辨、人脸替换、卡通头像生成等。4.3 节中已对 GAN 进行了介绍,这里不再赘述。

3. 扩散模型

扩散模型(Diffusion Model,DM)是一个隐变量模型,通过变分推断进行建模。相比VAE 隐变量模型,扩散模型的隐变量和原始数据同维度,且扩散过程是固定的。训练完成后，可以通过随机采样高斯噪声来生成图像，然后对其去噪，生成逼真的图像。扩散模型分为前向扩散过程和反向去噪过程。前向扩散过程是将一张图像逐渐添加高斯噪声直至变成随机噪声，逆向去噪过程是将一张随机噪声图像逐渐去除噪声直至生成一张完整的图像，如图 6.2 所示。前向过程和反向过程都是一个参数化的马尔可夫链。

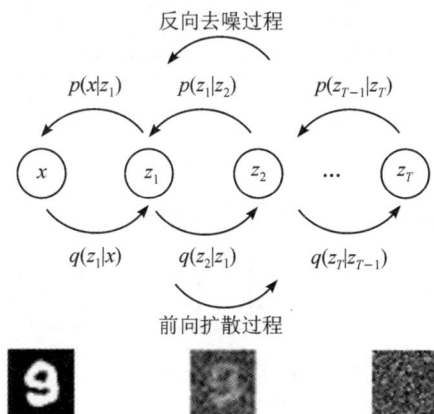

图 6.2　扩散模型流程

扩散模型的工作原理是通过添加噪声来破坏训练数据，然后通过逆向过程来学习并恢复数据。或者说，扩散模型可以从噪声中生成一系列连贯的图像。扩散模型通过向图像添加噪声进行训练，然后模型学习如何去除噪声，最终生成逼真的图像。以扩散模型为基础的应用包括图像超分辨、图像上色、文本生成图像、全景图像生成等。

4. Transformer

Transformer 采用注意力机制对不同重要性的输入数据分配不同权重，其并行化处理的优势能够使其在更大的数据集进行训练，加速了 GPT 等预训练大模型的发展。Transformer 在 4.6 节已经进行了介绍，这里不再赘述。Transformer 作为基础模型，发展出了 BERT、LaMDA、PaLM 以及 GPT 系列，促进了人工智能进入大规模预训练模型时代。

6.3.2　预训练大模型

预训练大模型主要包括 CLIP、Florence 和 LaMDA 等。

1. CLIP

2021 年 1 月，OpenAI 发布了对比语言-图像预训练模型（Contrastive Language-Image Pre-Training，CLIP），该模型是跨模态预训练大模型。CLIP 模型包括文本编码器（Text Encoder，TE）和图像编码器（Image Encoder，IE）两个部分。文本编码器选择的是 Text

Transformer 模型，图像编码器选择的是 CNN 或 Vision Transformer(ViT)模型。CLIP 结构示意图如图 6.3 所示。

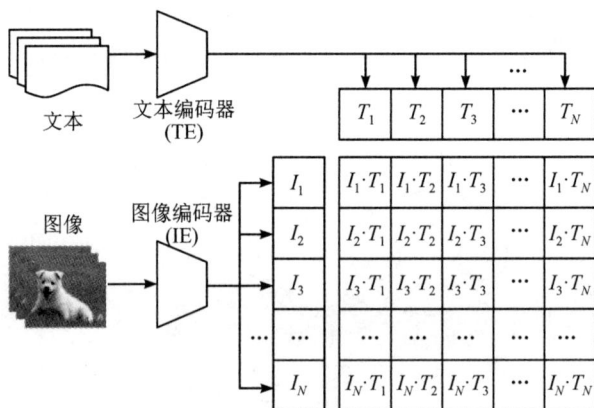

图 6.3　CLIP 结构示意图

CLIP 突破了文本-图像之间的限制，使用大规模的文本-图像配对(图文对)预训练。CLIP 训练过程如下：

(1) 设一个 batch 含 N 个图文对，将这 N 个文本通过 TE 进行文本编码，将每条文本编码为一个长度为 d_T 的一维向量，则输出为 $\boldsymbol{T}=[T_1, T_2, \cdots, T_N]$，维度为 (N, d_T)；将这 N 个图像通过 IE 进行图像编码，将每个图像编码为一个长度为 d_I 的一维向量，则输出为 $\boldsymbol{I}=[I_1, I_2, \cdots, I_N]$，维度为 (N, d_I)。

(2) 得到的 T 和 I 中，文本与图像一一对应，这 N 个对应关系记为正样本，如 T_1 与 I_1；不对应的文本-图像标记为负样本，如 T_1 与 I_2 不对应；正负样本可以作为正负标签来训练 TE 和 IE。

(3) 通过 I_i 与 T_j($i, j \in [1, N]$)之间的余弦相似度来度量相应的文本与图像之间的对应关系；调节 TE 和 IE 的参数，最大化 N 个正样本的余弦相似度，最小化 $N^2 - N$ 个负样本的余弦相似度。

CLIP 经过数亿张图像及其相关文字的训练，学习到了给定的文本片段与图像的关联，即把自然语言片段与视觉概念在语义上进行关联，对于生成与文本对应的图像来说至关重要。

2. Florence

Florence 是微软在 2021 年 11 月提出的视觉基础模型，采用双塔 Transformer 结构，文本处理采用了 12 层 Transformer (类似于 CLIP)，视觉采用分层 Vision Transformer (CoSwin Transformer)。CLIP 主要侧重于将图像和文本表征映射为跨模态共享表征，而 Florence 将表征进行了拓展，不仅具有从粗略场景到精细目标的表征能力，还具有将视觉能力从静态图像扩展到动态视频，从 RGB 图像扩展到多模态等特性。

为将图像-标签和图像-文本数据结合在一起，Florence 采用统一图像-文本对比学习(Unified Contrasive Learning，UniCL)机制将图文映射到相同空间中，可处理的下游任务包括图文检索、图像分类、目标检测、视觉问答以及动作识别等。

3. LaMDA

LaMDA(Language Models for Dialog Applications)是谷歌在 2021 年 5 月发布的大规模自然语言对话模型。类似于 GPT，LaMDA 利用了 Transformer 的 decoder 结构，使用了 46 层，模型参数量达 137 亿。

LaMDA 的训练过程分为预训练与微调两步。在预训练阶段，数据集包括对话数据和其他 Web 文档数据(1.56 T 词汇)，通过输入给 LaMDA，让其对自然语言有初步认识，这一步通过输入 prompt 能够预测上下文，但是这种回答往往不够准确，需要进一步的微调；微调阶段 LaMDA 模型执行两类任务：一类是针对指定上下文的自然语言进行回复的混合生成任务；另一类处理回复内容是否安全和高质量的分类任务，构成一个多任务模型。对话时，LaMDA 会依据上下文生成几个候选回复，然后 LaMDA 分类器预测每个候选回复的SSI[Sensibleness(合理性)、Specificity(特异性)、Interestingness(趣味性)]以及安全分数，最后根据这两项数据的排名选出最佳回复。最终，这种微调提高了 LaMDA 的回复质量，远远超过了最初的预训练状态。

6.4　AIGC 在下游任务中的应用

AIGC 可以应用于多种下游任务，如文本处理、音频合成、图像处理、视频处理、跨模态生成和虚拟人生成等。

6.4.1　文本处理

AIGC 可以用于生成或辅助生成各种类型的文本内容，如小说、诗歌、新闻、邮件、代码、文案等，也可以用于实现文本与其他模态之间的交互，如文本生成图像，或图像生成文本等。

1. 聊天机器人

AIGC 可以让机器人与人类进行自然流畅的对话，甚至可以模仿指定的人物或角色的风格和语气。例如，OpenAI 发布的 ChatGPT 就是一个基于大规模语言模型的聊天机器人，它可以根据聊天的上下文和用户的输入进行回复，如图 6.4 所示。

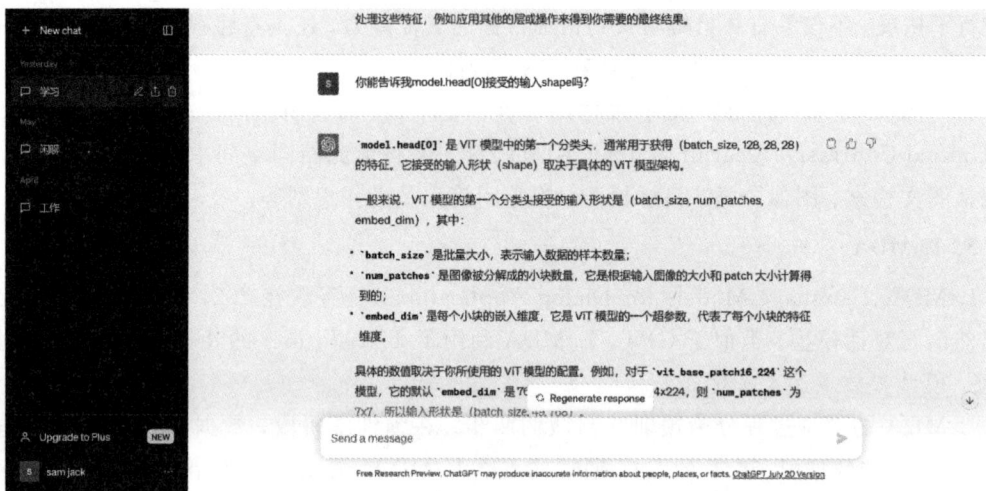

图 6.4　与 ChatGPT 聊天界面

2. 文本写作

　　AIGC 可以根据结构化数据或规范格式，生成特定类型的新闻简讯或者报道。例如，Narrative Science（叙事科学）是一个利用 AI 技术生成新闻内容的公司，可以根据体育比赛、金融市场、公司财报等数据源生成新闻文章。AIGC 也可以根据用户提供的素材、主题、风格等资料生成小说内容，或者对已有的小说进行续写或改编。例如，Hidden Door 是一个基于 AI 技术的叙事平台，可以让用户与 AI 共同创作小说，并提供丰富的交互和反馈。图 6.5 是字语智能进行创作的界面。

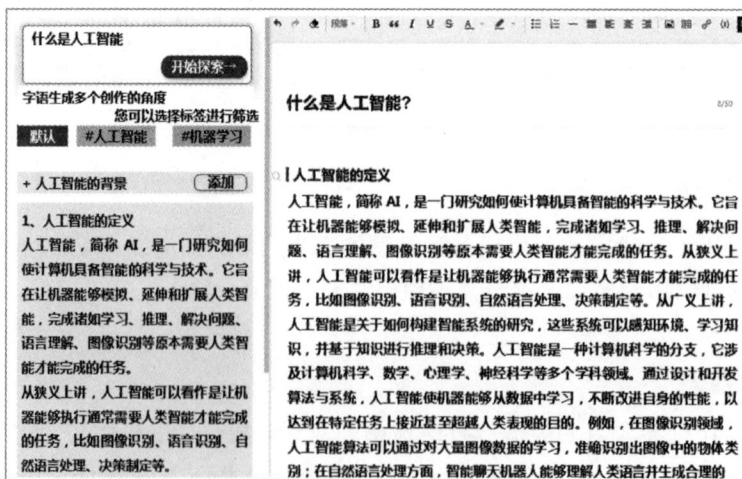

图 6.5　文本写作

3．文本辅助

AIGC 可以对输入的文本内容进行分析，并提供一些修改建议。文本辅助主要用于协助基于素材的网页爬取，例如可以用于文本素材预处理、自动聚类去重、根据创作者的需求提供相关素材等。

6.4.2　音频生成

AIGC 可以用于生成或辅助生成各种类型的音频内容，如音乐、歌曲、配音等，也可以用于实现音频与其他模态之间的交互，如根据音频生成文本，或根据文本生成音频等。

1．语音合成

AIGC 常用于客服及机器人的语音合成(Text-to-Speech，TTS)、有声读物制作、语言播报等任务，为文字内容的有声化提供了规模化的能力。随着内容媒体的变迁，短视频内容配音已成为重要场景。AIGC 能够基于文档自动生成解说配音，并根据文本内容和创作者的需求，调整语速和音色，甚至使用方言进行配音。图 6.6 给出了腾讯智影 TTS 的界面。

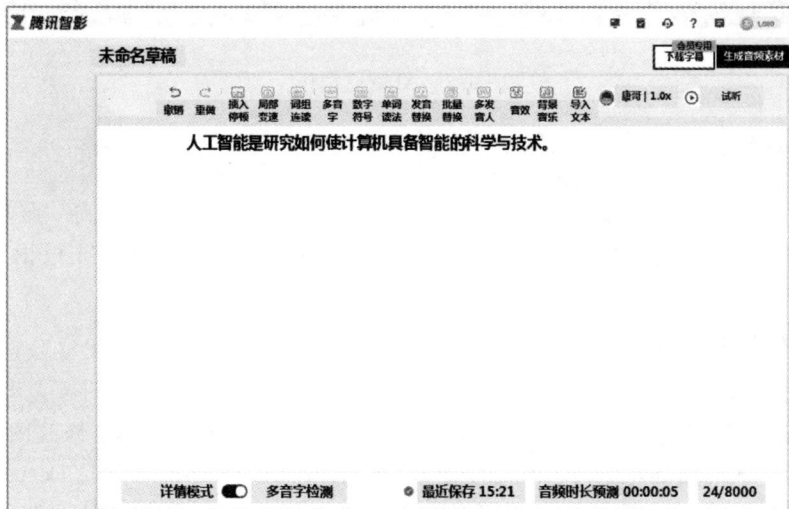

图 6.6　AI 配音

2．乐曲/歌曲生成

AIGC 在词曲创作中的功能可分为作词、作曲、编曲、人声录制和整体混音等。其中，作词应用了 NLP 中的文本创作/续写功能。近年来，AIGC 已经实现了基于开头旋律、图像、文字描述、音乐类型、情绪类型等生成特定乐曲的功能。

2021 年年末，贝多芬管弦乐团在波恩首演了人工智能谱写完成的贝多芬未完成之作

《第十交响曲》，这个交响曲是 AI 通过对贝多芬作品的大量学习完成续写的。Ecrett Music 进行 AI 歌曲创作的界面如图 6.7 所示。

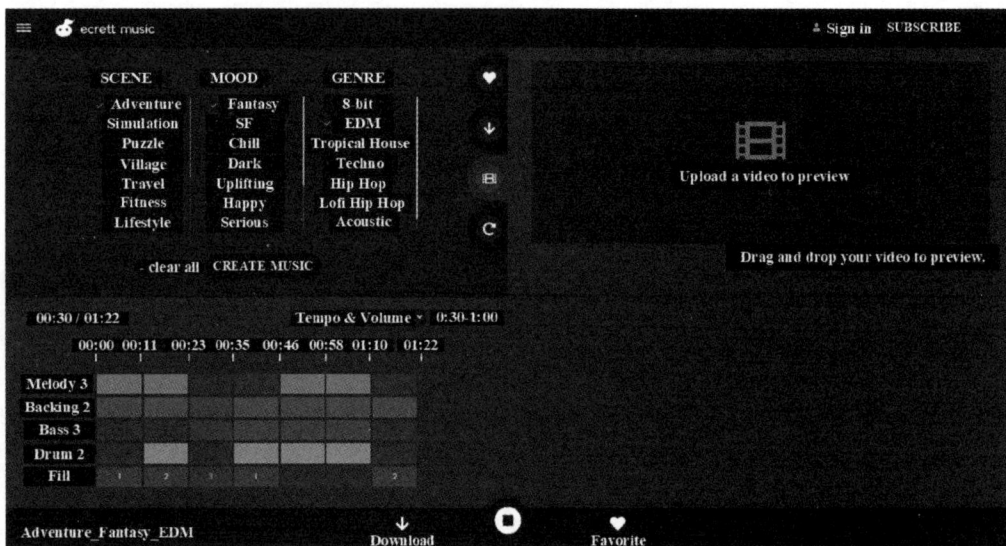

图 6.7　AI 歌曲创作

6.4.3　图像处理

AIGC 可以用于生成或辅助生成各种类型的图像内容，如绘画、漫画、照片、人像等，也可以用于实现图像与其他模态之间的交互，如根据图像生成文本，或根据文本生成图像等。

1. 图像属性和内容修改

AIGC 可以根据创作者的需求，对图像的属性和内容进行修改，如图像去水印、自动调整光影、设置滤镜、修改颜色纹理、复刻/迁移图像风格、图像超分辨、修改图像的部分构成、修改图像中人的面部特征等。相关的模型主要有 Prisma、Versa、Vinci、Deepart、DeepAI、DALLE-2、EditGAN 等。图 6.8 给出了对图像属性和内容进行 AI 修改的示例。

图 6.8　图像属性和内容修改

2. 图像端到端生成

AIGC 可以使用草图端到端地生成完整的图像，也可以根据输入的图像端到端地生成不同风格的图像。例如，英伟达的 GauGAN 可以根据草图画出风景画，DeepFaceDrawing 可以根据草图生成人脸。图 6.9 是使用 DeepFaceDrawing 根据不同草图生成的不同人脸。

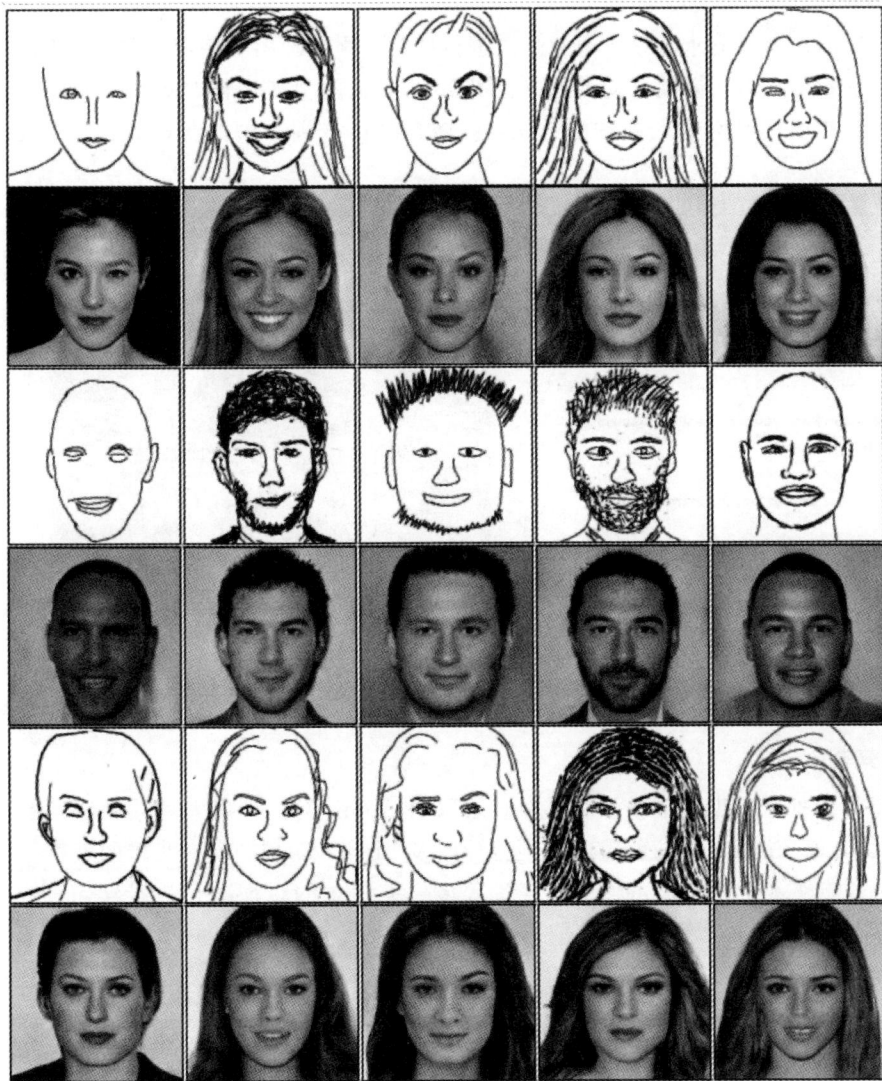

图 6.9　端到端图像生成

6.4.4 视频处理

AIGC 可以用于生成或辅助生成各种类型的视频内容,如动画、电影、游戏等,也可以用于实现视频与其他模态之间的交互,如视频生成文本,文本生成视频等。

1. 视频特效编辑

AIGC 可以根据创作者的需求,对视频的画质进行修复、删除画面中特定的主体、生成视频特效、自动添加特定内容、视频自动美颜等。图 6.10 是通过 AIGC 修改视频特效的示例,只需要创作者上传视频或者输入视频的链接,就会自动读取视频中的各种属性,并且支持对视频属性的修改。

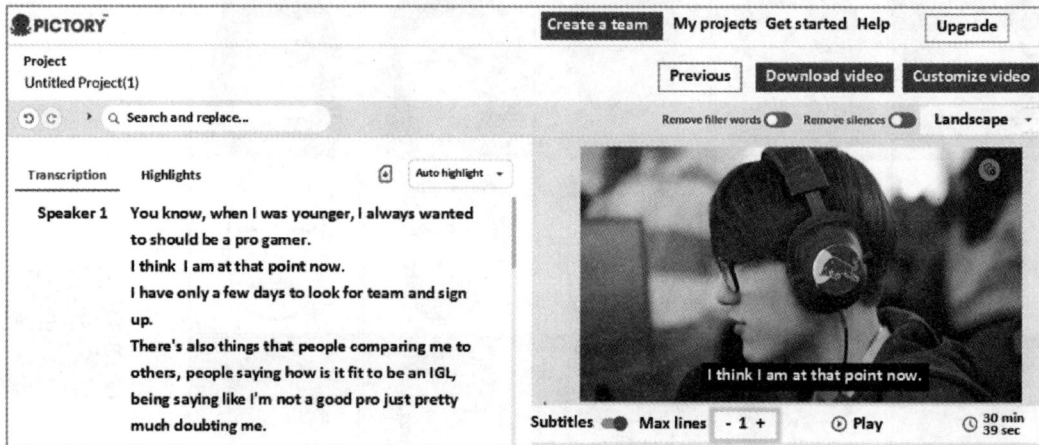

图 6.10 视频特效编辑

2. 视频自动剪辑

视频自动剪辑技术处于初期发展阶段,典型应用包括 Adobe 与斯坦福大学共同研发的 AI 视频剪辑系统、IBM Watson 自动剪辑电影预告片以及 Flow Machine 等。我国的影谱科技推出了相关产品,能够基于视频中的画面、声音等多模态信息的特征融合进行学习,依据对氛围、情绪等高级语义的需求,对于满足条件的片段进行检测并合成。

3. 视频局部生成

视频到视频生成技术是基于目标图像或视频对源视频进行编辑及调试,通过基于语音等要素逐帧复刻,能够完成人脸替换、人脸再现(人物表情或面部特征的改变)、人脸合成(构建全新人物)或全身合成、虚拟环境合成等功能。

6.4.5 跨模态生成

模态是指不同的数据表示形式或数据类型,如文本、图像、音频等。AIGC 可以用于跨模态生成,其目标是在一个模态中生成内容,如从文字生成图像或视频,以及从视频和图像生成文字等。

1. 文字生成图像

2021 年,OpenAI 的 CLIP 和 DALLE 开启了 AI 绘画重要的一年,同年的 VQGAN 也引发了广泛关注。2022 年被称为"AI 绘画"之年,多种模型/软件验证了基于文字提示得到效果良好的图像的可行性。

图 6.11 是使用文字生成图像的一个实例,这里只需要在输入栏中输入创作者对图像的文字描述,模型就能够输出符合文字的图像。

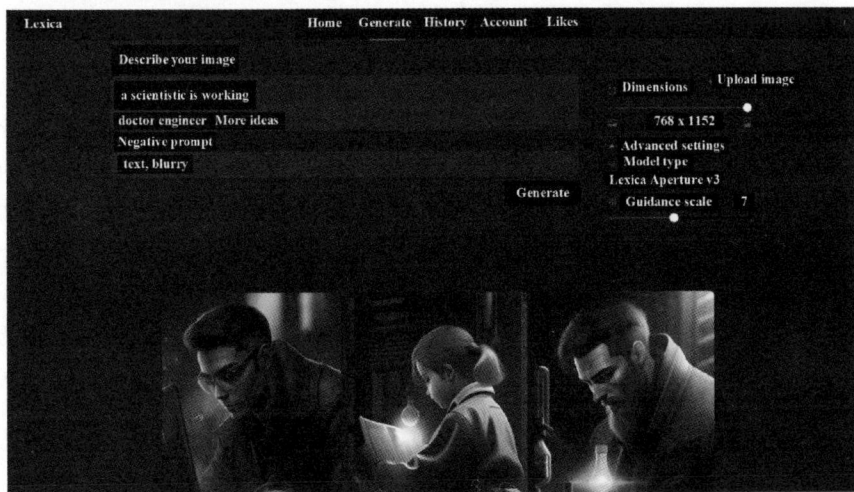

图 6.11 文字生成图像

2. 文字生成视频

文字生成视频可以分为 3 种:基于搜索筛选出最相符的视频,与在搜索引擎中查找图片和视频类似;根据文字描述搜集大量已有视频,从不同的视频中裁剪出与文字相符的部分(AI 模型截取),再进行拼接;从无到有地生成视频(AI 生成),类似于经过烦琐的步骤拍摄或制作一个视频。图 6.12 是文字生成视频的一个实例,通过输入英伟达官网中介绍 EditGAN 的文字,模型自动生成了一段介绍 EditGAN 的视频。

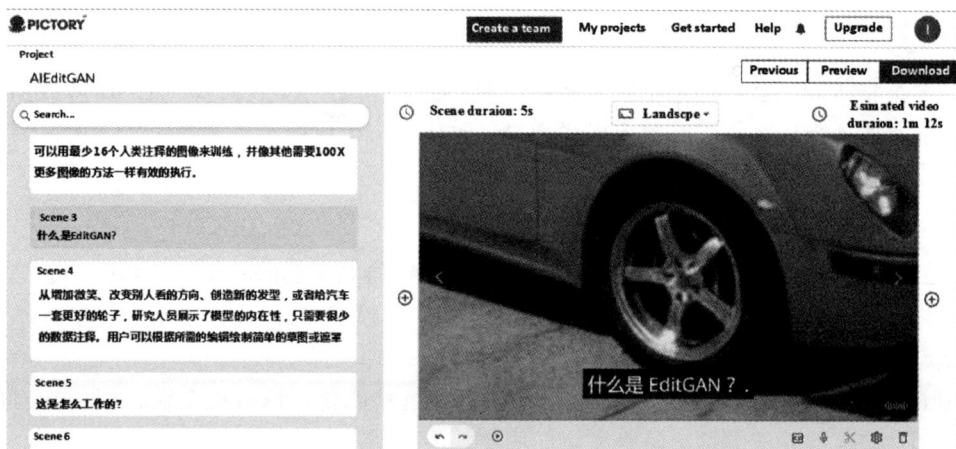

图 6.12　基于文字生成新闻视频

3. 图像/视频到文本

AIGC 也可以通过输入图像或者视频来生成文本，具体应用包括视觉问答系统、配字幕、标题生成等。这一技术还将有助于文本-图像之间的跨模态搜索，代表模型包括METER、ALIGN 等。

6.4.6　虚拟人生成

AIGC 技术在虚拟主播、虚拟偶像等虚拟人领域已有广泛的应用。该技术是通过将多种生成技术，如文本、图像、音频等多模态生成技术结合在一起，依照综合外观、面部表情、发声习惯等生成全面拟人化的数字内容。

1. 虚拟人视频生成

利用 AIGC 技术来生成虚拟人视频是目前计算驱动型虚拟人应用最为广泛的领域之一。虚拟人视频生成技术目前可以分为两类：2D 虚拟人和 3D 虚拟人。2D 虚拟人是根据真人的形象进行建模，其和真人的相似度极高，主要应用于新闻播报、文旅教育、培训课程、娱乐资讯等领域。该项技术的制作过程主要包括静态扫描、视频算法训练、语音自动识别等。其优点是制作成本较低；缺点是虚拟人的动作有限，不可旋转，外观不支持自由修改等。3D 虚拟人是通过 3D 建模技术创建的可视化三维模型，主要应用于内容创作、IP 打造等。该技术的制作过程主要包括动态扫描、动作捕捉、实时渲染等。其优点是动作灵活，可随意驱动；缺点是制作成本较高。图 6.13 是 2D 虚拟人视频的制作实例，通过输入文字，调整背景与配乐等，就能够输出一段虚拟人视频。

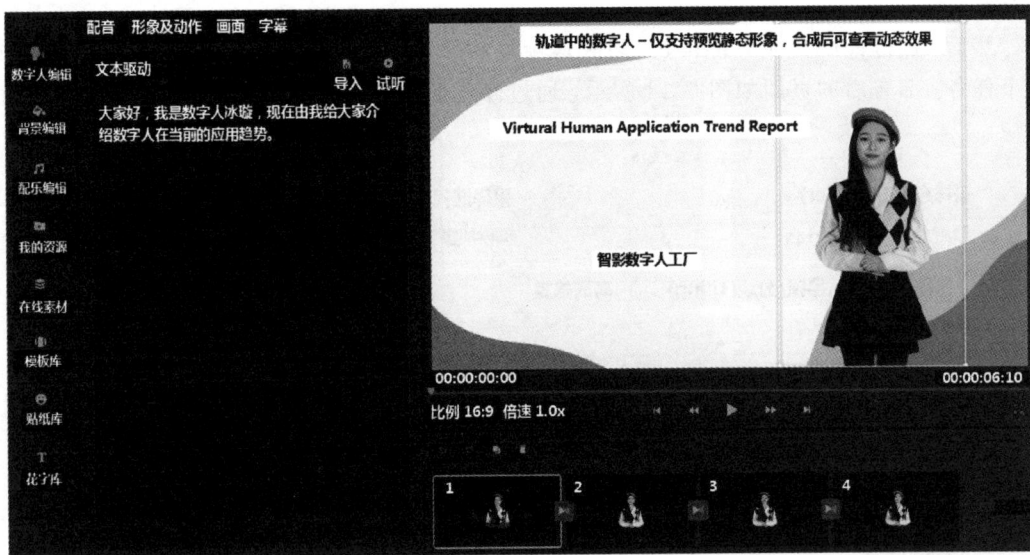

图 6.13　2D 虚拟人视频制作界面

2. 虚拟人的实时互动

使用 AIGC 生成的虚拟人主要用于实时互动，让人能够与虚拟人实时进行语音、文字或者动作的交互，使虚拟人更加生动和智能。这项技术通常包含语音识别、语义理解、语音合成、动作捕捉、实时渲染等方面。目前这项技术在虚拟主播、虚拟客服、虚拟教育等领域中得到了广泛应用。但是，这项技术目前还存在一些问题，如交互效率和交互质量较低，无法包含交互安全和隐私等。

6.5　Stable Diffusion 部署

Stable Diffusion 是一个基于深度学习的文本到图像的潜在扩散模型，目前是一个免费开源的项目。通过 Stable Diffusion，可以实现文字描述生成对应图像的功能。由于其是一个开源项目，开源社区中有丰富的插件和训练好的模型。Stable Diffusion 开源发布把 AI 图像生成提高到一个新的高度，特别是 ControlNet 和 T2I-Adapter 控制模块的应用进一步提高了生成的可控性，也在逐渐改变部分相关行业的生产模式。

在使用 Stable Diffusion 时，需要安装 Python 3.10.6 以上版本，并且使用英伟达显卡。

Stable Diffusion 的项目地址为 https://github.com/AUTOMATIC1111/stable-diffusion-webui。

下载项目源码：$ git clone https://github.com/AUTOMATIC1111/stable-diffusion-webui. git。

然后，运行代码文件 webui. bat 可完成项目的部署。该项目可以完成文生图、图生图等多个任务。部署后的页面如图 6.14 所示，通过修改界面中的各种参数，可生成自己想要的图像。

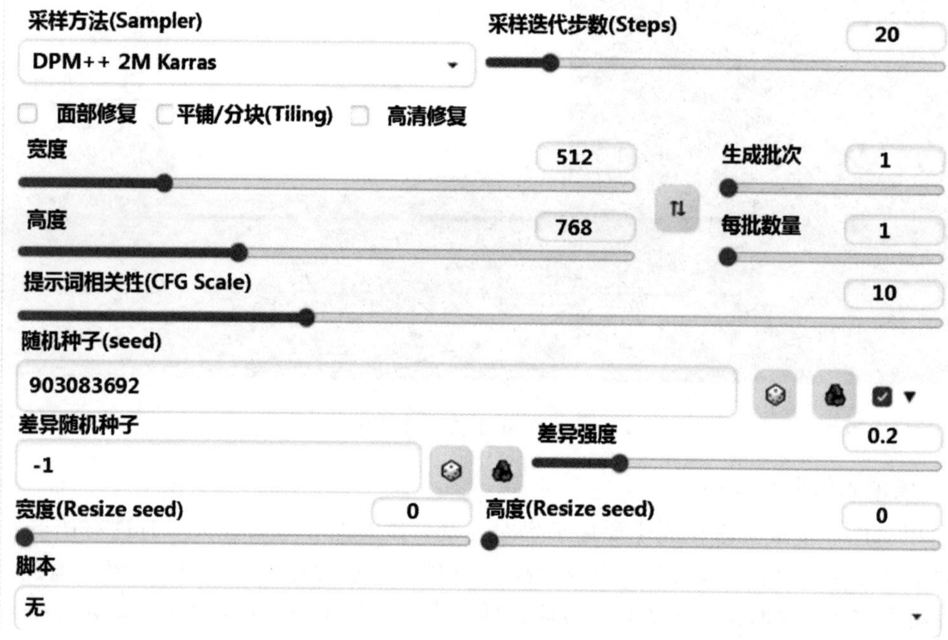

图 6.14　部署后的 Stable Diffusion 页面

实验篇

第 7 章
实 验 操 作

7.1 分类与检索

分类是通过分类器把数据库中的数据项映射到某一个给定类别，是机器学习研究领域的核心问题之一。在现实问题的驱动下，分类问题已从单示例单标记分类扩展到多示例多标记分类。

检索需要高效快速地在本地或网络数据库中查找到满足需求的数据。随着网络技术的迅速发展，除了检索文本信息，人们还需要检索更多直观生动的图像和视频等多媒体信息。

7.1.1 基于文本内容识别垃圾信息

1. 实验背景与内容

垃圾短信已日益成为困扰运营商和手机用户的难题，严重影响到人们的正常生活、侵害到运营商的社会形象。而不法分子运用科技手段不断更新垃圾短信形式且传播途径非常广泛，采用传统的基于策略、关键词等过滤的方法效果有限，很多垃圾短信"逃脱"过滤，继续到达手机终端。如何结合机器学习算法、大数据分析挖掘来智能地识别垃圾短信及其变种是当下的一个热门课题。

对测试集中每条记录的短信文本进行文本相关分析，包括文本的预处理（对特殊符号、数字、繁体文字和简体文字等的处理）、文本分词、文本分类学习、预测等。输出每条短信的判定结果：0 代表正常短信，1 代表垃圾短信。

2. 实验要求与评估

结果文件名称不限（20 字以内），但文件名后缀必须为 csv 格式；采用 UTF-8 编码，共两个字段：第一个为短信 ID，第二个为判定结果，分隔符为英文逗号。文件示例如表 7.1 所示。

表 7.1 实验结果文件示例

短信 ID	判定结果	字 段
31212	0	31212, 0
31213	1	31213, 1
31214	0	31214, 0

在评估时，按正确率、查全率、效率作为衡量指标，正确率和查全率综合得分高者为优，若相同得分则效率高者为优。算法准确率和查全率最终用一个分值 F 表示，考虑到垃圾短信识别对于准确率要求比较高，最终计算公式如表 7.2 所示。

表 7.2 垃圾短信识别计算公式

原始数据	判 定 数 据		
	正常短信	垃圾短信	合计
正常短信	A	B	$A+B$
垃圾短信	C	D	$C+D$
合计	$A+C$	$B+D$	—

（1）垃圾短信准确率＝$[D/(B+D)]\times 100\%$，垃圾短信判正确的占全部判垃圾短信的百分比。

（2）垃圾短信查全率＝$[D/(C+D)]\times 100\%$，垃圾短信判正确的占全部短信的百分比。

（3）正常短信准确率＝$[A/(A+C)]\times 100\%$，正确短信判正确的占全部判正确短信的百分比。

（4）正常短信查全率＝$[A/(A+B)]\times 100\%$，正确短信判正确的占全部短信的百分比。

查全率最终用一个分值 F 表示，考虑到垃圾短信识别对于准确率要求比较高，最终计算表达式如下：

$$\begin{cases} F_{垃圾}=0.65\times 垃圾短信准确率+0.35\times 垃圾短信查全率 \\ F_{正常}=0.65\times 正常短信准确率+0.35\times 正常短信查全率 \\ F_{总分}=0.7\times F_{垃圾}+0.3\times F_{正常} \end{cases} \tag{7.1}$$

3. 数据来源与描述

本实验的数据集为带有审核结果标签的垃圾短信数据，通过特殊处理生成，具体可参见 DataFountain 平台，数据所有字段说明如表 7.3 所示。

表 7.3 data.txt 字段说明

短信 ID	审核结果	短信文本内容
31211	0	答案是正确的

数据示例如表 7.4 所示(分隔符为 Tab 键,不包含标题行)。

表 7.4 data.txt 字段及内容

短信 ID	审核结果	短信文本内容
31212	0	感情不是因为你喜欢我
31213	0	四洲湖失琉璃影
31214	0	今天开始做考研阅读真题

7.1.2 大规模图像的搜索

1. 实验背景与内容

在移动互联网时代,如何通过图像(尤其是实拍图像)搜索并访问到其相应的服务,是非常有挑战和意义的事情。本实验的任务是先根据提供的训练数据,进行算法设计和模型训练,同时由验证数据来验证算法初步效果;然后根据给定的 Query,从候选评测数据中检索出最相似的 20 个图像结果。

2. 实验要求与评估

希望获得采用不同算法进行图像搜索时的同类型图像返回情况,并根据返回的同类型图像所在位次进行评分。通常使用速度和效果两个指标来对图像搜索性能进行衡量。

1) 速度

速度指标只有上限,也就是说,单图的特征抽取和两两匹配的时间,必须小于等于设定时间的上限,即特征时间抽取 1 s,两两匹配时间 100 ms,基于 CPU 单线程,本地可以使用 GPU 来获取前 N 个最好的结果(TopN),参考配置为:Intel(R) Xeon(R) CPU E5-2420 0 @ 1.90 GHz 4 G。如果超过 1 s,假设时间为 n s(精确到小数点后 2 位),成绩为 M,则最终成绩为 $M/\sqrt{n}$。

2) 效果

平均精度均值(mean Average Precision,mAP)是反映图像搜索系统在全部相关 Query 上的性能指标。系统检索出来的同类型图越多,并且越靠前,mAP 就越高。如果系统没有返回任何一个同类型图,则将准确率定义为 0。本实验通过 mAP@20 来进行评价。

对应单个 Query,平均精度(Average Precision,AP)定义为:(第 1 个同类型÷返回结果中的位次＋第 2 个同类型÷返回结果中的位次＋…)÷真实答案中有多少同类型(上限为 20)。

以某个 Query 返回的 TOP20 为例，如果有 3 个同类型图像，分别在第 1 位、第 3 位、第 10 位，这 3 个同类型图像的位次分别是第 1 位、第 2 位、第 3 位，真实答案中共计有 10 个同类型图像，那么平均精度 $AP=\frac{1/1+2/3+3/10}{10}\times100\%=19.67\%$。整体的 mAP 是每个 Query 的平均精度的平均值。

3. 数据来源与描述

本实验的实验数据来源于阿里云天池平台。

1) 训练集图像及标签(train_image.zip 和 train_label.zip)

该部分用于进行算法训练，主要包含两大部分：一是图像本身，二是其对应的标签信息(含有部分噪声或缺失)。标签有三大类，其说明如表 7.5 所示。

表 7.5 三 类 标 签

字 段 名	字 段 说 明	备 注
imgid	图像标识符，对应图像文件名(扩展名以外)	无
cid	大类别 ID	类别信息有专门映射文件
subcid	小类别 ID	类别信息有专门映射文件
pid:vid；pid:vid；…	属性名:属性值；属性名:属性值；	属性描述有专门映射文件

2) 评测集及特殊指定图像(eval_image.zip 和 verified_query.txt)

目标集作为用户进行检索的图像库，每张图像的文件名作为唯一标志符(imgid)。特殊指定图像是指定的，需要在提交结果时，对这些指定的图像进行特征提取以及计算相似度测试，其格式为：

imgid_0, imgid_1, imgid_2, imgid_3, …, imgid_n

3) 验证 Query 及答案(query_image.zip 以及 eval_tags.zip 中指定 imgid)

在验证集上验证算法，根据答案计算算法指标。验证集给出一批 Query 以及它们每个的同类型图像(答案)，其格式为：

Query_i, imgid_0；imgid_1；imgid_2；imgid_3, …, imgid_19

4) 评测 Query(query_image.zip 以及 eval_tags.zip 中指定 imgid)

本实验用于评测的图像都具有唯一的文件名标识。

5）接口说明

代码需要实现指定的基础类，并涵盖 4 个接口的实现，包括 2 个功能接口、1 个初始化接口和 1 个结束释放接口，具体如下：

（1）特征抽取(extract)：具体格式为 int extract(const int * img_file_buf, long file_size, int * feat_buf, long max_size)，读入图像(二进制)，输出整型(如原始为浮点，则归一到整型)格式特征。

（2）两两匹配(match)：具体格式为 float match(const char * feat_buf1, const char * feat_buf2, long buf_size)，输入 2 个特征，输出特征间的距离。可以使用欧氏距离等来进行比较。

（3）初始化(init)：具体格式为 int init(const std::string& path)，其中 param 一般为各类依赖文件的路径。

（4）release：具体格式为 int release()。

7.1.3 场景分类

1. 实验背景与内容

移动互联网时代的开启使得图像的获取与分享越来越容易，图像已经成为人们交互的重要媒介。如何根据图像的视觉内容为图像赋予一个语义类别(如教室、街道等)是图像场景分类的目标，也是图像检索、图像内容分析和目标识别等问题的基础。但由于图像的尺度、角度、光照等因素的多样性以及场景定义的复杂性，场景分类一直是计算机视觉中的一个挑战性问题。

本实验从 400 万张互联网图像中精选出 8 万张图像，分属于 80 个日常场景类别，如航站楼、足球场等，每个场景类别包含 600～1100 张图像。要求根据图像场景数据集建立算法，预测每张图像所属的场景类别，通过计算实验结果预测值和场景真实值之间的误差确定预测正确率，评估预测算法。详细的场景类别 ID 和中英文名称对照的文件结构如表 7.6 所示。

表 7.6 场景类别标号与场景中英文名称对照

标签 ID	中文标签	英文标签
0	航站楼	airport_terminal
1	停机坪	landing_field
2	机舱	airplane_cabin

2. 实验要求与评估

场景分类以算法在测试集图像上的预测正确率作为最终评价标准，总体正确率函数 S 为

$$S = \frac{1}{N} \sum_{i=1}^{N} p_i \tag{7.2}$$

其中，N 为测试集图像数目，p_i 为第 i 张图像的准确度。要求以置信度递减的顺序提供 3 个分类的标签号，记为 $l_j (j=1,2,3)$。对图像 i 的真实标签值记为 g_i，如果 3 个预测标签中包含真实标签值，则预测准确度为 1，否则准确度为 0，即

$$p_i = \min_j d(l_j, g_i) \tag{7.3}$$

其中，当 $x=y$ 时，$d(x,y)=1$，否则为 0。

3. 数据来源与描述

数据集分为训练(70%)、验证(10%)、测试 A(10%)与测试 B(10%)四部分。训练标注数据包含照片 ID 和所属场景类别标签号。训练数据文件与验证数据文件的结构如下：

```
[
  {
    "image_id":"5d11cf5482c2cccea8e955ead0bec7f577a98441.jpg",
    "label_id":0
  },
  {
    "image_id":"7b6a2330a23849fb2bace54084ae9cc73b3049d3.jpg",
    "label_id":11
  },
  ...
]
```

AI Challenger 平台提供了验证脚本，可帮助读者在线下测试模型效果，并给出测试脚本以及详细的使用方法。场景分类类别情况如表 7.7 所示。

表 7.7　场景分类类别情况

标签 ID	中文标签	英文标签	标签 ID	中文标签	英文标签
0	航站楼	airport_terminal	1	停机坪	landing_field
2	机舱	airplane_cabin	3	游乐场	amusement_park
4	冰场	skating_rink	5	舞台	arena/performance
6	艺术室	art_room	7	流水线	assembly_line

标签 ID	中文标签	英文标签	标签 ID	中文标签	英文标签
8	棒球场	baseball_field	9	橄榄球场	football_field
10	足球场	soccer_field	11	排球场	volleyball_court
12	高尔夫球场	golf_course	13	田径场	athletic_field
14	滑雪场	ski_slope	15	篮球馆（场）	basketball_court
16	健身房	gymnasium	17	保龄球馆	bowling_alley
18	游泳池	swimming_pool	19	拳击场	boxing_ring
20	跑马场	racecourse	21	田地/农场	farm/farm_field
22	果园/菜园	orchard/vegetable	23	牧场	pasture
24	乡村	countryside	25	温室	greenhouse
26	电视台	television_studio	27	亚洲寺庙	templeeast_asia
28	亭子	pavilion	29	塔	tower
30	宫殿	palace	31	西式教堂	church
32	街道	street	33	餐厅食堂	dining_room
34	咖啡厅	coffee_shop	35	厨房	kitchen
36	广场	plaza	37	实验室	laboratory
38	酒吧	bar	39	会议室	conference_room
40	办公室	office	41	医院	hospital
42	售票处	ticket_booth	43	露营地	campsite
44	音乐工作	music_studio	45	电梯/楼梯	elevator/staircase
46	公园/花园	garden	47	建筑工地	construction_site
48	综合超市	general_store	49	商店	specialized_shops
50	集市	bazaar	51	图书馆/书店	library/bookstore
52	教室	classroom	53	海洋/沙滩	ocean/beach
54	消防	firefighting	55	加油站	gas_station
56	垃圾场	landfill	57	阳台	balcony

续表二

标签 ID	中文标签	英文标签	标签 ID	中文标签	英文标签
58	游戏室	recreation_room	59	舞厅	discotheque
60	博物馆	museum	61	沙漠	desert/sand
62	漂流	raft	63	树林	forest
64	桥	bridge	65	住宅	residential_neighborhood
66	汽车展厅	auto_showroom	67	河流/湖泊	river/lake
68	水族馆	aquarium	69	沟渠	aqueduct
70	宴会厅	banquet_hall	71	卧室	bedchamber
72	山	mountain	73	站台	station/platform
74	草地	lawn	75	育儿室	nursery
76	美容/美发店	beauty_salon	77	修理店	repair_shop
78	斗牛场	rodeo	79	雪屋/冰雕	igloo/ice_engraving

7.1.4　零样本学习

1. 实验背景与内容

零样本学习(Zero-Shot Learning，ZSL)实验的任务是在已知类别上训练物体识别模型，要求模型能够用于识别来自未知类别的样本。AI Challenger 平台提供了实验数据，用于实现从已知类别到未知类别的知识迁移，要求实验结果是对测试样本的标签预测值，算法性能评估采用识别正确率。除提供的数据外，不可使用任何外部数据(包括预训练的图像特征提取模型、词向量等)。实验数据可划分为若干超类，每个超类内包含许多子类。对于每个超类可单独进行实验，但不可交叉使用数据。测试阶段，可对每个样本独立进行测试，不可使用 transductive setting，即测试集样本不可用于训练。

AI Challenger 平台提供了一个大规模图像数据集，包含 78 017 张图像、230 个类别和 359 种属性，均可用于本实验。

2. 实验要求与评估

评价标准采用识别正确率，所实现模型预测的标签与真实标签一致即为识别正确。设所有超类下的总测试图像数为 N，预测正确的图像数为 M，则识别正确率 Accuracy $= M/N$。AI Challenger 平台提供了基线方法和验证脚本，可帮助读者在线下测试模型效果。基线方法、验证脚本以及详细使用方法如 AI Challenger 平台所述。

结果提交说明：要求对于每个超类单独进行训练和测试，最后需将实验中所有超类的测试样本的标签预测值汇总成一个 txt 文件（如 a. txt）进行提交。每行是一个预测结果，应包含图像名称与预测的类别，图像名称与预测类别之间必须用空格隔开，样本间的顺序不作要求。提交结果文件格式示例如下：

　　1457c71e9e83996bbf3a83b7ff27e253.jpg Label_A_11

　　dc3af48552cd53299a9e6cfda2232646.jpg Label_A_12

　　44a2297f83ce92b9d15e13f6983614a1.jpg Label_F_14

3. 数据来源与描述

数据集分为 Test A 和 Test B 两部分：Test A 包含动物（animals）和水果（fruits）2 个超类；Test B 包含交通工具（vehicles）、电子产品（electronics）和发型（hairstyles）3 个超类。每个超类均包含训练集（80% 类别）和测试集（20% 类别）。训练集所有图像均标注了标签和包围框，部分图像（20 张/类）标注了二值属性，属性值为 0 或 1，表示属性为"存在"或"不存在"。对于测试集中的未知类别，仅提供类别级的属性用作知识迁移。标注示例图如图 7.1 所示。

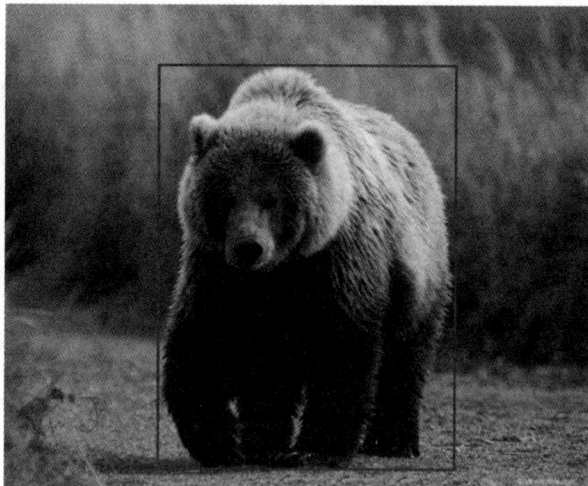

图 7.1　标注示例图

（1）标签和边框标注，见 zsl_a_animals_train_annotations_labels_20180321. txt，文件结构如下：

　　018429，Label_A_03，[81，213，613，616]，A_bear/4464d4fe981ef365759c6cee7205f547.jpg

每张图像一行，每个字段以逗号隔开，分别表示：图像 ID，标签 ID，外包围框坐标，图像路径。

（2）属性标注，见 zsl_a_animals_train_annotations_attributes_20180321.txt，文件结构如下：

Label_A_03，A_bear/4464d4fe981ef356759c6cee7205f547.jpg，[0 0 0 0 1 0 0 0 0 0 0 0 1 0 1 0 0 0 0 0
0 0 1 0 0 0 0 0 1 0 1 0 1 0 0 0 0 0 1 1 0 0 1 1 1 0 1 0 0 0 0 0 0 0 0 0 0 0 0 0 0 1 1 0 1 1 0 1 1 0 1 0 0 1
1 1 1 1 1 1 1 1 0 1 0 1 0 1 1 0 0 0 1 0 1 1 0 0 1 0 0 1 1 0 0 1 0 0 1 0 0 0 0 0 1 0 0 0 0 0 0 0 0 0
0 0 0 0 0 0 0 0 0 0 0 0 0 0 0 0 0 0 0 0 0 0 0 0 0 0 0 0 0 0 0 0 0 0 0 0 0 0 0 0 0 0 0 0 0 0 0 0 0 0
0 0 0 0 0 0 0 0 0 0 0 0 0 0 0 0 0 0 0 0 0 0 0 0 0 0 0 0 0 0 0 0 0 0 0 0 0 0 0 0 0 0 0 0 0 0 0 0 0 0
0 0 0 0 0 0 0 0 0 0 0 0 0 0 0 0 0 0 0 0 0 0 0 0 0 0 0 0 0 0 0 0 0 0 0 0 0 0 0 0 0 0 0 0 0 0 0 0 0 0
0 0 0 0 0 0 0 0 0 0 0 0 0 0 0 0 0 0 0 0 0 0 0 0 0 0 0 0 0 0 0 0 0 0 0 0 0 0 0 0 0 0 0 0 0 0 0 0 0 0
0 0 0 0 0 0 0 0 0 0 0 0 0 0]

每张图像一行，每个字段以逗号隔开，分别表示：标签 ID，图像路径，属性标注（359 个值，顺序同 zsl_a_animals_train_annotations_attribute_list_20180321.txt）。

（3）类别级属性标注，见 zsl_a_animals_train_annotations_attributes_per_class_20180321.txt，文件结构如下：

Label_A_03，[0.20 0.15 0.00 0.00 0.70 0.30 0.00 0.00 0.00 0.00 0.30 0.00 1.00 0.00 1.00 0.00
0.00 0.00 0.00 0.00 0.00 0.00 1.00 0.00 0.00 0.00 0.00 0.00 1.00 0.00 1.00 0.00 1.00 0.00
0.00 0.00 0.00 1.00 1.00 0.00 0.00 1.00 1.00 0.00 0.00 0.00 0.00 0.00 0.00 0.00 0.00 0.00
0.00 0.00 0.00 0.00 0.00 0.00 0.00 0.00 0.00 1.00 1.00 0.00 1.00 0.00 1.00 0.00 1.00 0.00
1.00 0.35 1.00 0.00 0.00 0.00 0.00 0.00 0.00 0.00 0.00 0.00 0.00 0.00 0.00 0.00 0.00 0.00
1.00 0.00 1.00 0.00 0.00 0.00 0.00 0.00 0.00 1.00 0.15 0.00 0.00 0.00 0.40
0.15 0.00 0.15 0.15 0.00 0.95 0.00 0.05 0.00 0.00 0.05 0.00]

每个类别一行，每个字段以逗号隔开，分别表示：标签 ID，属性标注（顺序同 zsl_a_animals_train_annotations_attribute_list_20180321.txt）。类别级属性是将每个类别中已标注属性的 20 张图像的属性取均值得到的。

（4）标签 ID 与真实类别中英文名称对照，见 zsl_a_animals_train_annotations_label_list_20180321.txt，文件结构如下：

　　　Label_A_03，bear，熊

每个类别一行，每个字段以逗号隔开，分别表示：标签 ID，标签英文名，标签中文名。

（5）属性 ID 与属性中英文名称对照，见 zsl_a_animals_train_annotations_attribute_list_20180321.txt，文件结构如下：

　　　Attr_A_005，color：is brown，颜色：是棕色的

每个属性一行，每个字段以逗号隔开，分别表示：属性 ID，属性英文名，属性中文名。

7.1.5 城市区域功能分类

1. 实验背景与内容

随着我国城市化进程的加快和智慧城市的建设，城市规划和精细化管理面临着新的挑战。高分辨率遥感影像具有空间分辨率高、信息翔实等优点，在城市功能分类等方面得到了广泛的应用。城市是为人类而建的，城市的功能与人们的日常生活息息相关。通过充分利用遥感数据和用户行为数据，可以预计用于城市区域功能分类的模型会有显著的改进。

1）AI+遥感

在数据方面，充分发挥移动大数据与遥感影像相结合的潜力。在技术方面，像深度学习这样的人工智能工具可以得到很好的利用。

2）对遥感数据开源的贡献

与"一带一路""中国走出去"等国家倡议举措相呼应，遥感数据的国际合作与共享将得到极大拓展。

3）促进工业应用

城市作为一个复杂的系统，兼具居住、商业的多重功能。本实验具有通过人工智能与卫星图像的结合来理解城市空间结构和精细化管理的重要意义。希望能够提出新颖的想法，并将解决方案推广到智能农业和智能环境等行业。

2. 实验要求与评估

利用卫星图像数据和特定地理区域的用户行为数据，建立城市功能分类模型。城市地区职能如表 7.8 所示。

表 7.8　城市地区职能表

范畴 ID	地区职能
001	居住区
002	学校
003	工业园
004	火车站
005	机场
006	公园
007	购物区
008	行政区划
009	医院

评估的准确性被定义为正确分类的样本数与样本总数的比率。

3．数据来源与描述

本实验数据包括训练数据和测试数据，由百度点石平台提供。

1）训练数据

（1）遥感数据。百度点石平台提供了 40 000 幅卫星图像，每个图像的像素大小为 100×100。图像的格式为 AreaID_GonzoryID.jpg。例如，文件名为 000001_001.jpg，该文件包含区域 00001 的卫星图像，该区域被标记为"居住区"。

（2）用户访问。百度点石平台提供了 40 000 个文件，每个文件都保存给定区域的用户访问记录。文件的格式为 AreaID_ExperoryID.txt。例如，文件名为 000001_001.txt，该文件包含区域 100001 的用户访问数据，该区域被标记为"居住区"。

2）测试数据

（1）卫星图像。百度点石平台提供了 10 000 幅卫星图像，每个图像的像素大小为 100×100。图像的格式为 AreaID.jpg，文件名为 100001.jpg，该文件包含区域 100001 的卫星图像。

（2）用户访问。百度点石平台提供了 10 000 个文件，每个文件都保存给定区域的用户访问记录。文件的格式为，AreaID.txt，文件名为 100001.txt，该文件包含区域 100001 的用户访问数据。

7.2　智 能 检 测

智能检测是在图像或者图像序列中检测并定位所设定种类的目标物体，找出图像中所有感兴趣的目标并确定目标的位置和大小，其实质是多目标的分类与定位。

7.2.1　人脸特征点检测

1．实验背景与内容

自动人脸特征点（关键点）检测是计算机视觉领域一直以来的难题之一。本实验基于 300-W 基准数据集进行人脸特征点检测，该数据集中的人脸图像都是在自然条件下获得的。实验的关注点在于真实人脸数据集中的特征点检测。

利用研究人员提出的 68 点标注法对常用人脸数据集的特征点进行了标注，如图 7.2 所示。实验过程中可基于这些数据训练所设计的算法，在 300-W 测试集上进行测试。

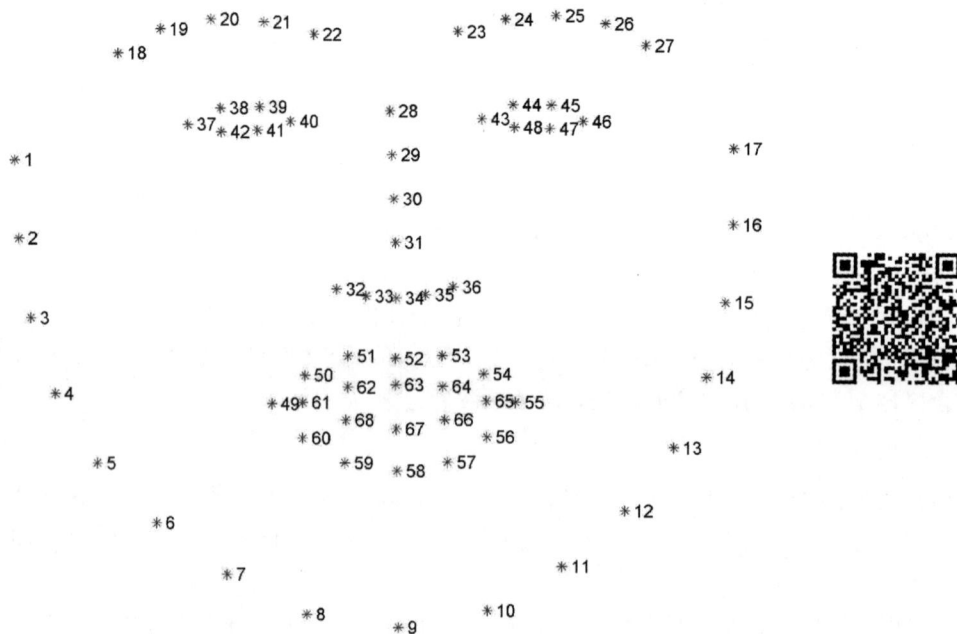

图 7.2　人脸的 68 点标记

2. 实验要求与评估

所实现算法应该接收两个输入，即输入图像（扩展名为 .png 的 RGB）和人脸边界框的坐标，边界框为 4×1 向量 $[x_{min}, y_{min}, x_{max}, y_{max}]$，如图 7.3 所示。算法输出 68×2 矩阵，即为检测到的人脸特征点的坐标，格式（.pts）和顺序与提供的标注相同。

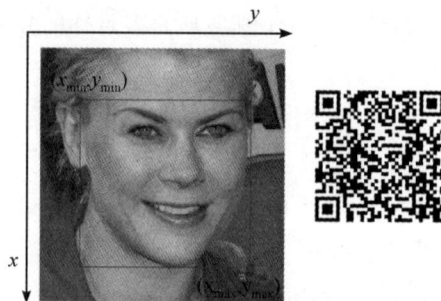

图 7.3　人脸边界框的坐标

人脸特征点检测算法的性能基于图 7.2 中 68 点标记和与对应无边界点的 51 点标记进行评估。将结果用眼间距（双眼外眼角之间的欧氏距离）做归一化处理后，将各坐标点的点对点欧氏距离的平均值作为评价指标。计算误差的 Matlab 代码可由 http://ibug.doc.ic.ac.uk/media/uploads/competitions/compute_error.m 获得。最后，计算测试图像中误差小于某一特定阈值的图像所占百分比，生成累积曲线图。

3. 数据来源与描述

1）训练数据

使用图 7.2 中的 68 点标记，对 4 个常用人脸数据集（XM2VTS、300-W、MTFL、WFLW）进行重新标记，并对另外的 135 张含更难识别的姿势和表情的图像提供了额外的标记（IBUG 训练集）。标注文件的名称与对应的图像文件的名称相同，所有训练数据集的标注信息可由 https://ibug.doc.ic.ac.uk/resources/facial-point-annotations 获得。

本实验重新标注的数据以 Matlab 的约定格式保存，以 1 为第一个索引，即图像左上角像素的坐标为 $x=1$, $y=1$。

2）测试数据

300-W 测试集包含自然条件下采集的 2×300 张（300 张室内和 300 张室外）人脸图像，实现算法在该数据集上进行测试。室外人脸与室内人脸示例如图 7.4 所示。300-W 测试集旨在测试当前算法的泛化能力，即图像中出现姿态、表情、光照、背景、遮挡和图像质量的变化时，算法仍能保持优越性能。

图 7.4　室外人脸与室内人脸示例

7.2.2　目标检测与视觉关系检测

1. 实验背景与内容

本实验包括以下两方面内容：

（1）目标检测：预测 500 个类的所有实例的边界框，该任务要求构建能够自动检测目标的最佳算法。

（2）视觉关系检测：检测特定关系中的目标对，如"女人弹吉他"。该任务要求建立算法以检测目标对之间的特定关系，包括人-目标的关系（如"女人弹吉他""男人拿着麦克风"）和目标-目标的关系（如"桌上的啤酒""车内的狗"），每种关系连接不同的目标对（如"女人 play 吉他""男人 play 鼓"）；除此之外，还有目标属性关系（如"手提包由皮革制成""长凳是木制的"）。通过关系连接的一对目标形成三元组（如"桌上的啤酒"），视觉属性实际上也是三元组，使用了关系"是"来连接目标与属性（如"桌子是木制的"）。实验要求构建最佳性能算法来自动检测关系三元组。

Open Images Dataset 提供了较大的训练集，能够设计更加复杂的目标和关系检测模型，进一步提升了计算机视觉处理模型的性能。

2. 实验要求与评估

1）目标检测

评估指标是 500 个类别的 mAP，该测度作为 Tensorflow Object Detection API 的一部分，网址 https：//github. com/tensorflow/models/blob/master/research/object_detection/g3doc/challenge_evaluation. md 给出了 Python 版的评估程序。

2）视觉关系检测

评估可以使用短语检测和关系检测任务的 mAP 和检索度量，该测度作为 Tensorflow Object Detection API 的一部分，网址 https：//github. com/tensorflow/models/tree/master/research/object_detection 给出了 Python 版的评估程序。本实验通过计算 3 个指标的加权平均值进行评估，即关系检测的 mAP、Recall@N（其中 $N=50$）和短语检测的 mAP（每个关系 AP 的平均值）。其中，3 个指标的权重分别是 0.4、0.2 和 0.4。

3. 数据来源与描述

1）目标检测

本实验数据来源于 Open Images Dataset，目标检测涉及 600 个带边框标注的 500 个类别，实验训练集包含：

（1）在 170 万张训练图像上，为 500 个目标类添加的 120 万个边界框标注。

（2）具有多个目标的复杂场景图像，每个图像平均有 7 个标注框。

（3）图像内容包罗万象，包括"fedora"和"snowman"这样的全新事务。

（4）反映 Open Images 类之间关系的类层次结构。

图像用正图像级标签标注，表示存在某些对象类别，用负图像级标签标注，表示不存在某些对象类别，图像中所有其他未标注的类都被排除在评估之外。对于每个正图像级标签的图像，数据集详尽地注释了图像中该目标类的每个实例，这为精确测量召回率提供了基础。这些类按照语义层次结构进行组织，沿层次从下向上形成对象实例。目标检测训练集描述如图 7.5 所示,其说明如表 7.9 所示。

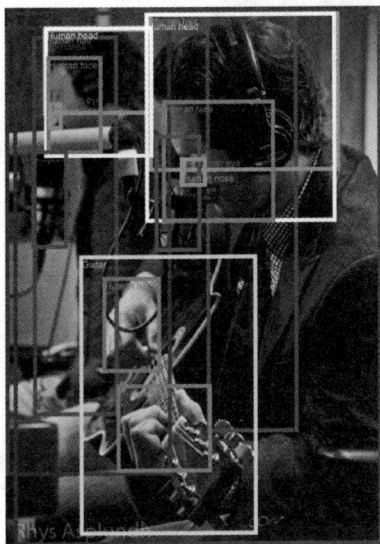

(a) Mark Paul Gosselaar 弹吉他　　　　　(b) 房子

图 7.5　目标检测训练集描述示例

表 7.9　目标检测训练集说明

类别	图像	图像级标签	边界框
500	1743042	5743460 pos:3830005 neg:1913455	12195144

2)视觉关系检测

实验数据集包括目标边界框和视觉关系标注,其中标注是基于 Open Images Dataset 的图像级标签和边界框标注。首先选择 467 个可能的三元组,并在 Open Images Dataset 的训练集上进行标注,在训练集上的 329 个三元组中至少有一个实例构成了用于视觉关系检测的最终三元组,该过程涉及 57 个不同目标类和 5 个属性。对于每个可能包含关系三元组的图像(即包含该三元组中涉及的目标)提供了标注,并详细列出了该图像中的所有正三元组实例,如图 7.6 所示。例如,对于一幅图像中的“正在弹吉他的男子”,列出了图像中“正在弹”这个动作关系所对应的所有对(“男子”“吉他”),而图像中其他所有对对于“正在弹”这个动作关系来说都是负样本。

关系、类别和属性数目统计如表 7.10 所示。

(a) 弹吉他的男子   (b) 桌子和椅子

图 7.6　训练集图像示例

表 7.10　视觉关系检测元数据信息

—	类别	关系	视觉属性	关系三元组
Relationships connecting two objects	57	9	—	287
关系"is"（视觉属性）	23	1	5	42
Total	57	10	5	329

视觉关系检测训练集标注如表 7.11 所示。

表 7.11　视觉关系检测训练集标注

正关系三元组	边界框	图像级标签
374768	3290070	2077154

7.2.3　裂纹检测

1. 实验背景与内容

在铝型材的实际生产过程中，由于各方面因素的影响，铝型材表面会产生裂纹、起皮、划伤等瑕疵，这些瑕疵会严重影响铝型材的质量。为保证产品质量，需要人工进行目测。然而，铝型材的表面自身含有纹路，与瑕疵的区分度不高。人工肉眼检查十分费力，不能及时准确地判断出表面瑕疵，质检的效率难以把控。

近年来，深度学习在图像识别等领域取得了突飞猛进的成果。铝型材制造商迫切希望采用最新的 AI 技术来革新现有质检流程，自动完成质检任务，减少漏检发生率，提高产品的质量，使铝型材产品的生产管理者彻底摆脱无法全面掌握产品表面质量的状态。本实验选择南海铝型材标杆企业作为实验场景，寻求解决方案，助力企业实现转型升级，提升行业竞争力。

2. 实验要求与评估

使用某企业某生产线某时间段获取的铝型材图像，可采用训练算法来定位瑕疵所在位置并判断瑕疵的类型。

瑕疵的衡量标准如下：

（1）铝型材表面应整洁，不允许有裂纹、起皮、腐蚀和气泡等缺陷存在。

（2）铝型材表面上允许有轻微的压坑、碰伤、擦伤存在，其允许深度装饰面≥0.03 mm，非装饰面＞0.07 mm，模具挤压痕深度≤0.03 mm。

（3）铝型材端头允许有因锯切产生的局部变形，其纵向长度不应超过 10 mm。

（4）工业生产过程中，不够明显的瑕疵也会被作为无瑕疵图像进行处理，不必拘泥于无瑕疵图像中不够明显的瑕疵。

（5）第一阶段实验图像结果为单标签，即一张图像只有一种瑕疵。"其他"文件夹中的瑕疵在第一阶段不要求细分，但是统一划分为一类，即"其他"。

（6）第二阶段实验图像分成单瑕疵图像、多瑕疵图像以及无瑕疵图像。单瑕疵图像指只有一种瑕疵类型的图像，但图像中可能出现多处相同类型的瑕疵；多瑕疵图像指所含瑕疵类型多于一种的图像；无瑕疵图像指瑕疵可忽略不计的图像，这些图像不需要标注。

（7）图像采用矩形框进行标注，标注文件存储为 json 文件，采用 utf-8 的编码格式，可通过 labelme 标注工具直接打开。labelme 是一款开源标注工具，有关 labelme 和 json 文件格式的介绍可通过 https://github.com/rafaelpadilla/Object-Detection-Metrics 进行了解。

评估指标如下：

第一阶段实验预测平均每类准确率（Precision）：

$$平均准确率 = \frac{1}{N}\sum_{i=1}^{N}\frac{判定为\ i\ 类且正确的图像数}{判定为\ i\ 类的图像数} \quad (7.4)$$

第二阶段实验：参照 PASCALVOC 的评估标准，计算 10 类瑕疵的 mAP 作为完成者的分值。详细说明可参考上述网址相关内容，具体逻辑见 evaluator 文件。

（1）当上述链接出现评价指标的文字描述和代码冲突时，以代码为准。

（2）本实验计算 mAP 时，对同一个基准框可重复预测 n 次，取置信度（Confidence）最高的预测框作为真正类（True Positive，TP）样本，其余的 $n-1$ 个框都可作为假正类（False Positive，FP）样本进行处理。

（3）本实验参照 2010 年之后的 PASCAL VOC 评分标准，检测框和真实框的 IoU 阈值设定为 0.5，同时，在所有点中采用插值（Interpolating All Points）方法获得 PR 曲线，并在此基础上计算 mAP 的值。

提交说明：

第一阶段实验：需要预测测试集中的图像瑕疵类别，提交一份 csv 文件，不需要表头，参考提交样例 sample 文件。

第二阶段实验：需要检测测试集中每幅图像所有瑕疵的位置和类型，瑕疵的位置通过矩形检测框进行标记，需给出各个矩形检测框的置信度，并将检测结果保存为 utf-8 编码的 json 文件，参考提交样例 sample 文件。提交的 json 文件中需要有所有测试图像的结果，这样评分才有效，否则 mAP 为 0。中文瑕疵标注统一换为英文标注，中英文瑕疵标注的对应关系如表 7.12 所示。

表 7.12　中英文瑕疵标注的对应关系

中文瑕疵标注	英文瑕疵标注	中文瑕疵标注	英文瑕疵标注
不导电	defect0	喷流	defect5
擦花	defect1	漆泡	defect6
角位漏底	defect2	起坑	defect7
桔皮	defect3	杂色	defect8
漏底	defect4	脏点	defect9

3. 数据来源与描述

在阿里云天池平台中，数据集里有 1 万份来自实际生产中有瑕疵的铝型材监测影像数据，每个影像包含一种或多种瑕疵。供机器学习的样图会明确标识影像中所包含的瑕疵类型。

7.2.4　智能城市交通系统检测

1. 实验背景与内容

在交通系统、信号系统、传输系统、基础设施及中转系统中，通过传感器获得这些系统的观察数据，有助于交通系统更安全、更智能。然而，目前还没能利用到所获得的观察数据的潜在信息。其主要的原因为：数据质量不佳且缺乏数据标签，缺乏能够将数据转化为有用信息的高质量模型，缺少支持从客户端到云分析的平台，不能有效开发和部署加速模型。目前计算机视觉，特别是深度学习在大规模的实际部署上已显现成效。此实验是为了减少对监督式方法的依赖，更多地关注于迁移学习、非监督和半监督的方法，并将这些方法应用于智能交通系统，这将有助于使城市变得更安全。本实验包含以下 3 个任务：

任务一：交通流量分析(Traffic Flow Analysis)

需要实现测试集(包含 27 个 1 min 视频)的个人车速测试。性能评估的主要依据是基准

数据，评估将基于控制车辆检出率和预测控制车辆速度的均方根误差来进行，如图 7.7
所示。

图 7.7　交通流量分析示例

任务二：异常检测（Anomaly Detection）

需要展示前 100 个检测到的异常情况，这些异常情况可能是由于交通事故或停滞的车辆造成的，不由任何交通事故造成的经常性拥堵不算异常情况。评估将基于模型异常检测性能（F1-Score）和检测时间误差来进行，如图 7.8 所示。

图 7.8　异常检测示例

任务三：多传感器车辆检测和重识别（Multi-sensor Vehicle Detection and Reidentification）

在一组 15 个视频中，识别所有的在 4 个不同地点分别至少经过一次的车辆。评估：至少穿过所有检测点一次的基准车辆的检测精度和定位灵敏度，如图 7.9 所示。

图 7.9　多传感器车辆检测和重识别示例

2. 实验要求与评估

1）任务一评估

在每个视频中，速度数据都是通过采用车内跟踪的方式收集到的，实验根据定位这些车辆和预测其速度的能力进行评估。对于每一辆基准车，都用一个边界框在它出现的所有帧中对其进行标注。根据跟踪器的速度数据，利用插值函数对每一帧进行速度估计。

得分计算公式为

$$S_1 = DR \times (1 - NRMSE)$$

式中：DR 是检测率，即检测到的基准车辆与基准车辆总数的比值；NRMSE 是归一化的均方根误差（Root Mean Square Error，RMSE）。S_1 分值介于 0 和 1 之间，分值越高越好。如果一辆汽车在它出现的至少 30% 的帧中被定位到，就认为这辆车被检测到了。如果至少有一个预测边界框与标注的基准边框的交并比大于或等于 0.5，则认为这个车辆被定位到了。

对于所有正确定位的基准车辆，通过基准车辆车速和预测车速的 RMSE 来计算速度估计误差。如果 IoU≥0.5 的多个边界框存在，则只考虑置信度最高一个的速度估计值。NRMSE 是所有完成者的归一化 RMSE 得分，是通过完成者的最小-最大归一化获得的。具体地说，NRMSE 表示为

$$\text{NRMSE}_i = \frac{\text{RMSE}_i - \text{RMSE}_{\min}}{\text{RMSE}_{\max} - \text{RMSE}_{\min}} \tag{7.5}$$

式中，$\text{RMSE}_{\max}$ 和 $\text{RMSE}_{\min}$ 分别是所有完成者的最大和最小 RMSE。

2）任务二评估

模型异常检测性能由 F1-score 进行评估，检测时间误差由 RMSE 进行评估。具体来说，得分计算公式为

$$S_2 = F_1 \times (1 - \text{NRMSE})$$

为了计算 F1-Score，真正类（TP）检测是具有最高置信度的真实异常的 5 min 绝对时间距离内的预测异常，每一个预测异常是一个真实异常的 TP；假正类（FP）是一种预测异常，而不是某些异常的 TP；假负类（FN）是一种未被预测到的真实异常。如果一场车祸之后又发生了另一场车祸，或者一辆车熄火之后又有人停下来帮忙，则这些多车辆事件被认为是单个异常；如果第二个事件发生在第一个事件之后的 2 min 内，则应该将其考虑为与第一个事件相同的异常。所有 TP 预测的基准异常时间和预测异常时间的 RMSE 用来计算检测时间误差。

3）任务三评估

任务三将根据一组行驶过所有传感器位置至少一次的基准车辆的跟踪精度和定位灵敏度进行评估。得分计算公式为

$$S_3 = 0.5 \times (\text{TDR} + \text{PR})$$

式中，TDR 是轨迹检测率，PR 是定位精度。S_3 分值介于 0 和 1 之间，S_3 分值越高越好。

轨迹检测率 TDR 是正确识别的基准车辆轨迹与所有基准车辆轨迹总数的比值，如果一个车辆被定位（IoU≥0.5）并且在给定的视频中包含基准车辆的至少 30% 的帧中与相同的<obj_ID>关联，则认为正确识别到车辆轨迹。精度 PR 是正确定位的边界框与所有视频中预测框总数的比值。

3. 数据来源与描述

（1）任务一数据集包含 27 个视频，每个视频时长约 1 min，以每秒 30 帧（f/s）和 1080 p 分辨率（1920×1080）录制。相关信息详见 aicitychallenge 平台。

在 4 个地点录制视频，部分地点在不同时间录制多个视频。视频名为 Loc<X>_<Y>.mp4，其中 X 是位置 ID，Y 是视频 ID。与每个视频相关联的附加文件 Loc<X>_<Y>-meta.txt 包含视频的元数据，包括位置、类别（公路或十字路口）、GPS 坐标、方向、文件大小[以 B（字节）为单位]、视频长度、分辨率、每秒帧数和总帧数。

（2）任务二数据集包含 100 个视频，每个视频时长约 15 min，以 30 f/s 和 800×410 分辨率录制。相关信息详见 aicitychallenge 平台。

由 4 个视频组成的附加样本集包括异常注释，这种异常可能是由于车祸或车辆熄火造

成的，不是由交通事故引起的正常交通堵塞不算异常情况。例如，样本数据中的"3.mp4"表示没有任何异常。

（3）任务三数据集包含 15 个视频，每段视频时长约 0.5～1.5 h，以 30 f/s 和 1080 p 分辨率录制（1920×1080）。相关信息详见 aicitychallenge 平台。

7.2.5　肺炎检测

1. 实验背景与内容

本实验的任务是建立一个算法来检测医学图像中肺炎的视觉信息。具体来说，算法需要在胸片上自动定位肺部阴影。

通常准确诊断肺炎是一项艰巨的任务，需要由训练有素的专家检查胸部 X 光片（Chest X-Ray，CXR），并通过临床病史、生命体征和实验室检查予以确认。肺炎通常表现为在 CXR 上增添一个或多个不透明的区域。然而，肺炎的诊断在 CXR 上是复杂的，因为肺部的许多其他情况，如液体超载（肺水肿）、出血、肺损伤（肺不张或肺塌陷）、肺癌、放疗后或手术后的变化。在肺外，胸腔积液也表现为 CXR 增加的不透明度。比较患者在不同时间点的 CXR，并与临床症状和病史相结合，有助于作出诊断。

CXR 是最常见的诊断影像学研究途径。许多因素可以改变 CXR 的特征，如病人的位置和吸气的深度。此外，临床医生通常都要面对大量的图像进行分析。为提高诊断服务的效率和覆盖面，人们试图通过机器学习方法实现 CXR 的智能解析水平。

2. 实验要求与评估

通过给出肺部区域周围的预测边界框，来预测肺炎是否存在于给定的图像中。没有边框的样本是负样本，表示不包含肺炎的明显证据；带有边框的样本表明有肺炎的迹象。

根据不同的 IoU 阈值来评估平均精度，目标像素的 IoU 计算如下：

$$\text{IoU}(A, B) = \frac{\text{Area}(A \bigcap B)}{\text{Area}(A \bigcup B)} \tag{7.6}$$

该度量标准使用一系列 IoU 阈值，在每个点计算平均精度值。范围为 0.4～0.75，步长为 0.05：（0.4，0.45，0.5，0.55，0.6，0.65，0.7，0.75）。换句话说，在阈值为 0.5 时，如果预测目标与基准的交并比大于 0.5，则被认为是正确的。

在每个阈值 t 内，精度值是根据预测目标与所有基准进行比较所产生的真正类（TP）、假负类（FN）和假正类（FP）的数目来计算的，即

$$\text{精度值} = \frac{\text{TP}(t)}{\text{TP}(t) + \text{FP}(t) + \text{FN}(t)} \tag{7.7}$$

当单个预测目标与基准匹配高于 IoU 阈值时，就会计算出一个真正类。假正类表示与预测目标没有关联的基准目标；假负类表示与基准目标没有关联的预测目标。另外，如果对于

给定的图像，根本没有基准目标，那么任何数量的预测（误报）都会导致图像得到零的分值，并包含在平均精度中。在每个 IoU 阈值下，单个图像的平均精度为上述精度值的平均值，即

$$平均精度 = \frac{1}{|\text{thresholds}|} \sum_t \frac{\text{TP}(t)}{\text{TP}(t) + \text{FN}(t) + \text{FP}(t)} \tag{7.8}$$

提交实验结果时，要求为每个边界框提供置信度，并按照置信度的顺序对边界框进行评估。也就是说，首先检查置信度较高的边界框是否与基准匹配，这决定哪些框是真正类和假正类。

每个图像应该只有一个预测行，该行可以包括多个边界框，格式可以采用以下形式：

（1）预测没有肺炎/边界框的 patientIds：0004cfab-14fd-4e49-80ba-63a80b6 bddd6。

（2）预测具有单个边界框的 patientIds：0004cfab-14fd-4e49-80ba-63a80b6bddd6，0.5 0 0 100 100。

（3）预测具有多个边界框的 patientIds：0004cfab-14fd-4e49-80ba-63a80b6bddd6，0.5 0 0 100 100 0.5 0 0 100 100。

3. 数据来源与描述

本实验的数据来源于 kaggle 平台，包含训练集和测试集，测试集由新的、不可见的图像组成。训练数据提供 patientIds 和边界框集合，边界框定义为：x-min，y-min，宽度，高度。还有一个二值目标列 Target，表示肺炎或非肺炎。每个 patientId 可能有多行。所提供的图像都是 DICOM 格式。

文件描述：

stage_2_train.csv：训练数据集，包含 patientId 和边界框/目标信息。

stage_2_detailed_class_info.csv：提供每幅图像正类或负类的详细信息。

字段说明：

* patientId_：每个 patientId 对应唯一一幅图像。
* x_：边框左上角 x 坐标。
* y_：边框左上角 y 坐标。
* width_：边框宽度。
* height_：边框高度。
* Target_ ：二值目标，表示该样本是否含有肺炎症状。

7.3　智能识别

智能识别是使计算机具有从图像或图像序列中认知周围环境的能力，是从图像或图像序

列逆向推理客观场景的某些本质信息的反演过程，本质是逆问题求解，以确认目标所属类型。

7.3.1　汉字书法多场景识别

1. 实验背景与内容

书法是汉字的书写艺术，是中华民族对人类审美的伟大贡献。从古至今，有大量照亮书法艺术星空的经典之作，是中华文明历经漫长岁月留下的艺术精华。这些书法作品现在仍以各种形式呈现给世人：博物馆里的字画作品、旅游景点里的碑刻、建筑上的题词、对联、牌匾甚至寻常百姓家里也会悬挂带有书法艺术的字画。在全球化、电子化的今天，书法的外部环境有了非常微妙的变化，对于年轻一代，古代书法字体越来越难以识别，一些由这些书法文字承载的传统文化无法顺利传承。所以利用先进的技术，实时、准确、自动地识别出这些书法文字，对于记录整理书法艺术和传播书法背后的中国文化有着重要的社会价值。

书法是中华民族文化传承的瑰宝，本实验要求通过人工智能算法实现书法文字的自动识别，解决实际场景中有些书法文字难以识别的问题，要求给出测试数据集每张图像中文字的位置及对应的内容。实验使用已标注的训练图像集（由 DataFountain 平台提供）来训练所设计模型和算法，要求利用开发和训练的模型与算法识别测试图像集中每张图像书法文字的内容以及文字对应的位置。

2. 实验要求与评估

本实验以文本字段 F1_Score 作为评分标准。

1）文本检测

文本检测评测可参考文献 Object count/area graphs for the evaluation of object detection and segmentation algorithms 中"one to many"的思路，遵循 ICDAR2013 文本检测算法衡量标准。根据"one to many"场景，"多"中的任意框与目标框交叉面积除以自身面积（IoU）≥0.50 时，视为合格候选。取最大 IoU 值的文本框为最终候选，计入可召回和正确校测范畴，参与文本识别精度计算。

预测的实例 A 和真实实例 B 之间的 IoU 的计算表达式为

$$\text{IoU}(A, B) = \frac{A \bigcap B}{A \bigcup B} \tag{7.9}$$

2）文本识别

判断文本是否匹配是同时考虑文本检测位置和文本内容决定的。文本位置匹配是指预测文本框与真实文本框之间的 IoU≥0.50。

实验结果的召回率（R）和准确率（P）分别为

$$召回率(R) = \frac{检测正确的目标数量}{检测正确的目标数量 + 漏检的目标数量} \tag{7.10}$$

$$准确率(P) = \frac{检测正确的目标数量}{检测正确的目标数量 + 检测错误的目标数量} \tag{7.11}$$

计算 F1_Score：

$$F1\_Score = \frac{2PR}{P + R} \tag{7.12}$$

F1_Score 分值越高越好。

3. 数据来源与描述

1）训练集

DataFountain 平台提供的训练集总量为 5 万左右，用以训练模型。训练集 train. zip 包含两个文件目录及一个说明文件：image 文件夹中是模拟生成的书法图像；label 文件夹中是相关图像对应的 label；说明. txt 中是本实验数据的使用说明。

训练图像中的每一张图像都会有一个相应的文本文件(. csv)(UTF-8 编码)。文本文件每行对应于图像中的一个文本框，以","分割不同的字段，具体格式为："图像名，X1，Y1，X2，Y2，X3，Y3，X4，Y4，文字"。其中，图像名为图像的具体名称，以左上角为零点，X1、Y1 为文本框左上角坐标，X2、Y2 为文本框右上角坐标，X3、Y3 为文本框右下角坐标，X4、Y4 为文本框左下角坐标，文字为文本框内文字内容。图像样例如图 7.10 所示。

图 7.10 图像样例

对应的 label 样例：

img_calligraphy_00001_bg.jpg，248，63，305，66，292，382，235，82，仙去留虚室

img_calligraphy_00001_bg.jpg，149，58，226，62，211，419，133，419，龙归涨碧潭

img_calligraphy_00001_bg.jpg，46，53，122，56，98，585，20，587，城临古戍寒芜阔

2）验证集

验证集总量为 1 万左右，用以验证模型效果。验证集 verify.zip 包含两个文件目录及一个说明文件（图像类型和 label 格式与训练集相同）：image 文件夹中是模拟生成的书法图像；label 文件夹中是相关图像对应的 label；说明.txt 中是本实验数据的使用说明。

3）测试集

测试集总量为 1 万左右，用以生成测试结果，仅给出图像（未标注）。测试集 test.zip 包含一个文件目录及一个说明文件（图像类型与训练集相同）：image 文件夹中是模拟生成的书法图像；说明.txt 中是本实验数据的使用说明。

7.3.2　场景识别

1. 实验背景与内容

场景理解是计算机视觉的重要任务之一，基于此可以给出目标识别的语境信息。本实验中有 3 个任务，即场景语义分割、场景实例分割和语义边界检测，如图 7.11 所示。

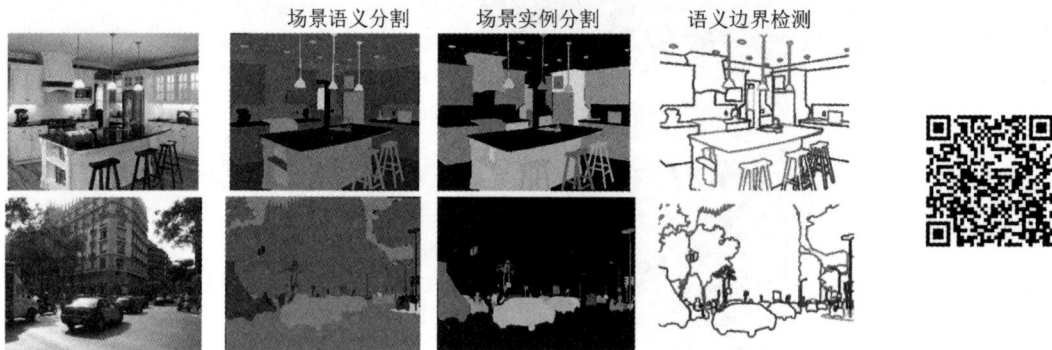

图 7.11　场景解析、场景实例分割和语义边界检测

任务一：场景语义分割

场景语义分割是将图像分割成不同类别的物体（Stuff）和目标（Object）。本任务是像素级分类，类似于 Pascal 中的语义分割任务，但不同之处在于，每个测试图像中的每个像素都需要被划分为一些语义类别，如天空、草地、道路等物体概念，或人、车、建筑等离散对象。数据集共有 150 个语义类别，涵盖了所有图像中 89% 的像素类别。具体来说，数据分

为 20 000 张训练图像、2000 张验证图像和 3000 张测试图像。评估指标是 IoU 在所有 150 个视觉类别上的平均值。对于每一张图像，分割算法都会生成一个语义分割掩膜，预测图像中每个像素的语义类别。算法的性能通过所有像素正确率均值和 150 个语义类别上的 IoU 均值进行评估。

任务二：场景实例分割

场景实例分割是将图像分割成目标实例。本任务与任务一类似，是基于像素的分类，但是还要求算法从图像中提取每个目标实例。本任务的研究动机有两个方面：① 将语义分割的研究推广到实例分割；② 增强目标检测、语义分割、场景解析的协同作用。本任务的数据与任务一共享语义类别，同时附带了用于 100 个类别的对象实例标注。评估指标是所有 100 个语义类别的平均精度（AP）。

任务三：语义边界检测

语义边界检测是对图像中每个目标实例的边界进行检测。边界检测与边沿检测相关，但更侧重于边界及其目标实例之间的关联。ADE20K 数据集图像中所有对象实例的像素标注都可以作为语义边界检测的基准，这比之前的 BSDS500 数据集要大得多。本任务的图像数据与任务一和任务二中使用的图像相同，共有 150 个语义类别。所设计算法通过最优数据集规模的 F-measure（F-measure at Optimal Dataset Scale，F-ODS）进行评估。

2. 实验要求与评估

允许使用来自 ImageNet 和 Places 的分类网络的预训练模型。但是，不允许使用其他来源的像素级注释数据的模型。

1）场景语义分割

为了评估分割算法，将像素级精度的均值和类级 IoU 作为最终得分。像素级精度表示正确预测的像素的比例，类级 IoU 表示所有 150 个语义类别的像素交并比的均值。

2）场景实例分割

遵循 COCO 的评估指标，实例分割算法的性能根据 AP 或 mAP 进行评估。对于每个图像，取所有类别中得分最高的 255 个实例掩模。对于每一个实例掩模预测，只在它与真实掩模（mask）的 IoU 超过某个阈值时才有效。取 0.50～0.95（步长 0.05）的 10 个 IoU 阈值进行评估。最终的 AP 是在 10 个 IoU 阈值和 100 个类别上的平均。可参考 COCO API 来获得评估标准（https://github.com/cocodataset/cocoapi/blob/master/PythonAPI/pycoco-EvalDemo.ipynb）。

3）语义边界检测

语义边界检测的性能将依据 F-measure 在 F-ODS 上的结果确定。评估工具包（https://github.com/CSAILVision/placeschallenge/tree/master/boundarydetection）还提

供了最优图像规模的 F-measure(F-measure at Optimal Image Scale,F-OIS)和 AP 评估模型。

3. 数据来源与描述

这 3 个任务的数据都来自已全部标注的图像数据集 ADE20K,其中训练集含 20 000 张图像,验证集含 2000 张图像,测试集含 3000 张图像。

7.3.3 监控场景下的行人精细化识别

1. 实验背景与内容

随着平安中国、平安城市的提出,视频监控被广泛应用于各种领域,这给维护社会治安带来了便捷,但同时也带来了一个问题,即海量的视频监控流使得发生突发事故后,需要耗费大量的人力物力去搜索有效信息。行人作为视频监控中的重要目标之一,若能对其进行有效的外观识别,不仅能提高视频监控工作人员的工作效率,对视频的检索、行人行为解析也具有重要意义。

本实验提供监控场景下多张带有标注信息的行人图像,要求在定位(头部、上身、下身、脚、帽子、包)的基础上研究行人精细化识别算法,自动识别出行人图像中行人的属性特征。标注的行人属性包括性别、头发长度和上下身衣着、鞋子及包的种类和颜色,并提供图像中行人头部、上身、下身、脚、帽子、包等位置的标注。图 7.12 所示即为监控场景下带有标注信息的行人图像的识别情况。

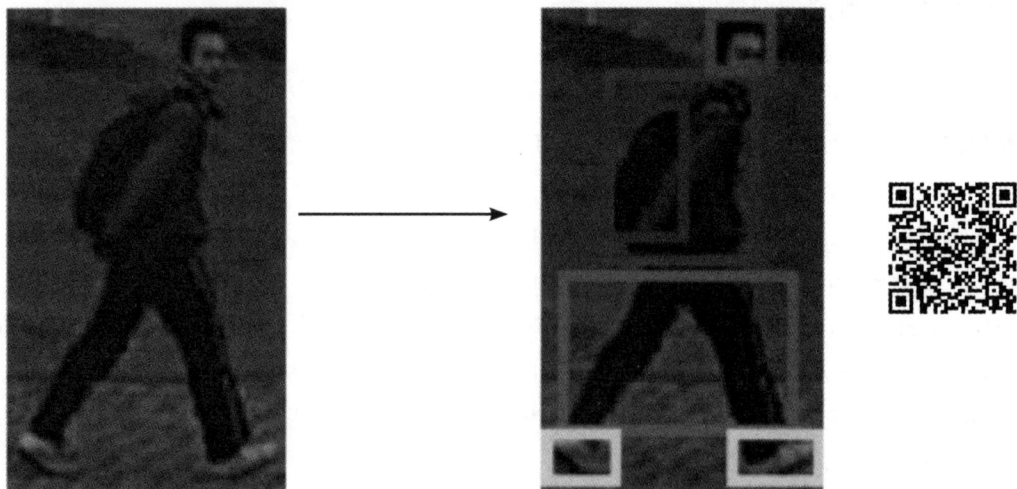

图 7.12 监控场景下带有标注信息的行人图像的识别

2. 实验要求与评估

对每一张测试图像，需要对行人的性别及头发长度进行判别。对行人子部位及附属物进行定位，在此基础上完成行人衣着及附属物的识别。

1）任务描述

对每一张测试图像，需要对行人的性别及头发长度进行判别。其中性别分为男、女、其他，对应的代码分别为：

男：0；女：1；其他：2

头发长度分为长、短、其他，对应的代码分别为：

长：0；短：1；其他：2

对行人子部位及附属物进行定位，在此基础上完成行人衣着及附属物的识别。行人衣着和附属物识别结果要给出行人上身衣着、下身衣着、鞋子、包的种类识别结果。其中上身衣着种类分别为 T 恤、衬衫、外套、羽绒服、西服、其他，对应的代码分别为：

T 恤：0；衬衫：1；外套：2；羽绒服：3；西服：4；其他：5

下身衣着种类分别为长裤、短裤、长裙、短裙、其他，对应的代码分别为：

长裤：0；短裤：1；长裙：2；短裙：3；其他：4

鞋子种类分别为皮鞋、运动鞋、凉鞋、靴子、其他，对应的代码分别为：

皮鞋：0；运动鞋：1；凉鞋：2；靴子：3；其他：4

包的种类分别为单肩包、双肩包、手拉箱、钱包、其他，对应的代码分别为：

单肩包：0；双肩包：1；手拉箱：2；钱包：3；其他：4

在给出行人上身衣着、下身衣着、鞋子、包等种类识别结果的同时，还要给出颜色识别结果，其中颜色可细分为黑、白、红、黄、蓝、绿、紫、棕、灰、橙、多色、其他，对应的代码分别为：

黑：0；白：1；红：2；黄：3；蓝：4；绿：5；紫：6；棕：7；灰：8；橙：9；多色：10；其他：11

对于图 7.12 所示的图像，其行人部位及附属物检测结果为（如果行人图像中不存在某类附属物，如帽子，为了保证属性识别结果的顺序，对应位置直接用 NULL 代替，而检测结果直接缺省）：

IMG_000001.jpg 45 2 60 19

对应字段代表的含义分别为：图像名字，头部检测框左上角的 x、y 坐标，右下角的 x、y 坐标。

IMG_000001.jpg 18 17 57 64

对应字段代表的含义分别为：图像名字，上身检测框左上角的 x、y 坐标，右下角的 x、y 坐标。

IMG_000001.jpg 7 64 65 110

对应字段代表的含义分别为：图像名字，下身检测框左上角的 x、y 坐标，右下角的 x、y 坐标。

IMG_000001.jpg 2 108 19 121

对应字段代表的含义分别为：图像名字，脚 1 检测框左上角的 x、y 坐标，右下角的 x、y 坐标。

IMG_000001.jpg 54 112 72 121

对应字段代表的含义分别为：图像名字，脚 2 检测框左上角的 x、y 坐标，右下角的 x、y 坐标。

IMG_000001.jpg NULL NULL NULL NULL

对应字段代表的含义分别为：图像名字，帽子检测框左上角的 x、y 坐标，右下角的 x、y 坐标。

IMG_000001.jpg 17 25 37 57

对应字段代表的含义分别为：图像名字，包检测框左上角的 x、y 坐标，右下角的 x、y 坐标。

其中，脚 1 和脚 2 只表示检测到的脚，不分先后顺序。

图 3.12 所示的图像行人属性精细化识别结果为：

IMG_000001.jpg 0 1 3 4 0 0 1 1 1 0

对应字段代表的含义分别为：图像名字、性别属性、头发长度属性、上衣种类属性、上衣颜色属性、下衣种类属性、下衣颜色属性、鞋子种类属性、鞋子颜色属性、包种类属性以及包颜色属性。

2）实验结果文件格式说明

（1）实验结果数据为 csv 格式，共包含 19 列。第 1～19 列的表头分别为图像名 name、大小 size、性别 gender、头发长度 hairLength、头位置 headBndBox、上身位置 topBndBox、上身衣服类型 topClass、上身衣服颜色 topColor、下身位置 downBndBox、下身衣服类型 downClass、下身衣服颜色 downColor、脚 1 位置 foot1BndBox、脚 2 位置 foot2BndBox、鞋子类型 shoesClass、鞋子颜色 shoesColor、帽子位置 hatBndBox、包位置 bagBndBox、包类型 bagClass、包颜色 bagColor。任意两列禁止对换位置。

（2）实验结果文件共 14 001 行，第一行为表头，采用上述列名介绍中的英文名（即 name、size 等）。

（3）按图像名编号从小到大排列。

（4）文件采用"无 BOM-UTF8"编码。

3）实验评估准则

（1）行人部位及附属物检测分任务的评估规则。

不考虑被遮挡或者部分被遮挡的行人图像，对含有单个行人的图像中的行人头部、上身、下身、脚及帽子和包这两种附属物进行检测，每个目标的检测需要同时满足以下两个条件才计为一次有效检测：

① 标注出每个目标的类型（头部、上身、下身、脚、帽子、包）。

② 标注出每个目标的区域范围，并且检测目标区域与真实目标区域的区域重叠率大于设定阈值才算有效检测。

（2）行人属性精细化识别分任务的评估规则。

有效的行人精细化识别需要同时满足以下 3 个条件：

① 返回行人性别和头发长度的识别结果。

② 给出行人图像上身衣着、下身衣着、鞋子的种类和颜色识别结果。

③ 如行人部位粗定位及附属物检测结果中有对包的定位结果，须给出包种类和颜色的识别结果。

首先分别计算出行人图像中行人性别、头发长度的识别精度，然后再统计出行人上身衣着、下身衣着、鞋子、包种类和颜色的识别精度，并将种类和颜色的识别精度以加权的方式计算出对应单项的识别精度，最后将行人性别、头发长度、上身衣着、下身衣着、鞋子、包的识别精度分别以 0.2、0.2、0.2、0.2、0.1、0.1 的权重进行平均，以此作为行人属性精细化识别分任务结果的评估分值。

（3）实验的总成绩的评估规则。

将行人部位及附属物检测分任务的分值和行人属性精细化识别分任务的分值取均值，得到实验的总成绩。

3. 数据来源与描述

DataFountain 平台提供了每张行人图像的人工标注信息，以 xml 的形式保存。

7.3.4　盲人视觉问题的回答

1. 实验背景与内容

智能回答盲人提问的视觉问题成为目前新的研究热点，为此，VizWiz 字幕数据集提供了来自这个群体的视觉问答（Visual Question Answering，VQA）。它源于一种自然的视觉问答设置，盲人每人拍一张图像并记录一个口头问题，每个视觉问题有 10 个众包解决方案。本实验旨在设计一种算法帮助盲人克服日常视觉挑战，共涉及两个任务，即预测视觉问题的答案和预测视觉问题是否无法回答，如图 7.13 所示。

Q: Does this foundation have any sunscreen?
A: yes

Q: What is this?
A: 10 euros

Q: What color is this?
A: green

Q: Please can you tell me what this item is?
A: butternut squash red pepper soup

Q: Is it sunny outside?
A: yes

Q: Is this air conditioner on fan,dehumidifier,or air conditioning?
A: air conditioning

Q: What type of pills are these?
A: unsuitable image

Q: What type of soup is this?
A: unsuitable image

Q: Who is this mail for?
A: unanswerable

Q: Who is the expiration date?
A: unanswerable

Q: Who is this?
A: unanswerable

Q: Can you please tell me what the oven temperature is set to?
A: unanswerable

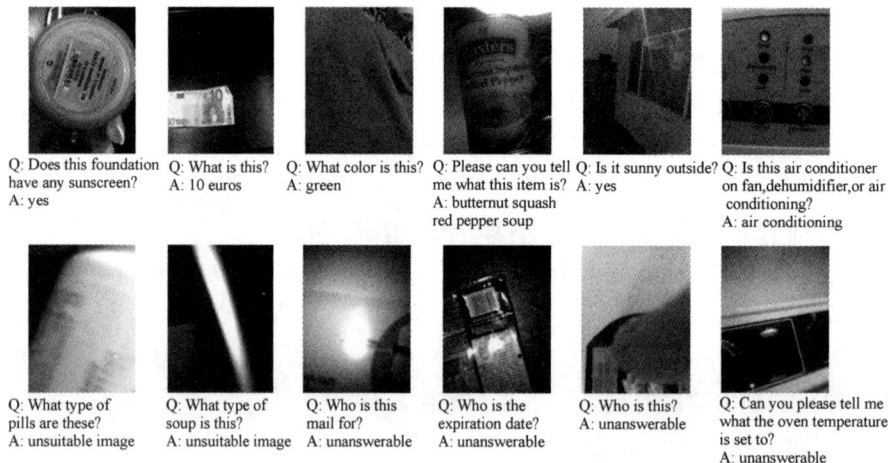

图 7.13　视觉问题回答示例

2. 实验要求与评估

1) 预测可视问题的答案

给定一幅图像及关于它的问题,任务是预测准确的答案。使用以下正确率(Accuracy)评估指标:

$$\text{Accuracy} = \min\left(\frac{\#\,\text{humans that provided that answer}}{3},\, 1\right) \tag{7.13}$$

所有测试视觉问题的平均准确率越高,结果越优。

2) 预测可视问题的可回答性

给定一幅图像及关于它的问题,任务是预测这个视觉问题是否无法回答(在预测中给出一个置信度评分)。预测模型所得到的置信分值范围为[0,1],VizWiz 给出了评估方法,用于计算 PR 曲线下的准确率的加权平均,在所有测试视觉问题上取得最高平均准确率分值的结果最优。

3. 数据来源与描述

本实验数据集基于 VizWiz Grand challenge、VizWiz-Priv 和 Scikit-learn,该数据集由盲人提出的视觉问题组成,每个盲人都使用手机拍摄照片并记录一个口语问题,还包括 10 组答案。这些视觉问题来自 11 000 多名盲人,他们在真实世界中试图了解周围的物理世界。从 VizWiz 中获取的文件组织方式如下:

(1) 可视化问题被分成 3 个 JSON 文件:训练、验证和测试。对于训练和验证,答案是公开共享的,而对于测试,答案是隐藏的。

（2）提供 API 来演示如何解析 JSON 文件，并根据基准对方法进行评估。

（3）每一个视觉问题的详情如下：

"answerable"：0，

"image"："VizWiz_val_000000028000.jpg"，

"question"："What is this?"

"answer_type"："unanswerable"，

"answers"：[

{"answer"："unanswerable"，"answer_confidence"："yes"}，

{"answer"："chair"，"answer_confidence"："yes"}，

{"answer"："unanswerable"，"answer_confidence"："yes"}，

{"answer"："unanswerable"，"answer_confidence"："no"}，

{"answer"："unanswerable"，"answer_confidence"："yes"}，

{"answer"："text"，"answer_confidence"："maybe"}，

{"answer"："unanswerable"，"answer_confidence"："yes"}，

{"answer"："bottle"，"answer_confidence"："yes"}，

{"answer"："unanswerable"，"answer_confidence"："yes"}，

{"answer"："unanswerable"，"answer_confidence"："yes"}

]

这些文件显示了两种指定答案类型的方法：train.json 和 val.json。"answer_type"是最流行答案的答案类型（在 VizWiz 1.0 中使用）。

具体来说，本实验数据集包括：

（1）20 000 个训练图像/问题对。

（2）200 000 个训练答案/答案置信度对。

（3）3173 个图像/问题对。

（4）31 730 个验证答案/答案置信度对。

（5）8000 个图像/问题对。

（6）用于读取和可视化 VizWiz 数据集的 Python API。

（7）Python 评估代码。

7.3.5　口罩遮挡的人脸识别

1. 实验背景与内容

传统的人脸识别系统大多是非遮挡的人脸，包括眼睛、鼻子和嘴巴等主要面部特征。但是，在许多情况下，例如在疾病大流行、医疗环境、过度污染或实验室中，面部会被口罩遮挡。在新冠疫情期间，几乎每个人都戴着口罩，这给人脸识别带来了巨大的挑战。例如，一个戴着口罩的人在机场试图根据之前的签证或护照照片进行身份验证，传统的人脸识别

系统可能无法有效识别戴口罩的人脸，但摘下口罩进行认证会增加病毒感染的风险。为了应对上述戴口罩带来的挑战，改进现有的人脸识别方法至关重要。

2. 实验要求与评估

人脸识别通常包括标准脸部识别（Standard Face Recognition，SFR）和遮挡的脸部识别（Masked Face Recognition，MFR）。遮挡的脸部识别指标是一个加权和，即同时考虑 SFR 和 MFR。这些指标表示如下：

（1）All-Masked (MFR)←0.25×All-Masked (MFR)＋0.75×All (SFR)；

（2）Wild-Masked (MFR)←0.25×Wild-Masked (MFR)＋0.75×Wild (SFR)；

（3）Controlled-Masked （MFR）← 0.25 × Controlled-Masked （MFR）＋ 0.75 × Controlled (SFR)。

3. 数据来源与描述

1）WebFace260M 数据集

WebFace260M 是目前最大的公共人脸识别数据集，覆盖了有噪声的 400 万个身份的 2.6 亿张人脸和经过清洗的 200 万个身份的 4200 万张人脸。名人的名单由两部分组成：第一部分来自 MS1M(100 万，由 Freebase 构建)，第二部分来自 IMDB 数据库(300 万)。基于名人名单，通过 Google 图像搜索引擎搜索并下载名人面孔。WebFace42M 训练集是通过 CAST(Cleaning Automatic Utilizing Self-Training)方式获得的，该数据集的噪声比低于 10%（与 CASIA-WebFace 和 Glint360K 相似）。在 CAST 处理以后，当样本的余弦相似度大于 0.95 时，则删除重复项。

2）测试集

表 7.13 给出了测试集的统计数据，共有 2478 个身份的 60 926 张脸，该数据集对多重属性进行了标注，这些属性包含年龄、性别、种族、是否受控、是否户外、掩码等信息。测试集中的部分样本如图 7.14 所示。

表 7.13　测试集统计数据

属　　性		ID 数目	人脸数目
总数目		2478	60 926
性别	男性	1527	35 695
	女性	951	25 231
场景	受控	—	22 135
	户外	—	35 580
	遮挡	—	3211

图 7.14　测试集中的部分样本(左、中、右三列分别是受控、户外和遮挡的人脸)

7.4 智能视频分析

　　智能视频分析是通过数字图像处理、计算机视觉、深度学习等分析和理解视频画面中的内容,在视频帧与其描述之间建立映射关系。

7.4.1　多目标跟踪

1. 实验背景与内容

　　千兆像素摄像超越了单台相机的分辨率和人类视觉感知,旨在以极高的分辨率捕捉大规模动态场景。PANDA 是第一个以人为中心的千兆像素级视频数据集,用于大规模、长时和多目标的视觉分析,为大量计算机视觉任务带来了新的挑战和机遇。其中,对于多目标跟踪,研究人员已经研究了多种典型算法来解决这个问题,如 FairMOT、ReMOTS、DeepMOT 等。本实验的任务是实现长时的多目标跟踪(针对行人),即给定一个 PANDA 视频序列,获取视频中的行人轨迹(每帧行人 ID 的位置边界框)。

2. 实验要求与评估

1) 实验结果的形式

每个视频序列的结果需要存储在根文件夹中单独添加的.txt 文件中。文件名需要与序列名相同(如 11_Train_Station_Square. txt，区分大小写)，每行包含 10 个值，最后 4 个元素用－1 填充。

测试集结果文件压缩包目录如下：

```
├──results. zip
    ├──results
        ├──11_Train_Station_Square. txt
        ├──12_Nanshan_i_Park. txt
        ├──13_University_Playground. txt
        ├──14_Ceremony. txt
        ├──15_Dongmen_Street. txt
        ├──16_Ceremony_2. txt
        ├──17_Train_Station_Square_2. txt
        ├──18_Dongmen_Street_2. txt
        ├──19_University_Playground_2. txt
            ├──20_ipark_2. txt
```

以下是 txt 文件的示例：

1, 1, 5000, 10000, 200, 100, －1, －1, －1, －1

1, 2, 5000, 15000, 300, 100, －1, －1, －1, －1

1, 3, 5000, 20000, 400, 100, －1, －1, －1, －1

结果文件中各位置值的含义如表 7.14 所示。

表 7.14　结果文件中各位置值的含义

位　置	名　称	描　述
1	frame	帧的序号
2	id	目标的 ID，用于区分不同帧中边界框所对应的目标
3	bbox_left	预测边界框左上角的 x 坐标
4	bbox_top	预测边界框左上角的 y 坐标
5	bbox_width	预测边界框右下角的 x 坐标
6	bbox_height	预测边界框右下角的 y 坐标

2) 结果评价

为了评估行人跟踪算法的性能，采用多目标跟踪准确度(Multiple Object Tracking Accuracy，MOTA)和多目标跟踪精度(Multiple Object Tracking Precision，MOTP)作为

评价指标。评估分值是根据 MOTA 和 MOTP 的调和平均计算得到的，表达形式如下：

$$Score = \frac{2 \times MOTA \times MOTP}{MOTA + MOTP} \tag{7.14}$$

MOTA 和 MOTP 共同衡量算法连续跟踪目标的能力，即在连续帧中能准确判断目标的个数，精确地划定其位置，从而实现不间断的连续跟踪，与其相关的评测代码可参考 https：//github. com/GigaVision/PANDA-Toolkit？spm＝5176. 12281978. 0. 0. 403554c8FTBRFS。

（1）MOTA 可以较好地反映跟踪准确度，是当前 MOT 的主要评估指标，其计算形式如下：

$$MOTA = 1 - \frac{\sum\limits_t (FN_t + FP_t + IDS_t)}{\sum\limits_t GT_t} \tag{7.15}$$

其中：FP(False Positive)表示真实情况中没有，但跟踪算法误检出有目标存在；FN(False Negative)表示真实情况中有目标，但跟踪算法漏检了；IDS(ID Switch)表示目标 ID 切换的次数。

（2）MOTP 表示得到的检测框和真实标注框之间的重合程度：

$$MOTP = \frac{\sum\limits_{t,i} d_{t,i}}{\sum\limits_t c_t} \tag{7.16}$$

其中，c_t 表示第 t 帧的目标和预测目标的匹配个数，$d_{t,i}$ 表示第 t 帧目标的对应位置与预测位置之间的距离(匹配误差)。

3. 数据来源与描述

1）训练集

PANDA-Video 数据集用于多行人目标跟踪，该数据集由 20 个千兆像素的视频序列组成(包括 10 个训练视频和 10 个测试视频)。由于现有的视频压缩格式 H264 无法处理 PANDA 数据集的极高分辨率，因此将 PANDA-Video 中的视频分割成图像帧(. jpg 格式)进行存储。此外，为了更容易下载和加载数据，每秒绘制 2 个关键帧。训练集由 10 个视频序列组成，压缩目录包含 10 个图像 zip 文件和 1 个标注 zip 文件(train_part1. zip、train_part2. zip、train_part3. zip、train_part4. zip、train_part5. zip、train_part6. zip、train_part7. zip、train_part8. zip、train_part9. zip、train_part10. zip、train_annos. zip)。

每个 train_partx. zip 压缩包都包含一个序列的图像，目录如下：

```
├──train_partx
    ├──scene x
```

```
├────xxx.jpg
    ├────xxx.jpg
...
    ├────xxx.jpg
```

train_annos.zip 压缩包包含 10 个序列的标注，目录如下：

```
├────train_annos
    ├────scene 1
        ├────tracks.json
        ├────seqinfo.json
    ├────scene 2
        ├────tracks.json
        ├────seqinfo.json
...
```

PANDA-Video 中每个视频序列的标注包括 tracks.json 和 seqinfo.json 两个文件，这两个文件分别包含行人轨迹标注和视频序列的基本信息。tracks.json 的格式如表 7.15 所示，seqinfo.json 的格式如表 7.16 所示，其他相关信息如表 7.17 所示。

表 7.15 tracks.json 的格式

条 目	列	类 型	描 述
track_dict	track id	整数	行人序号
	frames	[frame_dict]	行人信息

表 7.16 seqinfo.json 的格式

列	类 型	描 述
name	场景名称	场景名称
frameRate	int	帧率
seqLength	int	视频总帧数
imWidth	int	帧的宽
imHeight	int	帧的高
imExt	文件扩展名	文件扩展名
imUrls	地址	相对地址

表 7.17　frame_dict

条　目	列	类　　型	描　　述
frame_dict	frame id	整数	帧序号
	rect	［rect_dict］	边界框中的行人位置
	face orientation	"后"或"前"或"左"或"左后"或"左前"或"右"或"右后"或"右前"或"不确定"	行人面部方向
	occlusion	"正常"或"隐藏"或"严重隐藏"或"消失"	遮挡级别

2）测试集

测试集由 10 个视频序列组成，与训练集具有相同的组织形式。

测试集压缩包目录如下：

Images
```
├──test_partx
    ├──scene x
        ├──xxx.jpg
        ├──xxx.jpg
    ...
        ├──xxx.jpg
```

Annotations
```
├──test_annos
    ├──scene 1
        ├──seqinfo.json
    ├──scene 2
    ├──seqinfo.json
    ...
```

测试集只包含 seqinfo.json，其格式与训练集相同。

7.4.2　电影标记与检索

1. 实验背景与内容

基于自然语言的视频图像搜索一直是信息检索、多媒体和计算机视觉领域的研究热点。一些现有的在线平台(如 YouTube)依靠大量的人工管理、手工分配标签、点击计数和相关的文本来匹配大量非结构化的搜索短语,以便从存储的库中检索相关视频的排名列表。然而,随着未标记视频内容数量的增长以及廉价的移动记录设备(如智能手机)的出现,人们的注意力正迅速转向自动理解、标记和搜索。在这个实验中,希望探索各种不同的语言-视觉联合学习模型,用于视频注释和检索任务。

2. 实验要求与评估

大多数大规模电影描述挑战(LSMDC)的字幕中都包含对人类活动的描述。本实验的主要目标是基于描述各种人类活动的自然语句,评估不同视觉语言模型的标记和搜索视频的性能。实验主要有两个任务:多选测试和电影检索。

1)多选测试

图 7.15 给出一个视频和 5 个字幕,在 5 个选项中找到正确的视频标题。数据集用一个或多个短语标签标记了每个字幕,正确的句子是基准字幕,其他 4 个句子是干扰项,它们是从其他标题中随机抽取的,抽取条件是它们具有与正确答案不同的短语标签。在多选测试中,平台 https://sites.google.com/site/describingmovies/lsmdc-2016/download 提供了 10 053 个问题,正确率是在整个公开测试的多选测试数据上进行评估,正确率是 10 053 个问题中被正确回答的百分比。

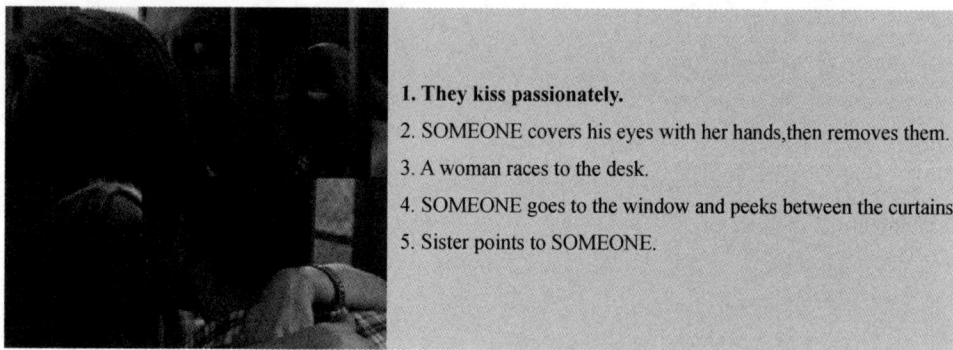

1. They kiss passionately.
2. SOMEONE covers his eyes with her hands,then removes them.
3. A woman races to the desk.
4. SOMEONE goes to the window and peeks between the curtains.
5. Sister points to SOMEONE.

图 7.15　多选测试

2)电影检索

LSMDC2016 公共测试数据的原始字幕中包含许多描述人类活动类型和给定了字幕排名的视频,在 1000 个视频/句子中计算视频检索的 Recall@1、Recall@5、Recall@10 和中位数等级。Recall@k 表示前 k 个视频中基准视频的回调百分比,而中位数等级(MedR)表示基准视频的中位数等级。检索示例如图 7.16 所示。

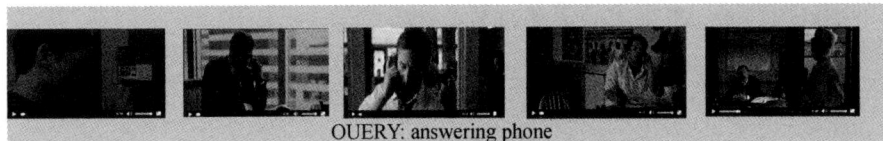

图 7.16 电影检索

3. 数据来源与描述

本实验数据可从 LSMDC 中获取，数据集中对每个视频只有一个描述，该描述语句易于理解，是原长描述的总结或原描述的主旨，并为训练数据和公共测试数据提供了全新的完整/简化的描述。

（1）原始音频描述语句：为电影描述提供的原始数据。

（2）Para-Pharses 音频描述语句：训练数据中长字幕（超过 15 个单词）的释义，大多数"长"描述都非常详细和复杂，释义通常只包含 3～10 个单词，是对原始长描述的概括或对其主要方面的表述。

7.4.3 短视频实时分类

1. 实验背景与内容

近几年发展极快的短视频行业具有明显的娱乐性和流行性，深受人们喜爱。为促进短视频领域理论与实践的共同发展，AI Challenger 平台提供了业内首个大规模多标签短视频实时分类数据，用于短视频分类任务的训练与测试工作。数据集共包含 20 多万条短视频，涵盖舞蹈、健身、唱歌等 63 类流行元素，分为训练集（12 万）、验证集（3 万）、测试集 A（3 万）和测试集 B（3 万）等。该数据集采用多标签分类体系，标签信息包含视频主体、场景、动作等多个维度，标注信息几乎包含视频中展现的所有元素。

视频中通常包含丰富的语义信息，如视频主体、场景、动作以及人物属性等内容，对丰富的语义信息及其依赖关系进行建模是视频分类的关键。

2. 实验要求与评估

本实验评判标准包含"短视频算法正确率"和"短视频实时分类"两个方面。需要测试正确率和运行时间，本实验侧重工业界应用，故运行时间包括截帧、提取特征等所有预处理时间和算法运行时间。评估分为正确率测评和时间测评。

1）算法正确率测评

本实验数据集采用多标签分类体系，测评使用整体正确率综合评估多标签分类的召回率和准确率。在多标签分类中，召回率衡量在预测结果中正确标签的占比；准确率衡量正确标签在真实标签中的比例。分别定义 Y_i 和 Z_i 为第 i 个视频实例的真实标签和预测标签，则多标签分类的召回率和准确率的定义如下：

$$Recall = \frac{1}{t} \sum_{i=1}^{t} \frac{|Z_i \cap Y_i|}{|Y_i|} \tag{7.17}$$

$$Precision = \frac{1}{t} \sum_{i=1}^{t} \frac{|Z_i \cap Y_i|}{|Z_i|} \tag{7.18}$$

在最终判断中，将使用整体正确率来综合衡量所有 t 个视频样本的算法召回率和准确率。具体测评方法如下：

$$Accuracy = \frac{1}{t} \sum_{i=1}^{t} \frac{|Z_i \cap Y_i|}{|Z_i \cup Y_i|} \tag{7.19}$$

2）算法运行时间测评

输入数据为视频文件，输出为该视频的类别。单个视频运行时间包括所有预处理和推理时间，即单个视频从视频输入到结果输出所需整体时间。最终度量值为测试集里 N 个视频进行 M 次处理的平均值 $T_{average}$，计算方式如下：

$$T_m = \frac{\sum_{n=1}^{N} T_n}{N} \tag{7.20}$$

$$T_{average} = \frac{\sum_{m=1}^{M} T_m}{M} \tag{7.21}$$

其中，T_n 为算法处理第 n 个视频花费的时间，N 为测试视频个数，M 为测试次数。

3. 数据来源与描述

数据来源于 AI Challenger 平台，数据集中共包含 20 多万条短视频，大部分视频的长度为 5～15 s。该数据集采用多标签分类体系，标签信息包含视频主体、场景、动作等多个维度，标注信息中尽量包含视频中展现的所有元素，每条视频有 1～3 个标签。视频所有标签列表如表 7.18 所示。

表 7.18 视频所有标签列表

标签 ID	标签名称	标签 ID	标签名称	标签 ID	标签名称
0	狗	21	芭蕾舞	42	游戏
1	猫	22	广场舞	43	娱乐
2	鼠	23	民族舞	44	动画
3	兔子	24	绘画	45	文字艺术配音
4	鸟	25	手写文字	46	瑜伽

标签 ID	标签名称	标签 ID	标签名称	标签 ID	标签名称
5	风景	26	咖啡拉花	47	健身
6	风土人情	27	沙画	48	滑板
7	穿秀	28	史莱姆	49	篮球
8	宝宝	29	折纸	50	跑酷
9	男生自拍	30	编织	51	潜水
10	女生自拍	31	发饰	52	台球
11	做甜品	32	陶艺	53	足球
12	做海鲜	33	手机壳	54	羽毛球
13	街边小吃	34	打鼓	55	乒乓球
14	饮品	35	弹吉他	56	画眉
15	火锅	36	弹钢琴	57	画眼
16	抓娃娃	37	弹古筝	58	护肤
17	手势舞	38	拉小提琴	59	唇彩
18	街舞	39	弹大提琴	60	卸妆
19	国标舞	40	吹葫芦丝	61	美甲
20	钢管舞	41	唱歌	62	美发

图 7.17 所示为一个标注的可视化示例。该视频中包含了"宝宝"和"弹钢琴"的信息，所以该视频的标注信息为：892507542. mp4，8，36。其含义为：视频名称，视频标签（使用，分割多标签），其中 8 和 36 分别为"宝宝"和"弹钢琴"的标签。

图 7.17　标注的可视化示例

7.4.4　视频中可移动物体实例分割

1. 实验背景与内容

自动驾驶是当前科研和产业界非常重要的项目,环境感知是自动驾驶众多关键技术之一。本实验主要完成基于视频的可移动物体分割的任务,实验的目的是推动环境感知问题中的计算机视觉和机器学习算法的科研水平。

百度提供的 ApolloScape 数据集是一个综合全面的数据集,包括测绘级别的三维点云和对齐过的带相机姿态的视频图像。点云的每个点和图像的每个像素都具备语义信息。希望所提供的数据集可以让自动驾驶相关的应用都有所受益,包括但是不限于 2D/3D 场景解析、定位、迁移学习和驾驶仿真。该数据集开放了近九万帧具备可移动物体实例标注的视频图像,其中的可移动物体(如车辆和行人)为实例标注。图 7.18 为视频中移动物体的实例分割结果图。

图 7.18　视频中移动物体的实例分割结果显示

2. 实验要求与评估

实验结果提交的是行程长度编码(Run-Length Encoding,RLE),每一行编码应该代表一个物体实例,包括 ImageId、LabelId、Confidence、PixelCount、EncodedPixels 等内容。其中:

ImageId：文件名。

LabelId：物体的类别（如轿车、行人、等）。

Confidence：预测的置信度。

PixelCount：该物体总共的像素（帮助判断评估所需时间）。

EncodePixels：行程长度编码，每一对由符号"|"分割开。例如，1 3|10 5|表示像素 1，2，3，10，11，12，13，14 在当前物体内。像素采用零索引，从左到右、从上到下编号。

评估 7 个不同的实例级的标签（即轿车、摩托车、自行车、行人、卡车、公交车和三轮车）。由于标注人员有些时候无法区分物体边界，在这种情况下，相应的类别不参与实验评估。

使用内插的 AP 作为物体分割的评估标准，AP 或 mAP 是依据所有视频段和所有类别并且根据不同的 IoU 的阈值计算所得。在一个预测的实例 A 和真实实例 B 之间的 IoU 的计算公式为

$$\mathrm{IoU}(A,B) = \frac{A \bigcap B}{A \bigcup B} \tag{7.22}$$

为了获得准确率-召回率（PR）曲线，以步长 0.05 选取了 10 个 IoU 阈值，在不同的阈值下匹配真实实例到预测的实例上。例如，给定一个 IoU 阈值 0.5，如果在一个预测实例和真实实例之间的 IoU 大于 0.5，则该预测实例被认为实现匹配。如果存在多个匹配的预测实例，则匹配的并具备最大置信度的预测实例被选为正样例，剩下的匹配的预测实例被归为负样例。预测实例如果没有被匹配到任何真实实例，则被归为负样例。如果一个预测实例和被忽略标签（如群类）之间的 IoU 大于当前 IoU 阈值，则该预测实例不被评估。

3. 数据来源与描述

本实验使用百度的 ApolloScape 的数据集，该数据集是通过配备了高分辨率相机和 Riegl 采集系统的中型 SUV 进行数据采集的，包含不同城市的不同交通状况的道路行驶数据。数据集标注了 5 组涵盖了 25 个不同语义项的标签。其中给每个像素都分配了 2 个 ID，即 Class ID 和 Train ID。Train ID 是用于训练的 ID，可以根据需要进行修改，值 255 表示现阶段未评估的标签，可以暂时忽略；Class ID 用于表示真实标注的 ID，包含颜色分配的更多细节，可以在 utilities.tar.gz 中的 label_apollo.py 文件中查看，并且在提交评测的阶段应确保使用的是 Class ID。训练和测试数据文件如表 7.19 所示，数据集目录结构如表 7.20 所示。

本实验具体评估 7 个不同的实例级的标注：轿车、摩托车、自行车、行人、卡车、公交车和三轮车；也有相对应的群类，如轿车群和自行车群。群类的产生主要是因为一定数量的物体相互遮挡导致标注人员无法区分物体边界。

表 7.19　训练和测试数据文件

文　件	描　　述
train_color.zip	原始的训练图像
train_label.zip	训练图像标签
test.zip	测试集图像
sample_submission.zip	样例提交文件
train_video_list.zip	训练图像的视频列表
convertVideotocsv.py	脚本样例用于将图像序列转成 csv 格式
EvaluationScriptsAndExamples.zip	评估脚本(C♯)和样例

表 7.20　数据集目录结构

文件名	描　　述
root	用户定义的根文件夹
type	当前版本中有 3 种数据类型，即 ColorImage、Label 和 Pose
road id	道路 ID，如 road001、road002
level	seg 表示标签仅包含像素级标签，ins 表示标签包含像素级和实例级标签
record id	记录 ID，如 Record001、Record002，每个记录包含的图像多达几千张
camera id	采集系统所使用的两个前置相机，即相机 5 和相机 6
timestamp	图像名称的第一部分
camera id	图像名称的第二部分
ext	文件的扩展名。彩色图像为.jpg，标签图像为_bin.png，实例级标签的多边形列表为.json，实例级标签为_instanceIds.png

　　每个相机和每个记录只有一个姿态文件(即 pose.txt)，该姿态文件包含相应摄像机和记录的所有图像的所有外部参数。姿态文件中每行的格式如下：

　　　　r00 r01 r02 t0 r10 r11 r12 t1 r20 r21 r22 t2 0 0 0 1 image_name

训练用的标签的格式说明如下：

(1) 所有标签和原始图像的尺寸一致。

(2) 标签里的像素值表示标签和实例。

(3) 每个类的标签可包括多个物体实例。

(4) int(PixelValue / 1000) 为类标签。

(5) PixelValue ℅ 1000 是实例 ID。

例如：某个像素值为 33 000，代表该像素的标签为 33(即轿车类)，实例 ID 为 ♯0；某个像素值为 33 001，代表该像素的标签为 33(即轿车类)，实例 ID 为 ♯1。这两个像素值表示两辆不同的轿车。

7.4.5 人体骨架跟踪与视觉分析

1. 实验背景与内容

本实验旨在探讨骨架人体跟踪和视觉人体分析方面的先进技术，除了实现骨架人体跟踪之外，还有两个任务：密集姿态估计和三维人体姿态估计。

1) 人体姿态的估计与跟踪

本实验要求在实际的视频中估计和跟踪多人的二维骨架姿态，如图 7.19 所示。单帧姿态估计精度和骨架跟踪精度作为评估准则。

图 7.19 估计和跟踪多人的二维骨架姿态

2) 密集姿态估计

本实验将估计人物视频和三维人体模型之间的密集对应关系，并将一张 RGB 图像的所有人物像素映射到人体模型的三维表面，如图 7.20 所示。实验将利用 DensePose-RCNN (Mask-RCNN 的一种变体)，以每秒多帧的速度密集地返回每个人所在区域的特定 UV 坐标。

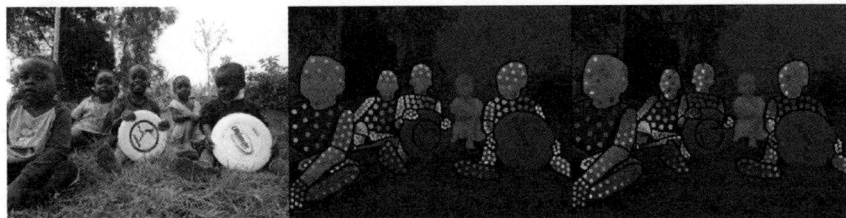

图 7.20 人物视频和三维人体模型之间的密集对应关系

本实验将通过划分表面来找到密集的对应关系，如图 7.21 所示，对于每个像素，确定它属于表面的哪个部分以及它对应于二维参数化的哪个部位。实验中采用了 Mask-RCNN 的结构，利用特征金字塔网络(FPN)的特征，并通过 RoI Align 池化层来获得每个选定区域内的密集部分的标签和坐标。在 RoI 池化层的基础上引入了一个全卷积网络，它的作用是：生成每个像素的分类结果，并用于选择表面部位；对于每个部位，回归部位内的局部坐标。在推理过程中，系统使用 GTX1080 显卡对 320×240 图像以 25 f/s 运行，对 800×1100 图像以 4~5 f/s 运行。

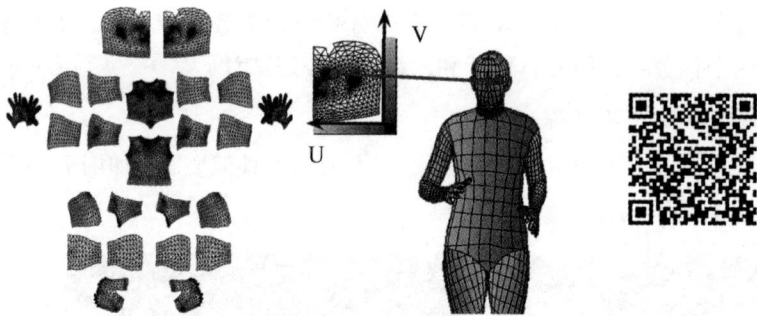

图 7.21 人体表面的划分与"部位上的点"相对应

可以使用带标注的点监督训练 DensePose-RCNN 系统，同时，通过"修复"最初未标注位置上的监督信号的值以获得更好的结果。为实现这一目标，采用了一种基于学习的方法，首先训练一个"教师"网络(全卷积的神经网络)，重建基准值并给出尺度归一化图像及其分割掩膜。使用级联策略进一步提高了系统的性能，通过级联可以利用来自相关任务的信息，如关键点估计和实例分割。而 Mask-RCNN 结构已经成功地解决了这些问题，能够实现任务协同以及不同监督来源的优势互补。

3) 三维人体姿态估计

本实验基于 Human3.6M 中的基准测试集，该基准测试集为估计二维和三维骨骼关节位置、骨架角度、身体部位、语义分割以及三维人体形状和深度提供了条件。

2. 数据来源与描述

1) 人体姿态的估计与跟踪

基于 PoseTrack 中基准测试集中的视频，可以对数据集进行扩充翻倍。

2) 密集姿态估计

PoseTrack 是一个大型的基准数据集，在 5 万张 COCO 图像上手动标注了图像与表面之间的对应关系。使用人工手动标注来建立从二维图像到基于表面的人体表征之间的密集对应关系,通过构建一个两阶段标注流程,以有效地获取用于图像到表面之间对应关系的标注。

3)三维人体姿态估计挑战

本任务的数据集是大规模数据集 Human3.6M 的子集,由 8 万个人体姿态和相应的图像组成,图像包含了 10 名专业演员(6 名男性和 4 名女性)和 15 种特定的情节(讨论、正在抽烟、正在拍照、正在打电话等)。

7.4.6　视频人像抠图

1. 实验背景与内容

视频人像抠图是语义分割的一种,是从视频中提取出人像前景,使人像与背景准确分离的一种技术。该技术在现实中有着广泛的应用,如虚拟现实、增强现实、电影制作、摄影合成,以及设置虚拟背景等真实视频会议场景,这些应用主要基于图像合成技术。在图像合成技术中,通过人像抠图技术可以得到所需要的 mask,mask 中每一个像素点的值表示了原始图像每个像素是否属于人像前景,其精度直接影响合成图像质量的优劣。

2. 实验要求与评估

对于一幅图像,感兴趣的目标部分称为前景 F,其余部分为背景 B,则图像 I 可以视为 F 与 B 的加权融合,即 $I = \alpha F + (1-\alpha)B$,抠图任务就是找到合适的权重 α。本实验的抠图结果通过 4 个指标进行评估:均方误差(Mean Squared Error, MSE)、绝对误差和(Sum of Absolute Difference, SAD)、梯度误差(Gradient error, Grad)和连通性误差(Connectivity error, Conn)。

1)均方误差

均方误差定义为

$$\mathrm{MSE} = \frac{1}{n} \sum_i (\alpha_i - \alpha_i^*)^2$$

其中,α_i 表示在位置 i 的抠图权重,α_i^* 表示其基准值。

2)绝对误差和

绝对误差和定义为

$$\mathrm{SAD} = \sum_i |\alpha_i - \alpha_i^*|$$

3)梯度误差

梯度误差是预测的 $\nabla\alpha_i$ 和基准 $\nabla\alpha_i^*$ 之间的梯度差异,表示为 $\sum_i (\nabla\alpha_i - \nabla\alpha_i^*)^2$,其中 $\nabla\alpha_i$ 表示在位置 i 的抠图归一化梯度,是通过将 matte 与一阶 Gaussian 导数滤波器进行卷积计算得到的。

4）连通性误差

连通性误差是对整个预测的抠图和 Ground truth 的差异的叠加和。

3. 数据来源与描述

数据源包括 320 个视频，并以 5～6 f/s 对 alpha matte 进行注释。这个人像抠图数据集涵盖了来自室内场景（如办公室、卧室）和室外场景（如公园、街道）的广泛数据，这些数据集都可以从 Google Drive 和 Microsoft OneDrive 下载，所有视频和图像的分辨率均为 512×512，数据集的划分如表 7.21 所示。

表 7.21　数据集的划分

划　　分	剪　辑	框　架	编解码器
训练集	1128	109 624	HEVC QP=1
验证集	125	13 411	HEVC QP=1
测试集	176	16 861	JPEG QF=2

训练和验证集使用 x265 编码，当将帧编码为视频时设置 QP=1，此类设置可确保所有视频都经过视觉无损编码。测试以帧为单位提供，设置 QF=2，以保证视觉无损。然后，将使用现有编解码器（如 HEVC）以相同的比特率约束压缩这些帧，并计算解码帧的评估指标，更多细节可以在 Codalab 平台中查看。整个数据集分为训练集（220）、验证集（50）和测试集（50），其描述如表 7.22 所示。数据集可以从 GoogleDrive 和百度云下载（提取码：f1o7），更多细节可以查阅 Codalab 平台。

表 7.22　数 据 集 描 述

划　　分	剪　辑	带注释的帧
训练集	220	19 449
验证集	50	4377
测试集	50	4183

7.5　语言和文本处理

自然语言处理包括通过机器读取、解读、理解和感知人类语言，以及利用机器学习分析文本语义和语法，从人类语言中获得含义。

7.5.1　英中文本机器翻译

1. 实验背景与内容

随着深度学习技术的不断发展，近年来机器翻译研究受到了越来越多的关注。AI

Challenger 平台提供了一个英中机器翻译数据集，包含了 1000 万英中对照的句子对作为数据集合。数据主要来源于英语学习网站和电影字幕，主要为口语数据。另外，AI Challenger 平台还提供了 300 万带有上下文情景的英中双语口语数据。

英中机器文本翻译作为此次实验的任务之一，目标是评测机器翻译的能力。实现的机器翻译语言方向为英文到中文，测试文本为口语领域数据。根据评测方提供的数据训练机器翻译系统，可以自由地选择机器翻译技术，例如基于规则的翻译技术、统计机器翻译及神经网络机器翻译等。

本实验利用机器翻译的客观考核指标（BLEU、NIST Score、TER）进行评分，BLEU（Bilingual Evaluation Understudy，双语评估替换）得分会作为主要的评价指标，综合评估完成者的算法模型。

2. 实验要求与评估

对于文本机器翻译，采用 BLEU 得分评价翻译效果。英中机器翻译指标会采用基于字符的评价方式，中文句子会被切分成单个汉字，翻译结果中的数字、英文等则不进行切分，然后再使用测试指标测试效果，所有的自动评测均采用大小写敏感的方式。BLEU 的定义如下：

$$
\begin{cases}
\mathrm{BLEU}\_n = \mathrm{brevity\_penalty} \exp \sum_{i=1}^{n} \lambda_i \log \mathrm{precision}_i \\
\mathrm{brevity\_penalty} = \min\left(1, \dfrac{\mathrm{output\_length}}{\mathrm{reference\_length}}\right)
\end{cases}
\tag{7.23}
$$

其中：$\mathrm{precision}_i$ 表示 i 元文法的准确率，即指定阶数 i 的正确文法个数占该阶文法总个数的比例；$\mathrm{brevity\_penalty}$ 是长度惩罚因子，如果译文过短就会被扣分；λ_i 一般设置为 1。

3. 数据来源与描述

训练集文件名为 train. txt，其中每个训练样例包含 4 个元素（自左至右）：DocID、SenID、EngSen 和 ChnSen。DocID 表示这个样例出现在哪个文件中，用来提供训练集中句子出现的场景和上下文情景；SenID 表示这个样例在 DocID 中出现的位置，比如，如果 SenID 为 94，那么这个样例就是 DocID 的第 94 句话，若无上下文信息，则 DocID 和 SenID 均为 NA；EngSen 和 ChnSen 分别对应英文句子和中文句子，二者互译。

验证集和测试集为 .sgm 文件，句子格式和训练集相同。其中测试集没有与英文句子 EngSen 对应的中文句子 ChnSen。

训练集、测试集和验证集的上下文文件包含所有语句的上下文信息，其中每行包含 3 个元素（自左至右）：DocID、SenID 和 EngSen。

训练集样例如下（第一列为 DocID，第二列为 SenID，第三列为 EngSen，第四列为 ChnSen）：

NA	NA	We said 6:00!	我们是约 6 点！
NA	NA	We said 7:00.	我们是约 7 点.
NA	NA	We said 8:00.	我们约的是 8:00.
NA	NA	We said 8:30. No, we said 9:00.	我们约了 8:30. 不是，是 9:00.
1	1	Warrick, why don't you and I take the perimeter and work our way in.	沃瑞克，你跟我进去.
1	2	All right.	好的.
1	3	Greg, you're with us. I'll start the sketch.	葛瑞格，你也来. 我来画草图.
1	4	How you doing, Nick? – Above ground, Wilcox.	你好吗，尼克？ 至少还活着，威尔克克斯.
1	5	Would you like inside or out?	你到里面去还是留在外围？

测试集、验证集样例如下（第一列为 DocID，第二列为 SenID，第三列为 EngSen）：

`<seg id="1">13`	126 oh, hey, uh, ben, beth. What A...`</seg>`
`<seg id="2">8`	356 What do you mean? - You go to haiti, and... I take this job.`</seg>`
`<seg id="3">49`	353 with all the talk about the possible Supreme Court appointment and all...`</seg>`
`<seg id="4">7`	454 Is for me to tell you what it is.`</seg>`
`<seg id="5">39`	543 All right. All right. He's watching us too closely to get the guns.`</seg>`
`<seg id="6">30`	517 Knowing what someone wants can tell you a lot about who they are,`</seg>`

验证集中文样例如下：

`<seg id="1">`哦，嘿，呃，本·贝丝，真是...`</seg>`
`<seg id="2">`你什么意思？ 你去海地...我接受我的工作。`</seg>`
`<seg id="3">`爸爸要参加最高法院的所有的会谈还要完成所有工作......`</seg>`
`<seg id="4">`该我说了算。`</seg>`
`<seg id="5">`好了，好了。他盯得太紧了，我们没法拿枪。`</seg>`
`<seg id="6">`知晓别人的目标是什么能让你大略知道他们是谁，`</seg>`

上下文文件样例如下（第一列为 DocID，第二列为 SenID，第三列为 EngSen）：

1	1	Warrick, why don't you and I take the perimeter and work our way in.
1	2	All right.
1	3	Greg, you're with us. I'll start the sketch.
1	4	How you doing, Nick? - Above ground, wilcox.
1	5	Would you like inside or out?
1	6	I'll take in.

7.5.2　图像中文描述

1. 实验背景与内容

图像的中文描述问题融合了计算机视觉与自然语言处理两个方向，是用人工智能算法解决多模式、跨领域问题的典型代表。本实验需要对给定的每一张测试图像输出一句话的描述。描述句子要求符合自然语言习惯，点明图像中的重要信息，涵盖主要人物、场景、动作等内容。本实验的图像描述数据集（AI Challenger 平台提供）以中文描述语句为主，与同类任务常见的英文数据集相比，中文描述通常在句法、词法上灵活度较大，算法实现的挑战也较大。通过客观指标（BLEU、METEOR、ROUGEL 和 CIDErD）和主观评价（流畅度、相关性和助盲性）对算法模型进行评价。

2. 实验要求与评估

1）评价标准

本实验采用客观和主观相结合的评价标准。

2）客观的评价

客观的评价包括 BLEU、METEOR、ROUGEL 和 CIDErD 4 个评价标准。根据这 4 个评价标准得到一个客观评价的得分。

评价分值计算方法为

$$S_{m1}(\text{team}) = \frac{1}{4}S(\text{team@BLEU@4}) + \frac{1}{4}S(\text{team@METEOR}) +$$

$$\frac{1}{4}S(\text{team@ROUGEL}) + \frac{1}{4}S(\text{team@CIDErD}) \tag{7.24}$$

其中，$S(\text{team@METEOR})$ 表示在 METEOR 标准下进行标准化后的得分，$S_{m1}(\text{team})$ 表示客观评价分值的加权平均值，然后对分值 $S_{m1}(\text{team})$ 进行标准化处理得到客观评价分值。

3）主观的评价

对测试结果中的子集进行主观评价，同时对每个实现组的候选句子进行打分（1~5），分值越高越好。打分遵循以下 3 个原则：

（1）流畅度（Coherence）：评价生成语句的逻辑和可读性。

（2）相关性（Relevance）：评价生成语句是否包含对应图像中含有的重要的物体/动作/事件等。

（3）助盲性（Help_For_Blind）：评价生成语句对一个有视力缺陷的人去理解图像有帮助的程度。

主观评价 $m2$ 公式如下：

$$S_{m2}(\text{team}) = \frac{1}{3}S(\text{team@Coherence}) + \frac{1}{3}S(\text{team@Relevance}) +$$

$$\frac{1}{3}S(\text{team@Helpful\_For\_Blind}) \tag{7.25}$$

其中，$S(\text{team})$ 表示在流畅度上进行标准化后的分值。

4）综合主观和客观评价

总体得分为综合主客观评价：

$$S_{m1m2}(\text{team}) = S_{m1}(\text{team}) + S_{m2}(\text{team}) \tag{7.26}$$

这样，S_{m1m2} 分值越高越好。

3. 数据来源与描述

数据形式包含图像和对应的 5 句中文描述，图 7.22 中文描述示例如下：

（1）蓝天下一个穿灰色 T 恤的帅小伙以潇洒的姿势在上篮。

（2）蔚蓝的天空下一位英姿飒爽的男孩在上篮。

（3）蓝天下一个腾空跃起的男人正在奋力地灌篮。

（4）一个穿着灰色运动装的男生在晴朗的天空下打篮球。

（5）一个短头发的男孩在篮球场上腾空跃起。

图 7.22　图像描述示例图

7.5.3　声纹识别

1. 实验背景与内容

风险管理服务提供商提出了智能分析的风控理念，将人工智能与风险管理深度结合，为非银行信贷、银行、保险、基金理财、三方支付、航旅、电商、O2O、游戏、社交平台等多个行业客户提供高效智能的风险管理整体解决方案,实现将人工智能技术深度应用到金融和互联网风险管理及反欺诈领域。

本实验基于同盾科技核心业务展开,以一线业务的实战经验为素材,针对声纹识别在风控领域的应用做更深入的探索。要求基于给定的训练数据建立模型,从而可对任意给定的两段语音数据进行处理,模型输出这两段语音是由同一个人说的概率 p,$p \in [0, 1]$。

2. 实验要求与评估

训练/验证:使用所提供的说话人各自的语音音频数据与说话人性别,在 K-Lab 中建立模型并验证模型,可对任意给定的两段语音数据进行识别。

输出结果:根据训练集中所提供的 pair_id.txt,对测试集中的 1200 对语音分别输出是由同一人说的概率 p,并将结果文件(csv)通过 K-Lab 上传至自动测评系统得到等错误率(Equal Error Rate,EER)分值。

测试集说明:测试集包含 1200 对语音音频组合,测试集音频组合示例如表 7.23 所示。每一行表示一对音频组合。"0001_0002"表示测试集目录 test_set 下的音频 0001.wav 和 0002.wav;"0003_0004"表示测试集目录下的音频 0003.wav 和 0004.wav;以此类推。实验结果使用 EER 值来判断分类模型的好坏。

表 7.23 测试集音频组合示例

pairs_id	音 频
0001_0002	0001.wav、0002.wav
0003_0004	0003.wav、0004.wav
0004_0005	0004.wav、0005.wav

3. 数据来源与描述

本实验的训练数据来源于希尔贝壳(AISHELL)中文普通话语音数据库,每人抽取 5 min 左右的数据,共 1000 名来自中国不同口音区域的人参与录制。录制过程在安静的室内环境中,同时使用 3 种不同设备:高保真麦克风(44.1 kHz,16 bit)、Android 系统手机(16 kHz,16 bit)和 iOS 系统手机(16 kHz,16 bit)。录音内容涉及财经、科技、体育、娱乐、时事新闻等 12 个领域。

数据分为训练集和测试集两部分。训练集共包含 1000 个说话人,每个文件夹名为该录音人的 ID,其中包含所有该录音人所说的语音,具体关于训练集中录音人相关信息的内容,可查看文件目录下的 training_set_spk_info.csv;测试集共包含 1200 对语音音频组合。

关于该实验数据集的详情可在 AISHELL 平台上进行查看。

7.5.4　文章核心实体的情感辨识

1. 实验背景与内容

自然语言是人类智慧的结晶，自然语言处理是人工智能中最为困难的问题之一，对自然语言处理的研究也是充满魅力和挑战的。本实验为基于自然语言处理技术的内容识别。给定若干文章，目标是判断文章的核心实体以及对核心实体的情感态度。每篇文章识别最多 3 个核心实体，并分别判断文章对上述核心实体的情感倾向（积极、中立和消极3 种）。

2. 实验要求与评估

评估的分值由实体词的 F1_Score 以及实体情绪的 F1_Score 组成，每个样本计算 micro F1_Score，然后取所有样本分数的平均值。

$$\text{Score} = \frac{\text{F1\_Score(Entities)} + \text{F1\_Score(Emotions)}}{2} \tag{7.27}$$

实体词的 F1_Score 如下：

$$\text{F1\_Score(Entities)} = \frac{1}{n}\sum_{0<i<n} 2 \times \frac{\text{Precision}_i(\text{Entities}) \times \text{Recall}_i(\text{Entities})}{\text{Precision}_i(\text{Entities}) + \text{Recall}_i(\text{Entities})} \tag{7.28}$$

情绪的 F1_Score 由实体-情绪的组合标签进行判断，只有实体情绪都正确才算正确的标签：

$$\text{F1\_Score(Emotions)}$$
$$= \frac{1}{n}\sum_{0<i<n} 2 \times \frac{\text{Precision}_i(\text{Entity\_Emotion}) \times \text{Recall}_i(\text{Entity\_Emotion})}{\text{Precision}_i(\text{Entity\_Emotion}) + \text{Recall}_i(\text{Entity\_Emotion})} \tag{7.29}$$

术语说明：

实体：人、物、地区、机构、团体、企业、行业、某一特定事件等固定存在，且可以作为文章主体的实体词。

核心实体：文章主要描述或担任文章主要角色的实体词。

示例：正确答案如表 7.24 所示。

表 7.24　正 确 答 案

文章 ID	实体	情　绪	情绪-实体组合标签
0	a, b, c	POS, POS, NEG	a_POS, b_POS, c_NEG
1	d, e	NEG, POS	d_NEG, e_POS

预测答案如表 7.25 所示。　　**表 7.25　预 测 答 案**

文章 ID	实 体	情 绪	情绪-实体组合标签
0	a，b，c	POS，POS，POS	a_Pos，b_POS，c_POS
1	d，e，f	NEG，NEG，NEG	d_NEG，e_NEG，f_NEG

判断分数如表 7.26 所示。

表 7.26　判 断 分 数

文章 ID	$Precision_i$ (Entities)	$Recall_i$ (Entities)	F1_Score (Entities)
0	1	1	1
1	1	0.667	0.8
平均	—	—	0.9
文章 ID	$Precision_i$ (Entity_Emotion)	$Recall_i$ (Entity_Emotion)	F1_Score (Emotions)
0	0.667	0.667	0.667
1	0.5	0.333	0.4
平均	—	—	0.533

由式(7.27)可知，

$$Score = \frac{0.9 + 0.533}{2} = 0.717$$

提交文件中，每一行是一篇文章的最终标注数据，分为 3 列，分别是文章 ID、主实体数据和态度数据，3 列使用"\t"分隔；主实体数量为 1~3 个不等，主实体数据之间用","分隔；态度数量和主实体数量一致，也是用","分隔。可以参照 coreEntityEmotion_sample_submission_v2.txt。

3. 数据来源与描述

实验数据可通过阿里云天池平台获取。

7.6　三维图像处理

三维图像是一种特殊的信息表达形式，包含空间中 3 个维度的数据，三维图像借助第三个维度的信息，实现天然的物体-背景解耦。点云数据是最常见和最基础的三维模型，提取点云中信息的过程为三维图像处理。

7.6.1 三维人脸特征点跟踪

1. 实验背景与内容

虽然学术界已经收集了大量高质量的标注数据并用于人脸特征点定位和跟踪基准的建立，但仍没有在长时间视频中进行三维人脸特征点跟踪的基准数据集，主要原因在于，在无约束条件下捕捉三维人脸和在图像中可靠地拟合三维模型是十分困难的。本实验希望实现更好的三维人脸特征点定位。

2. 实验要求与评估

评估人脸特征点检测算法的性能时，将同时计算各特征点点对点的欧氏距离误差和模型空间中的误差（以 mm 为单位计算）。计算误差时将考虑所有特征点（包括脸颊、眉毛、眼睛、鼻子和嘴巴），基于此计算测试图像中误差小于某一特定阈值的图像所占百分比，并生成累积曲线图。

3. 数据来源与描述

为了更好地进行三维人脸特征点定位，边界需要更多的特征点，因此标注中多提供了 16 个特征点的坐标。对于静态图像，数据中提供图像空间中与人脸三维模型投影对应的 x、y 坐标，以及模型空间中特征点的 x、y、z 坐标。本实验中的 84 点标记和相关示例见图 7.23 和图 7.24。

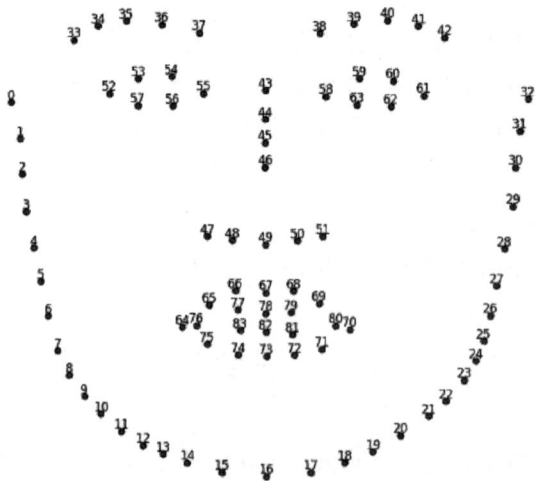

图 7.23　84 点标注

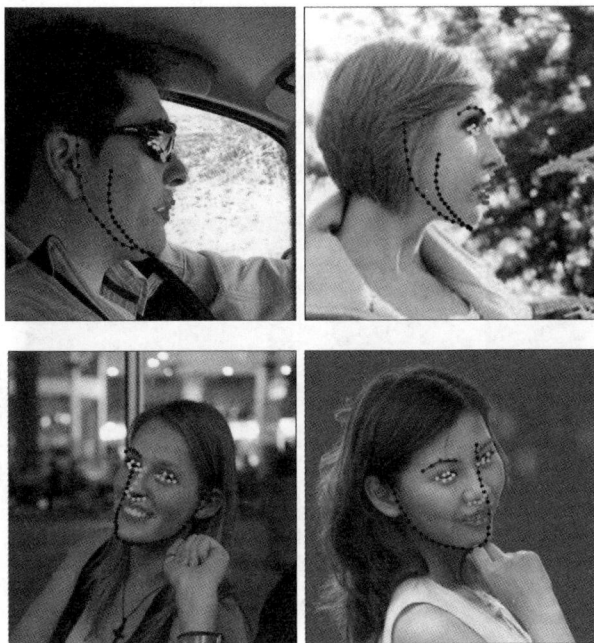

图 7.24 人脸特征点举例

本实验所用数据是 300 VW 视频数据的三维人脸特征点标注，在这种情况中，特征点坐标是用一种更复杂的方式产生的。简而言之，在 300 VW 的原始二维特征点上，使用了一种运动算法的非刚性结构形式，以获取三维坐标的初步估计，然后使用了文献 3D Face Morphable Models "In-the-Wild" 的改进版本实现，同时拟合视频的所有帧。最后，所有特征点都被进行了目测，并在必要时手动纠正。训练数据包含脸部图像与其对应的标注，可通过 https://www.dropbox.com/s/yf8a3btsn8fjdbv/Menpo_3d_challenge_trainset_videos%20%281%29.zip?dl=1 获取。

7.6.2 自然环境下的三维人脸配准

1. 实验背景与内容

在计算机视觉和机器学习领域，人们对人脸自动配准越来越感兴趣。人脸配准是在不同的主题、光照和视点之间自动定位详细的面部标记，对于所有的人脸分析应用程序，例如识别、面部表情和动作单元分析，以及许多人机交互和多媒体应用程序，都是至关重要的。

最常见的方法是二维配准，它将人脸视为二维对象，只要脸是正面和平面的，这个假设就成立。然而,当人脸的方向与正面不同时,这一假设就不成立,二维标注的点就失去了对应关系。同时,姿势的变化会导致自遮挡,混淆了标记的标注。

为了实现对头部旋转和深度变化的稳健配准,人们对三维成像和配准进行了深入的研究,图 7.25 为三维人脸配准的结果显示。三维配准需要特殊的成像传感器,当成像条件无法满足时(这是常见的情况),人们提出了二维视频或图像的三维配准解决方案。

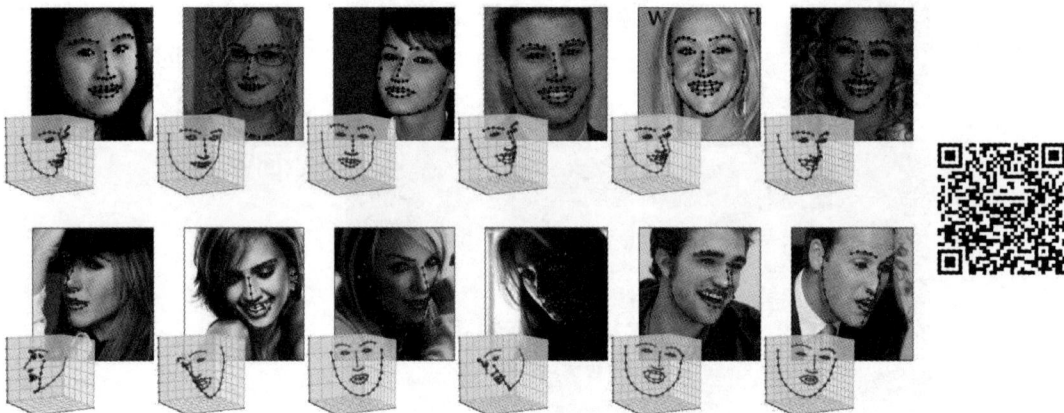

图 7.25　三维人脸配准结果展示

本实验使用三维信息标注的大型多样化多视角面部图像来评估三维面部配准方法,数据集包括从设定条件下获取的和野外条件下获取的图像:

(1) MultiPIE 的多视角图像。

(2) 由 BP4D 自然数据集合成渲染的图像数据。

(3)“野外”图像和视频,包括三维电视内容和使用相机阵列捕获的时间片段视频。利用一种新颖的基于稠密模型的运动技术,对深度信息进行了恢复。

所有这 3 个来源都用相同的方式进行了标注,消除了误差较大的三维网格。本实验数据集包括一个带标注的训练集和一个没有标注的验证集。

2. 实验结果评估

使用以下评估指标评估结果:

(1) 基准误差(Ground Truth Error, GTE)。

(2) 交叉视图基准一致性误差(Cross View Ground Truth Coherence Error, CVGTCE)。

GTE 是广泛应用的 300-W 评估指标,定义为由眼间距离标准化的平均欧氏距离误差,以眼睛外角之间的欧氏距离进行测量归一化,并计算如下:

$$E(\pmb{X}, \pmb{Y}) = \frac{1}{N} \sum_{k=1}^{N} \frac{\parallel \pmb{X}_k - \pmb{Y}_k \parallel_2}{d_i} \tag{7.30}$$

其中，X 是预测值，Y 是基准值，d_i 是第 i 个图像的双眼距离。

CVGTCE 旨在评估预测标记的交叉视图一致性，是将预测结果与另一个主题视图的基准进行比较，并按以下方式计算：

$$E_{cv}(X, Y, P) = \frac{1}{N} \sum_{k=1}^{N} \frac{\| (sRX_k + t) - Y_k \|_2}{d_i} \tag{7.31}$$

转换参数 $P = \{s, R, t\}$ 以下列方式获得：

$$\{s, R, t\} = \underset{s, R, t}{\mathrm{argmin}} \sum_{k=1}^{N} \| Y_k - (sRX_k + t) \|_2^2 \tag{7.32}$$

其中，s 为尺度，R 为旋转项，t 为平移量。

3. 数据来源与描述

本实验的数据包括二维图像和三维面部标注。二维图像源自以下数据集：

（1）MultiPIE。

（2）BU-4DFE：宾厄姆顿大学三维动态面部表情数据库。

（3）BP4D-Spontaneous：Binghamton-Pittsburgh 4D 自发性面部表情数据库。

（4）TimeSlice3D：包含从网络收集的时间片段视频中提取的带标注的二维图像。

（5）测试数据：将使用测试数据进行最终评估，因此最终的实验结果应该基于测试数据。

（6）训练和验证数据：文献 *Fast and precise face alignment and 3D shape reconstruction from a single 2D image* 提供了训练数据集和验证集，验证数据的组成与测试集相似。可以使用验证数据进行实验，以验证其系统。

标注由 66 个三维基准点组成，这些基准点定义了永久性面部特征的形状。在利用 MultiPIE 和 TimeSlice3D 数据集时，使用 http://www.zface.org/ 中基于模型的运动结构技术来恢复深度信息，并使用相同的技术从 BU-4DFE 和 BP4D-Spontanoues 数据集的三维基准数据中获取相应的标注。

7.6.3 三维手部姿态估计

1. 实验背景与内容

本实验实现三维手姿估计任务的评估，目标是评估所设计算法在解决三维手部姿态估计问题方面的技术水平，并检测所设计算法和评估指标的主要优劣之处。实验主要基于 BigHand2.2M 和第一人称手部动作数据集（FHAD），这些数据集包含多只手、多视角、多手部关节和遮挡等各种因素。

2. 实验要求与评估

本实验主要包含以下 3 个任务：

（1）三维手部姿态跟踪：该任务主要在含 2700～3300 帧的序列和少数含 150 帧的短序列上执行。给定第一帧的全手位姿态标注，算法应该能够在整个序列中跟踪 21 个关节的三维位置。

（2）三维手部姿态估计：该任务对单个图像进行估计，从序列中随机选取一个图像，并提供手部区域的边界框。算法应该能够预测每幅图像的 21 个关节的三维位置。

（3）手-物体交互三维手部姿态估计：该任务提供 2965 帧完全标注的手与不同物体交互的序列（如果汁瓶、盐瓶、刀、奶瓶、汽水罐等），所有的图像都是在以自我为中心的背景下拍摄的。算法应该能够预测每幅图像的 21 个关节的三维位置。

手部姿态的分析结果使用不同的误差测度来评估，评估的目的是确定不同方法的优缺点。主要的评估指标包括标准误差指标和新提出的误差指标。

1）标准误差指标

（1）每一帧的所有关节的平均误差以及所有测试帧上的平均误差。

（2）所有估计关节在一定误差阈值范围内所占的比例。

（3）所有估计关节与所标注基准在一定距离范围内的帧所占的比例。

2）新提出的误差指标

（1）可见性：手部姿态经常出现遮挡情况，如自我遮挡和来自物体的遮挡。当遮挡发生时，特别是在以自我为中心的视角和手-交互的情境中，只测量可见关节的结果是有意义的。实例如图 7.26 所示。

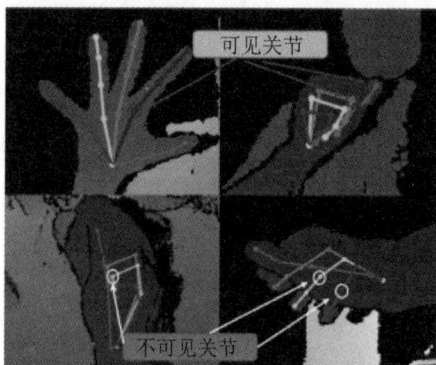

图 7.26　可见关节与不可见关节

（2）手部姿态频率：某些手部姿态（如摊开手掌）出现的频率高于其他姿态（如伸出无名指，弯曲其他手指），对应的手部姿态频率采用加权误差度量方法，通过将测试姿态聚类成组，给每只手的姿态赋予一个与它所属的聚类大小成反比的权重。

3. 数据来源与描述

数据集是通过从 BigHand2.2M 和 FHAD 抽取图像和序列创建的。这两个数据集是使用基于 6 个 6D 磁传感器和逆运动学的自动标注系统进行标注的。深度图像是用英特尔 RealSense SR300 相机以 640 像素×480 像素分辨率拍摄的。有关数据集构造的详细信息，可参阅文献 *The 2017 Hands in the Million Challenge on 3D Hand Pose Estimation*。

1）训练数据

训练集是从 BigHand2.2M 数据集中进行抽取获得的，并进行了精心设计以及姿态构建。训练数据被随机打乱以去除时间信息并提供了 21 个节点的基准标注。

2）测试数据

测试数据由以下 3 个部分组成：

（1）10 个受试者的随机手部姿态（在训练数据集中出现过的有 5 个，未出现的有 5 个）。

（2）以自我为中心的无手部姿态（在训练数据集中出现过的有 5 个，未出现的有 5 个）。

（3）以自我为中心的含手部姿态（来自 FHAD 数据集）。

在进行三维手部姿态跟踪时，将测试数据分割成连续帧小段，只对初始帧提供 21 个关节的真实标注。在这个任务中，有 99 个 BigHand2.2M 数据集中的片段，每个片段有 2700～3300 个连续帧，还有 FHAD 中的几个短序列，每个序列有 150 帧。

在进行三维手部姿态估计时，将测试数据随机打乱，去除运动信息，每帧提供手部的边界框。总的来说，在这个任务中大约有 296K 帧的测试数据。

在进行手-物体交互三维手部姿态估计时，随机打乱帧的顺序，提供手部的边界框。当两只手出现在一个画面中时，只考虑右手。在这个任务中总共有 2965 帧涉及不同场景的不同的图。

3）标注和结果的格式

标注文件为文本文件，每一行都是一个帧的注释，格式如下：

（1）每一行有 64 个项目，第一个项目是帧名。

（2）其余 63 项是 21 个关节在真实世界坐标下的[x y z]值(mm)。

关节顺序如下：

[Wrist、TMCP、IMCP、MMCP、RMCP、PMCP、TPIP、TDIP、TTIP、IPIP、IDIP、ITIP、MPIP、MDIP、MTIP、RPIP、RDIP、RTIP、PPIP、PDIP、PTIP]

其中"T""I""M""R""P"分别表示"拇指""食指""中指""无名指""小指"，"Wrist""MCP""PIP""DIP""TIP"分别表示腕部、掌指关节、近侧指间关节、远侧指间关节和指尖关节。手部 21 个关节如图 7.27 所示。

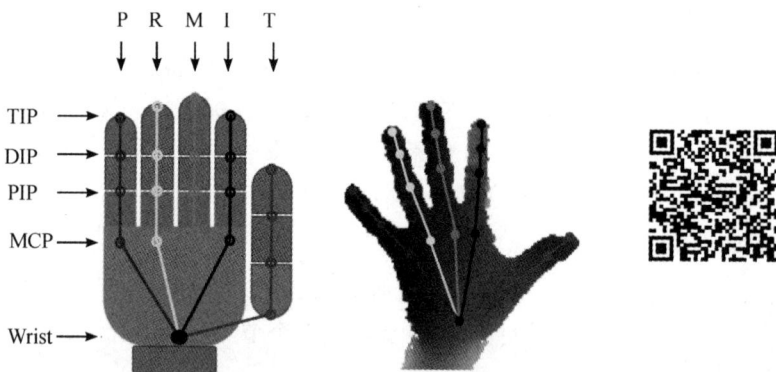

图 7.27　手部 21 个关节

7.6.4　自动驾驶三维点云分割

1. 实验背景与内容

自动驾驶离不开对车辆周围环境中的车辆、行人和自行车等物体的三维感知。三维激光点云是实现三维感知不可或缺的数据源，本实验要求对场景三维点云进行分割，这是实现三维感知非常重要的一个环节。DataFountain 平台提供了超过 80 000 帧的三维点云数据，每帧数据由数量不等(大部分有 5 万多)的带强度信息的三维点(x，y，z，intensity)组成。对于训练数据，每个点有一个对应的标注指定该点的类别信息。数据被标注成了 8 个类别：自行车、三轮车、小车、大车、行人、人群、未知障碍物(在可行驶区域但难以识别为前面 6 个类别的物体)和背景(除去前面 7 个类别的其他所有点)，训练数据的标注是有噪的。

本实验要求给出测试数据中每个点的类别预测，每帧输出一个和测试数据文件同名的.csv 文件，按照顺序每一行对应一个点的类别预测(从 0 到 7)。要求实验结果在 i7 CPU＋GTX 1080 GPU 显卡的硬件上达到至少 10 帧/秒的处理速度。

2. 实验要求与评估

每帧输出一个和测试数据文件同名的.csv 文件，文件中保存每个点的对应识别类别 (0～7 的整型数据，0 表示背景类)。

评估每一个类别的 IoU，然后计算 7 个类别的平均 IoU，在平均 IoU 相等的情况下，按照子类别的打分进行排序。类别 $\text{IoU}_{\text{category}}$ 的计算公式如下：

$$\text{IoU}_{\text{category}} = \frac{\text{Intersection}_{\text{test/gt}}}{\text{Union}_{\text{test/gt}}} \tag{7.33}$$

其中，$\text{IoU}_{\text{category}}$ 表示每个类的 IoU 值，$\text{Intersection}_{\text{test/gt}}$ 表示在测试结果中每一帧提交结果

与基准中一致点的个数的交集合，$\text{Union}_{\text{test/gt}}$ 表示测试结果和基准都为某类的并集合。

类别平均 IoU 的计算公式如下：

$$\text{IoU}_{\text{average}} = \frac{1}{7}\sum_{i}^{7}\text{IoU}_i \tag{7.34}$$

其中，i 表示要评估的类别，7 表示类别总数。

3. 数据来源与描述

本实验的数据主要来源于采集车在街道行进过程中收集的数据，然后标注其中出现的车辆、行人等障碍物，用于算法训练，最后以用所标注数据进行三维场景的感知，为自动驾驶提供感知层次的信息。训练集文件 zip 解压后包含 3 个文件目录，如表 7.27 所示。

表 7.27 训练集文件目录

文件夹名称	说　　明
pts	三维坐标，文件每行有 3 个数值，分别是 x、y、z 坐标
intensity	强度值，与每个三维坐标点一一对应
category	点所标注的类型，值域为 $[0,7]$。类型定义为：$\{'\text{DontCare}':0,\ '\text{cyclist}':1,\ '\text{tricycle}':2,\ '\text{sm allMot}':3,\ '\text{bigMot}':4,\ '\text{pedestrian}':5,\ '\text{crowds}':6,\ '\text{unknown}':7\}$

每个文件夹内包含多个文件，每个文件名称为一个唯一 ID，可以在 pts、intensity 和 category 这 3 个文件夹中找到对应的名字。测试集文件 zip 解压后包含两个文件目录，如表 7.28 所示。

表 7.28 测试集文件目录

文件夹名称	说　　明
pts	三维坐标，文件每行有 3 个数值，分别是 x、y、z 坐标
intensity	强度值，与每个三维坐标点一一对应

7.6.5 大规模语义三维重建

1. 实验背景与内容

本实验旨在通过将机器智能和深度学习应用于卫星图像处理，促进语义三维重建和语义立体算法的创新。实验分为两个阶段：

阶段 1：获取训练数据（包括基准数据）和验证数据（无基准数据），以训练和验证所实现的算法。

阶段 2：获取测试数据集（没有相应的基准数据）并提交语义三维图，同时提供所用方法的简短描述。

2. 实验要求与评估

本实验基于卫星图像、机载激光雷达数据和语义标签，整体目标是为城市场景重建三维几何模型并进行语义类别分割。实验由 4 个并行且独立的任务组成。

任务一：单视角语义 3D

对于每个地理区块，提供未经校正的单视角图像，目标是预测语义标签和地上高度的标准化数字地表模型（Digital Surface Model，DSM）。使用像素级的平均交并比（mIoU）来评估性能。对于该交集，真正类必须同时具有正确的语义标签和小于 1 m 阈值的高度误差，这个度量称为 mIoU-3。

任务二：成对语义立体

对于每个地理区块，给出一对极线校正图像，目标是预测语义标签和立体差异。使用 mIoU-3 评估性能，差异值阈值为 3 个像素。

任务三：多视角语义立体

给定每个地理区块的多视角图像，目标是预测语义标签和 DSM。未校正的图像提供有已经使用激光雷达调整过的有理多项式系数（Rational Polynomial Coefficient，RPC）元数据，因此在评估中不需要配准，并且解决方案可以集中在图像选择、对应性、语义标记和多视角融合的方法上。由于本任务依赖于可能不是每个人都熟悉的 RPC 元数据，因此所提供的 Baseline 算法包括用简单的 Python 代码来操作 RPC，并进行极线校正和三角测量。使用 mIoU-3 评估性能，DSM Z 值的阈值为 1 m。

任务四：三维点云分类

对于每个地理区块，提供激光雷达点云数据，目标是预测每个三维点的语义标签。使用 mIoU 评估性能。

Baseline 方法：为每个任务提供基线解决方案，以帮助实现快速入门并更好地理解数据及其预期用途；提供了用于图像语义分割（针对任务一至任务三）、点云语义分割（针对任务四）、单图像高度预测（针对任务一）和成对立体差异估计（针对任务二和任务三）的深度学习模型；每一个任务都是用基于 TensorFlow 的 Keras 实现的，提供了模型、用于训练的 Python 代码和用于推理的 Python 代码；还提供了一个在 Python 中实现的 Baseline 语义多视角立体（Multi-View Stereo，MVS）解决方案（针对任务三），以清楚地演示 RPC 元数据在极线校正和三角测量等基本任务中的使用。

3. 数据来源与描述

IEEE Data Fusion Contest 提供了城市语义三维（US3D）数据，这是一个大规模公共数据集，包括两个大城市的多视角和多波段卫星图像，以及基准几何和语义标签。US3D 数据集包括卫星图像、机载激光雷达数据和覆盖美国 Florida 州 Jacksonville 市和 Nebraska 州 Omaha 市约 100 km² 的语义标签。数据集提供了训练和测试数据集，包括大约 20% 的 US3D 数据。

这些数据集的具体情况如下：

（1）卫星图像：WorldView-3 全色和 8 波段可见光和近红外（Visible and Near Infrared，VNIR）图像由 DigitalGlobe 提供。源数据包括 2014—2016 年在 Florida 州 Jacksonville 市收集的 26 幅图像，以及 2014—2015 年在 Nebraska 州 Omaha 市收集的 43 幅图像。对于全色波段和 VNIR 图像，地面采样距离（Ground Sampling Distance，GSD）分别约为 35 cm 和 1.3 m，VNIR 图像都是经过全色锐化（图像融合）的。卫星图像以地理上不重叠的方式提供，其中机载激光雷达数据和语义标签投影到同一平面。未经校正的图像和极线校正的图像对以 TIFF 文件形式提供。

（2）机载激光雷达数据：用于提供基准几何图形。总标称脉冲间隔（Aggregate Nominal Pulse Spacing，ANPS）约为 80 cm。ASCII 文本文件中提供点云，格式为｛x，y，z，强度，返回数字｝。来自激光雷达的训练数据包括地标位（Above Ground Level，AGL）高度图像的基准，成对视差图像和数字表面模型均以 TIFF 文件形式提供。

对于任务一至任务三中每个地理区块的语义标签以 TIFF 文件形式提供，任务四以 ASCII 文本文件形式提供。实验中的语义类别包括建筑物、高架道路和桥梁、高植被、地面和水等。

只为训练区域提供上述所有数据集，对于验证和测试区域，任务一至任务三中仅提供卫星图像，任务四中仅提供激光雷达点云，不提供验证和测试集的基准，用于评估所实现算法的结果。实验的训练和测试组包括每块 500 m×500 m 地理区块的几十幅图像，训练组有 111 个区块，验证集有 10 个区块，测试集有 10 个区块。

用于训练区域的具有季节外观差异图像、雷达图像和语义标签图像如图 7.28 所示，训练区域的点云数据和三维语义标签如图 7.29 所示。

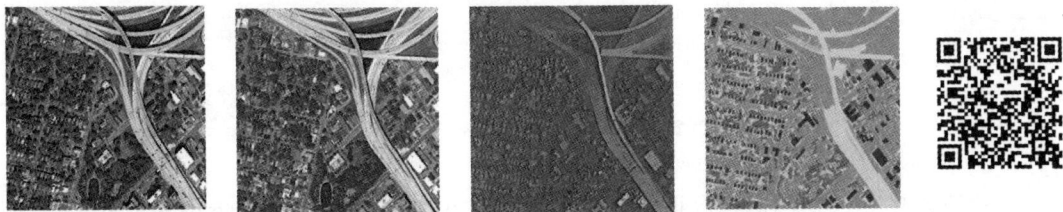

图 7.28　季节外观差异图像、雷达图像和语义标签图像（从左到右）

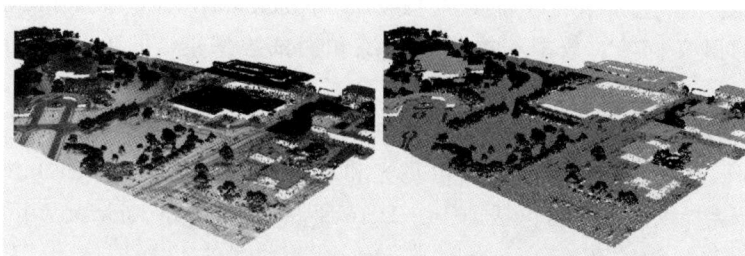

(a) 点云数据   (b) 三维语义标签

图 7.29 训练区域的点云数据和三维语义标签

7.6.6 基于三维 CBCT 数据的牙齿分割

1. 实验背景与内容

随着三维牙科锥形束计算机断层扫描(Cone Beam Computed Tomography,CBCT)技术的发展以及经济水平的提升和人口老龄化趋势等诸多因素的影响,牙科的发展正呈现与日俱增的重要性和迫切性。为此,杭州牙科集团等多家单位公开了 5000 张标记的 CBCT 切片数据集,旨在使研究人员能够使用深度学习方法准确分割牙齿区域,以促进基于 CAD 的牙科的发展。

2. 实验要求与评估

完成对测试集里 5 张 CBCT 进行分割,并得到分割后的 mask 图(图像与原图分辨率保持一致),图像的尺寸、命名、文件格式(.nii.gz)应和原始图像保持一致,存放于 infers 文件夹中,如下所示:

```
├──infers.zip
├──infers
        ├── Teeth_0018_0000.nii.gz
        ├── Teeth_0019_0000.nii.gz
        ├── Teeth_0020_0000.nii.gz
        ├── Teeth_0021_0000.nii.gz
        ├── Teeth_0022_0000.nii.gz
```

实验任务基于三维 CBCT 数据集,核心目标是在三维上分割出牙齿结构。对实现的 mask 与基准 mask 计算 Dice、豪斯多夫距离、IoU 等评价指标进行评估。

(1) Dice 系数(Dice coefficient)用于评估两个集合的相似度,表示为

$$\text{Dice} = \frac{2|A \bigcap B|}{|A| + |B|}$$

(7.35)

其中，A 表示预测的 mask，B 表示 Groud Truth 的基准 mask。

（2）IoU 公式为

$$\text{IoU} = \frac{A \bigcap B}{A \bigcup B} \tag{7.36}$$

（3）三维豪斯多夫距离是基于体素（Voxel）级别的距离度量，表示为

$$H(d) = \min(|x_1 - x_2| + |y_1 - y_2| + |z_1 - z_2|) \tag{7.37}$$

其中，(x_1, y_1, z_1) 和 (x_2, y_2, z_2) 表示两个体素的坐标。

3. 数据来源与描述

基于所公开的数据集，训练集总共有 212 个 CT（约含有 42 400 张切片），包括 12 个带标签的 CT（提供标签，约含有 2400 张切片）以及 200 个无标签的 CT（约含有 40 000 张切片）。测试集为 10 个 CT（已标注，约含有 2000 张切片）。

7.7　智　能　预　测

智能预测是利用已获得的历史数据，找到内在的统计学特性和发展规律，建立能够准确反映数据中变量相互关系的数学模型，进一步推测系统未来的发展趋势。

7.7.1　交通线路通达时间预测

1. 实验背景与内容

道路导航是人们日常出行的重要工具，交通拥堵则是顺利出行的大敌，于是导航线路的动态调整就显得很重要。动态调整线路的核心问题在于预测一条线路的通达时间以及在此时间内到达目的地的可靠性。本实验仅考虑对于一条线路通达时间预测的准确性。

2. 实验要求与评估

通达时间的评估不能仅仅依靠历史同期的数据，它还依赖于当前时刻的车流量和司机的驾驶习惯，车辆是否载客可能也会对时间的估算产生影响。为了作出更准确的预测，本实验采用成都市上万辆出租车在 2014 年 8 月的 GPS 记录，用于学习道路交通状况，以期对某时段下某出租车行驶某条线路所需的时间作出预测。

评价指标采用平均绝对百分比误差（Mean Absolute Percentage Error，MAPE）计算，误差越小，说明预测越准确。计算方法为

$$\text{MAPE} = \frac{1}{n} \sum_{p=1}^{n} \frac{|t'_p - t_p|}{t_p} \tag{7.38}$$

其中，p 对应一条路径，t_p 是这条路径对应的时长，t'_p 表示预测的时长，n 表示路径的

数目。

3. 数据来源与描述

1）数据总体概述

本实验使用成都市 1.4 万余辆出租车的超过 14 亿条 GPS 记录，时间从 2014 年 8 月 3 日到 8 月 30 日，其中重复的和异常的记录已被清洗，并忽略了 00：00：00—05：59：59 这一时间段的数据，用于实验的数据被划分为 3 个部分。

2）数据详细描述

（1）训练集出租车 GPS 数据：数据名为 201408xx_train.txt。

从 8 月 3 日到 23 日之间的 GPS 记录用于学习交通流的状况，属于"训练集"，包含 10 亿条记录信息。

数据格式及示例为如下：

出租车 ID，纬度，经度，载客状态（1 表示载客，0 表示无客），时间点

1，30.4996330000，103.9771760000，1，2014/08/03 06：01：22

1，30.4936580000，104.0036220000，1，2014/08/03 06：02：22

2，30.6319760000，104.0384040000，0，2014/08/03 06：01：13

2，30.6318830000，104.0366790000，1，2014/08/03 06：02：53

（2）用于预测的道路轨迹数据：文件名为 predPaths_test.txt。

从 8 月 24 日到 30 日的记录中抽取了需要预测的路线信息。为使评价更公平，抽取测试数据的规则较为复杂，在下文中将作详细说明。"待预测路线"大约 3 万条，其数据格式与训练集类似，但分钟和秒被统一设置为 0。为了识别方便，将每条路径的数据按时间顺序写入文件，并加入路径 ID。

数据格式及示例如下：

路径 ID，出租车 ID，纬度，经度，载客状态（1 表示载客，0 表示无客），时间点

1，300，30.4996330000，103.9771760000，1，2014/08/03 08：00：00

1，300，30.4936580000，104.0036220000，1，2014/08/03 08：00：00

…

1，300，30.4936980000，104.0046220000，1，2014/08/03 08：00：00

2，42，30.6319760000，104.0384040000，0，2014/08/03 10：00：00

2，42，30.6318830000，104.0366790000，1，2014/08/03 10：00：00

…

2，42，30.6316830000，104.0336790000，1，2014/08/03 10：00：00

为了避免通过统计"记录之间的时间间隔"来猜测时间，实验采取的抽样规则如下：

① 不选取含有异常车速（如时速极高）的线路。

② 在起点和终点，保证车辆都不会有停留时间。

③ 若有乘客上下车，则此行为前后相邻的两条记录都需保留。

④ 在前面 3 个条件下，尽可能保证某段距离 d 内只有一条 GPS 记录。

⑤ 在前面 4 个条件下，为增加随机性，以概率 p 在距离 d 内增加记录。

⑥ 每条线路的 d 和 p 都是在一定范围内随机选择的。d 的范围为 180～500 m；p 的范围不予告知。

(3) 用于辅助识别轨迹对应的前一小时的 GPS 记录数据，数据名为 201408xx_train.txt，数据格式同(1)，在单位为小时的时间段上与(2)无任何重叠。

4. 附加说明

1）测试集抽取规则

若日期为单数(如 8 月 25 日、27 日)，则选取单数小时对应的行车轨迹来做预测，比如 07:00:00—07:59:59 时间段、09:00:00—09:59:59 时间段等，叫作待预测路线；而在这些时间段之前的那一个小时的记录，如 06:00:00—06:59:59 时间段、08:00:00—08:59:59 时间段等，则用来分析当日的交通状况，可归为训练集。

类似地，对于日期为双数(如 8 月 24 日、26 日)的数据，则选双数小时的行车轨迹来做预测；对应的前一个小时的记录，也归为训练集。

2）任务描述举例

需要预测在某天中，一辆车从 A 地经某路线到 B 地需要的时间。在数据描述(2)的例子中，轨迹 1 的情况如表 7.29 所示。

表 7.29　轨迹 1 的情况

路径 ID	出租车 ID	纬　度	经　度	载客状态	时间点
1	300	30.4996330000	103.9771760000	1	2014/08/03 08:00:00
1	300	30.4936580000	104.0036220000	1	2014/08/03 08:00:00
...	...	...	...	...	...
1	300	30.4936980000	104.0046220000	1	2014/08/03 08:00:00

需要预测出租车 300 从地点(30.4996330000，103.9771760000)经过地点(30.4936580000，104.0036220000)等一系列地点，最终到达(30.4936980000，104.0046220000)一共需要的时间，以秒计算。

为增加实验的明确性，对于每一条上述路径，起点的坐标与该路径第二条记录的坐标是不一致的，终点处的坐标与倒数第二条记录的坐标是不一致的。换句话说，预测是从起点到终点的行驶时间,不包含在起点或终点时的等待时间(可能是等红绿灯,也可能是等客人上下车),而在线路中间的这种"坐标相同但时间不同的记录"则不会被删除。此外,起点与终点之间的球面距离不小于 2 km。

7.7.2　天气预报观测

1. 实验背景与内容

气象要素(如风、温度、湿度等)的变化,深刻影响着人类生活的各个方面。因此,准确预报未来气象要素,可广泛服务于人们日常生活(如穿衣着装)、交通运输(如航班起降)、工业(如风能发电)、农林畜牧业(如水产养殖)、致灾天气避险(如台风预警)、突发事件应急处理(如化工原料泄漏)等领域。

观测仪器可对当前天气状态以数字化形式较准确地记录,但其无法预测未来天气状态。如果将大气变化规律通过一系列数理方程的形式来表示,即通常所说的数值模式,则可用于预测未来天气状态。然而,大气状态变化规律复杂多变,受限于人类认知水平和观测手段的缺乏,现有的数理方程仅能作为大气变化规律的高度近似,因此通过数值模式预测(预报)未来天气状态,仍存在一定的误差。结合观测仪器和数值预报记录的优点,有望对未来天气状态作出更加准确的预测。

本实验将观测仪器和数值预测得到的数据集分别称为"观测"和"睿图"数据集。可以结合上述两个数据集,设计天气预测算法与模型,预报当前时刻至第二天 15:00(北京时间 23:00)的逐时天气状态,包括:① 2-m 温度(t2m);② 2-m 相对湿度(rh2m);③ 10-m 风速(w10m)。

由于天气预报要求一定的时效性,因此需要在数据发布后的 2 h 内记录预报结果。本实验将通过气象常用预报质量评价标准(RMSE 和 BIAS),对预报值进行准确率评价。

2. 实验要求与评估

评价标准:本实验采用 RMSE 和 BIAS(偏差)作为评价指标,评测样本为北京 10 个观测站整个评测期内每小时产生的数据样本。

$$
\begin{cases}
\text{RMSE} = \sqrt{\dfrac{\sum\limits_{i=1}^{n}(X_i^{\text{obj}} - X_i^{\text{model}})^2}{n}} \\[4mm]
\text{BIAS} = \dfrac{\sum\limits_{i=1}^{n}(X_i^{\text{obj}} - X_i^{\text{model}})}{n} \\[4mm]
\text{Score} = \dfrac{\text{RMSE(超算)} - \text{RMSE(完成者)}}{\text{RMSE(超算)}}
\end{cases}
\tag{7.39}
$$

其中，n 为评测样本总数，X_i^{obj} 为第 i 个样本的实际观测值，X_i^{model} 为第 i 个样本的模型预测值。总得分会先计算 3 个预测指标的得分后求平均值。上述评价标准中，以 RMSE 为首选标准，在 RMSE 得分相同的前提下，进一步参考 BIAS 评测预报结果的优势。

3. 数据来源与描述

观测和睿图数据集均包含北京市 10 个气象观测站点约 3 年的数据，连续性较好，缺失样本很少，并通过 NetCDF4 格式共同存储于单个 nc 文件中。观测集逐时记录当前气象观测站点的 9 个地面气象要素，通过气象仪器实时监测得到；睿图集包含地面和特征气压层共计 29 个气象要素，由数值预报模式在超级计算机上运算产生，其在每天 03:00(北京时间 11:00)启动区域数值模式，预报至第二天 15:00(北京时间 23:00)，共计 37 个时次(00～36)。两者的区别为：前者仅记录当前气象要素实况；后者可预测未来 36 h 内气象要素估计值，但存在误差，其名称与描述分别列于表 7.30 和表 7.31。其中，每个气象要素由维度(Dimensions)、物理量(Variables)和属性(Attributes)构成三维数组。以表 7.31 中睿图集物理量 psfc_M 为例，构成其三维数组的 3 个维度依次为：

(1) date：数据日期(国际时间 UTC)。

(2) foretimes：数据时次(00～36，默认为 37 个时次，时间间隔为 1 h)。

(3) stations：站点编号。

表 7.30　观测数据集气象要素信息名称

名　　称	物理描述(单位)	阈　　值
psur_obs	地面气压(hPa)	$[850.0, 1100.0]$
t2m_obs	地面以上 2 m 高度处温度(℃)	$[-40.0, 55.0]$
q2m_obs	地面以上 2 m 高度处比湿(g/kg)	$[0.0, 30.0]$
rh2m_obs	地面以上 2 m 高度处相对湿度(%)	$[0.0, 100.0]$
w10m_obs	地面以上 10 m 高度处风速(m/s)	$[0.0, 30.0]$
d10m_obs	地面以上 10 m 高度处风向(°)	$[0.0, 360.0]$
u10m_obs	地面以上 10 m 高度处经向风(m/s)	$[-30.0, 30.0]$
v10m_obs	地面以上 10 m 高度处纬向风(m/s)	$[-30.0, 30.0]$
RAIN_obs	地面 1 h 累计降水量(mm)	$[0.0, 400.0]$

气象预报模型的函数可表示为 psfc_M(date，foretimes，station)，上述 3 个维度值在 Dimensions 部分给出。psfc_M 的属性包括单位名称(units)、缺省填充值(_FillValue)和变

量的描述信息(description),它们是对该物理量的补充说明。观测集数据格式与睿图集类似。

表 7.31 观测数据集气象要素信息描述

名　称	物理描述(单位)	阈　值
psfc_M	地面气压(hPa)	[850.0, 1100.0]
t2m_M	地面以上 2 m 高度处温度(℃)	[−40.0, 55.0]
q2m_M	地面以上 2 m 高度处比湿(g/kg)	[0.0, 30.0]
rh2m_M	地面以上 2 m 高度处相对湿度(%)	[0.0, 100.0]
w10m_M	地面以上 10 m 高度处风速(m/s)	[0.0, 30.0]
d10m_M	地面以上 10 m 高度处风向(°)	[0.0, 360.0]
u10m_M	地面以上 10 m 高度处经向风(m/s)	[−30.0, 30.0]
v10m_M	地面以上 10 m 高度处纬向风(m/s)	[−30.0, 30.0]
SWD_M	地面处下行短波辐射量(W/m²)	[0.0, 1500.0]
GLW_M	地面处下行长波辐射量(W/m²)	[0.0, 800.0]
HFX_M	地面感热扰动(W/m²)	[−400.0, 1000.0]
LH_M	地面潜热扰动(W/m²)	[−100.0, 1000.0]
RAIN_M	地面 1 h 累计降水量(mm)	[0.0, 400.0]
PBLH_M	边界层高度(m)	[0.0, 6000.0]
TC975_M	气压层 975 hPa 的温度(℃)	[−50.0, 45.0]
TC925_M	气压层 925 hPa 的温度(℃)	[−50.0, 45.0]
TC850_M	气压层 850 hPa 的温度(℃)	[−55.0, 40.0]
TC700_M	气压层 700 hPa 的温度(℃)	[−60.0, 35.0]
TC500_M	气压层 500 hPa 的温度(℃)	[−70.0, 30.0]
wspd975_M	气压层 975 hPa 的风速(m/s)	[0.0, 60.0]
wspd925_M	气压层 925 hPa 的风速(m/s)	[0.0, 70.0]

续表

名 称	物理描述(单位)	阈 值
wspd850_M	气压层 850 hPa 的风速(m/s)	[0.0, 80.0]
wspd700_M	气压层 700 hPa 的风速(m/s)	[0.0, 90.0]
wspd500_M	气压层 500 hPa 的风速(m/s)	[0.0, 100.0]
Q975_M	气压层 975 hPa 的比湿(g/kg)	[0.0, 30.0]
Q925_M	气压层 925 hPa 的比湿(g/kg)	[0.0, 30.0]
Q850_M	气压层 850 hPa 的比湿(g/kg)	[0.0, 30.0]
Q700_M	气压层 700 hPa 的比湿(g/kg)	[0.0, 25.0]
Q500_M	气压层 500 hPa 的比湿(g/kg)	[0.0, 25.0]

补充说明:

(1) 对于睿图集,数值预报模式的运算和数据处理需要花费 2~3 h,其预报时效可至第二天 15:00(北京时间 23:00)。对于观测集,未来气象要素值无法通过观测方式获取,因此与睿图集的预报时效相对应的观测集数据需要滞后至第二天的 15:00(北京时间 23:00)才能全部获得(否则设为缺省值 -9999.f)。综上所述,需要预测如图 7.30 中虚线间隔内的气象要素值,但在数据提交时,需要提交从第一天 03:00 至第二天 15:00 的指定气象要素预报值。

(2) 相比训练集和验证集,测试集在观测数据集的组成上有所区别。训练集和验证集数据均以历史气象数据为基础,用于气象预报模型的建立,因此两者在发布时,观测集可以获得与睿图集的数据时间相对应的气象要素观测值。然而,测试集 A 和 B 集用于实时天气预报,因此每个测试集最后一天的观测集总会出现补充说明(1)中的情况,即图 7.30 中带箭头虚线段内观测值被设为缺省值(-9999.f),这段时间即为本实验的气象要素预测时段。

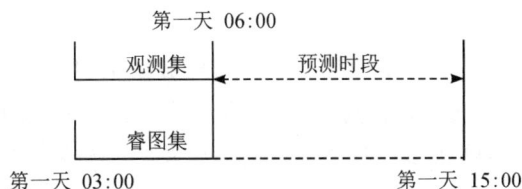

图 7.30 气象要素值预测时间段

（3）数据的重叠时段。观测集和睿图集数据以三维数组形式存储于 NetCDF4 文件中，3 个维度分别为 date、foretimes、station。其中 foretimes 预设为 37 个时次（00～36），因此，相邻两天的观测集和睿图集会有 12 h 的重叠时段。以训练集为例，两数据集的重叠时段在图 7.31 中两虚线间标出。区别是：观测集的重叠时段数据值相同，因为单一气象观测仪器对同一地点和同一时间的气象要素观测值是唯一的，而睿图集的重叠时段数据值会有差异，因为相邻两天用于数值天气预报模式运行的初始值会有差异。

观测数据集气象要素信息如表 7.30 和表 7.31 所示。

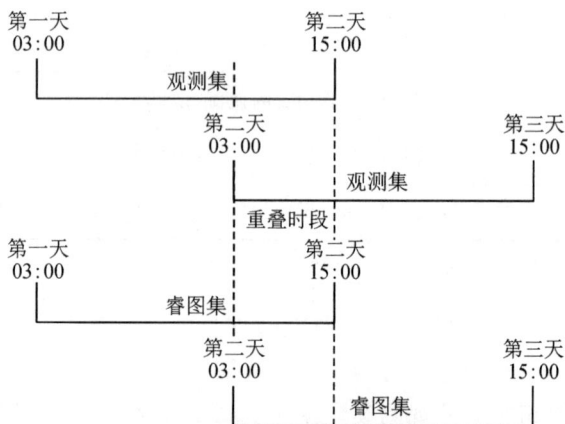

图 7.31　气象要素预报时段

7.7.3　高潜用户购买意向预测

1. 实验背景与内容

本实验以京东商城真实的用户、商品和行为数据（脱敏后）为基础，数据详情参见 DataFountain 平台。要求通过数据挖掘的技术和机器学习的算法，构建用户购买商品的预测模型，输出高潜用户和目标商品的匹配结果，为精准营销提供高质量的目标群体。同时，希望能通过本实验挖掘数据背后潜在的意义，为电商用户提供更简单、快捷、省心的购物体验。

本实验要求使用京东多个品类下商品的历史销售数据构建算法模型，预测用户在未来 5 天内对某个目标品类下商品的购买意向。对于训练集中出现的每个用户，模型都需要预测该用户在未来 5 天内是否购买目标品类下的商品以及所购买商品的 SKU_ID。

2. 实验要求与评估

提交的 csv 文件中须包含对有购买意向的用户所购买商品的预测结果，字段如下：

user_id：用户 ID，保证唯一，不要在一次提交的结果文件中包含重复的 user_id；

sku_id：商品集合 P 中的商品 ID，不要在同一行中提交多个 sku_id；

对于预测出没有购买意向的用户，在提交的 csv 文件中不要包含该用户的信息。

实验结果文件中包含对所有用户购买意向的预测结果。对每个用户的预测结果包括以下两方面：

(1) 该用户 2016-04-16 到 2016-04-20 是否下单 P 中的商品，提交的结果文件中仅包含预测为下单的用户，预测为未下单的用户无须在结果文件中出现。若预测正确，则评测算法中 label=1，不正确 label=0。

(2) 如果下单，则下单的 sku_id 只需提交一个；若 sku_id 预测正确，则评测算法中 pred=1，不正确 pred=0。

对于实验结果文件，按如下公式计算得分：

$$score = 0.4F_{11} + 0.6F_{12}$$

此处的 F_1 值定义为

$$F_{11} = 6Recall \times \frac{Precise}{5Recall + Precise}$$

$$F_{12} = 5Recall \times \frac{Precise}{2Recall + 3Precise}$$

其中，Precise 为准确率，Recall 为召回率。F_{11} 是 label=1 或 0 的 F_1 值，F_{12} 是 pred=1 或 0 的 F_1 值。

3. 数据来源与描述

训练数据部分：提供 2016-02-01 到 2016-04-15 用户集合 U 中的用户对商品集合 S 中部分商品的行为、评价、用户数据，同时提供部分候选商品的数据 P。完成者从数据中自行组成特征和数据格式，自由组合训练测试数据比例。

预测数据部分：2016-04-16 到 2016-04-20 用户是否下单 P 中的商品，每个用户只会下单一个商品；抽取部分下单用户数据，实验第一阶段使用 50% 的测试数据来计算分值；实验第二阶段使用另外 50% 的数据计算分值(计算准确率时剔除用户提交结果中 user_ID 与第一阶段的交集部分)。

所提供的数据中：S 表示提供的商品全集；P 表示候选的商品子集(JData_Product. csv)，P 是 S 的子集；U 表示用户集合；A 表示用户对 S 的行为数据集合；C 表示 S 的评价数据。

为保护用户的隐私和数据安全，所有数据均已进行了采样和脱敏。数据中部分列存在空值或 NULL，需要自行处理。

用户数据如表 7.32 所示。

表 7.32　用 户 数 据

内　容	中 文 解 释	说　　　明
user_id	用户 ID	脱敏
age	年龄段	−1 表示未知
sex	性别	0 表示男，1 表示女，2 表示保密
user_lv_cd	用户等级	有顺序的级别枚举，级别越高数字越大
user_reg_tm	用户注册日期	粒度到天

商品数据如表 7.33 所示。

表 7.33　商 品 数 据

内　容	中 文 解 释	说　　　明
sku_id	商品编号	脱敏
a1	属性 1	枚举，−1 表示未知
a2	属性 2	枚举，−1 表示未知
a3	属性 3	枚举，−1 表示未知
cate	品类 ID	脱敏
brand	品牌 ID	脱敏

评价数据如表 7.34 所示。

表 7.34　评 价 数 据

内　容	中文解释	说　　　明
dt	截止时间	粒度到天
sku_id	商品编号	脱敏
comment_num	累计评论数分段	0 表示无评论，1 表示有 1 条评论，2 表示有 2～10 条评论，3 表示有 11～50 条评论，4 表示大于 50 条评论
has_bad_comment	是否有差评	0 表示无，1 表示有
bad_comment_rate	差评率	差评数占总评论数的比例

行为数据如表 7.35 所示。

表 7.35　行 为 数 据

内　容	中 文 解 释	说　明
user_id	用户编号	脱敏
sku_id	商品编号	脱敏
time	行为时间	—
model_id	点击模块编号	脱敏
type	(1) 浏览(指浏览商品详情页);(2) 加入购物车;(3) 从购物车中删除;(4) 下单;(5) 关注;(6) 点击	—
cate	品牌 ID	脱敏
brand	品牌 ID	脱敏

7.7.4　大学生助学金精准资助预测

1. 实验背景与内容

大数据时代的来临,为创新资助工作方式提供了新的理念和技术支持,也为高校利用大数据推进快速、便捷、高效、精准的资助工作带来了新的机遇。基于学生每天产生的一卡通实时数据,利用大数据挖掘与分析技术和数学建模理论帮助管理者掌握学生在校期间的真实消费情况、学生经济水平以及发现"隐性贫困"与疑似"虚假认定"学生,从而实现精准资助,让每一笔资助经费得到最大价值的发挥与利用,帮助每一个贫困大学生顺利完成学业。因此,基于学生在校期间产生的消费数据,运用大数据挖掘与分析技术实现贫困学生的精准挖掘具有重要的应用价值。

2. 实验要求与评估

本实验采用某高校 2014、2015 两学年的助学金获取情况作为标签,2013—2014、2014—2015 两学年的学生在校行为数据作为原始数据(由 DataCastle 平台提供),包括消费数据、图书借阅数据、寝室门禁数据、图书馆门禁数据和学生成绩排名数据,并以助学金获取金额作为结果数据进行模型优化和评价。

本实验利用学生在第一学年的数据,预测学生在该年度的助学金获得情况;利用学生在第二学年的数据,预测学生在该年度的助学金获得情况。虽然所有数据在时间上混合在了一起,即训练集和测试集中的数据都有两学年的数据,但是学生的行为数据和助学金数据是对应的。

实验的分类结果以 macroF 值作为最终的评价指标,F 值的定义如下:

$$F = \cfrac{2}{\cfrac{1}{\text{Precision}} + \cfrac{1}{\text{Recall}}} \tag{7.40}$$

其中，Precision 为正确率，Recall 为召回率。不计算助学金为 0 的情况，只考虑助学金为 1000 元、1500 元、2000 元的 3 种类别，将各类的 F 值加权求和得到 macroF：

$$\text{macroF} = \sum_{i=1}^{3} \frac{N_i}{N} F_i \tag{7.41}$$

其中，N 为学生总数，N_i 为第 i 类学生的数量。

3. 数据来源与描述

1）数据总体概述

数据分为训练集和测试集两组，每组都包含大约 1 万名学生的以下信息记录：

图书借阅数据 borrow_train.txt 和 borrow_test.txt；

一卡通数据 card_train.txt 和 card_test.txt；

寝室门禁数据 dorm_train.txt 和 dorm_test.txt；

图书馆门禁数据 library_train.txt 和 library_test.txt；

学生成绩数据 score_train.txt 和 score_test.txt；

助学金获奖数据 subsidy_train.txt 和 subsidy_test.txt。

2）数据详细描述

（1）图书借阅数据 borrow*.txt（*代表_train 和_test）。有些图书的编号缺失，字段描述和示例如下（第三条记录缺失图书编号）：

学生 ID，借阅日期，图书名称，图书编号

9708, 2014/2/25, "我的英语日记/(韩)南银英著 (韩)卢炫廷插图", "H315 502"

6956, 2013/10/27, "解读联想思维：联想教父柳传志", "K825.38＝76 547"

9076, 2014/3/28, "公司法 gong si fa＝＝Corporation law/范健, 王建文著 eng"

（2）一卡通数据 card*.txt。字段描述和示例如下：

学生 ID，消费类别，消费地点，消费方式，消费时间，消费金额，剩余金额

1006, "POS 消费", "地点 551", "淋浴", "2013/09/01 00:00:32", "0.5", "124.9"

1406, "POS 消费", "地点 78", "其他", "2013/09/01 00:00:40", "0.6", "373.82"

13554, "POS 消费", "地点 6", "淋浴", "2013/09/01 00:00:57", "0.5", "522.37"

（3）寝室门禁数据 dorm*.txt。字段描述和示例如下：

学生 ID，具体时间，进出方向（0 代表进寝室，1 代表出寝室）

13126, "2014/01/21 03:31:11", "1"

9228, "2014/01/21 10:28:23", "0"

（4）图书馆门禁数据 library*.txt。图书馆的开放时间为 7 点到 22 点，门禁编号数据在 2014/02/23 之前只有"编号"信息，之后引入了"进门、出门"信息，还有些异常信息为

null，可自行处理。字段描述和示例如下：

> 学生 ID，门禁编号，具体时间
>
> > 3684,"5","2013/09/01 08:42:50"
> >
> > 7434,"5","2013/09/01 08:50:08"
> >
> > 8000,"进门 2","2014/03/31 18:20:31"
> >
> > 5332,"小门","2014/04/03 20:11:06"
> >
> > 7397,"出门 4","2014/09/04 16:50:51"

（5）学生成绩数据 score＊.txt。成绩排名的计算方式是将所有成绩按学分加权求和，然后除以学分总和，再按照学生所在学院排序。

字段描述和示例如下：

> 学生 ID，学院编号，成绩排名
>
> > 0,9,1
> >
> > 1,9,2
> >
> > 8,6,1565
> >
> > 9,6,1570

（6）助学金数据（训练集中有金额，测试集中无金额）subsidy＊.txt。字段描述和示例如下：

> 学生 ID，助学金金额
>
> > 10,0
> >
> > 22,1000
> >
> > 28,1000
> >
> > 64,1500
> >
> > 650,2000

7.7.5　双高疾病风险预测

1. 实验背景与内容

心脑血管疾病是危害我国人民生命健康的主要疾病，其致死致残率已经超过恶性肿瘤，给社会和家庭带来了沉重负担和巨大的经济损失。双高疾病风险预测要求通过双高人群的体检数据来预测人群的高血压和高血脂程度，以血压、血脂的具体数值为指标，设计高精度、高效且解释性强的算法来挑战双高精准预测这一科学难题。

2. 实验要求与评估

本实验需要提交对每个个体的收缩压、舒张压、甘油三酯、高密度脂蛋白胆固醇和低密度脂蛋白胆固醇 5 项指标的预测结果，以小数形式表示，保留小数点后 3 位，该结果将与个体实际检测到的数值进行对比。对于第 j 项指标，计算公式如下：

$$e_j = \frac{1}{m}\sum_{i=1}^{m}\left(\log(y_i'+1)-\log(y_i+1)\right)^2 \tag{7.42}$$

其中，m 为总人数，y_i' 为预测的第 i 个人的指标 j 的数值，y_i 为第 i 个人的指标 j 的实际检测值。最后的评价指标是 5 个预测指标评估结果之和，即

$$E = \frac{1}{5} \sum_{n=1}^{5} e_n \tag{7.43}$$

3. 数据来源与描述

在阿里云天池平台所提供的文档中，有两个特征文件 data_part1 和 data_part2，每个文件的第一行是字段名，之后每一行代表某个指标的检查结果（指标含义已脱敏）。每个文件各包含 3 个字段，分别表示病人 ID、体检项目 ID 和体检结果，部分字段在部分人群中有缺失。其中，体检项目 ID 字段数值相同的表示体检的项目相同；体检结果字段有数值型和字符型，部分结果以非结构化文本形式提供，如表 7.36～表 7.38 所示。

表 7.36 体检数据集一(meinian_round2_data_part1)

字 段 名	类　　型	说　　明
Vid	string	体检人 ID
Table_id	string	检查项目 ID
Results	string	检查结果

表 7.37 体检数据集二(meinian_round2_data_part2)

字 段 名	类　　型	说　　明
Vid	string	体检人 ID
Test_id	string	检验项目 ID
Results	string	检验结果

表 7.38 基因数据(meinian_round2_SNP)

字 段 名	类　　型	说　　明
Vid	string	体检人 ID
SNP1	string	SNP 位点 1
SNP2	string	SNP 位点 2
...	...	...
SNP384	string	SNP 位点 384

标签文件 train.csv 是训练数据的答案，包含 6 个字段：第一个字段为患者 ID，与上述

特征文件的患者 ID 有对应关系；之后的 5 个字段依次为收缩压、舒张压、甘油三酯、高密度脂蛋白胆固醇和低密度脂蛋白胆固醇，如表 7.39 所示。

表 7.39 训练集(meinian_round2_train)

字 段 名	类 型	说 明
Vid	string	体检人 ID
Sys	bigint	收缩压
Dia	bigint	舒张压
Tl	double	甘油三酯
Hdl	double	高密度脂蛋白胆固醇
Ldl	double	低密度脂蛋白胆固醇

阿里云天池平台所提供的测试集 a 为 meinian_round2_submit_a，测试集 b 为 meinian_round2_submit_b。需要注意检查结果条数，而且需要关注是否有负值的情况，如表 7.40 所示。

表 7.40 测试集数据格式

字 段 名	类 型	说 明
Vid	string	体检人 ID
Sys	bigint	收缩压
Dia	bigint	舒张压
Tl	double	甘油三酯
Hdl	double	高密度脂蛋白胆固醇
Ldl	double	低密度脂蛋白胆固醇

7.7.6 智能制造质量预测

1. 实验背景与内容

半导体产业是一个信息化程度较高的产业，高度的信息化给数据分析创造了可能性。基于数据的分析可以帮助半导体产业更好地利用生产信息，提高产品质量。

现有的解决方案是，生产机器生产完成后，可对产品质量做非全面的抽测，进行产品质量的检核。这往往会出现以下状况：一是不能即时知道质量的好坏，当发现质量不佳的产品时，要修正通常都为时已晚；二是在没有办法全面抽测的情况下，会存在很大漏检的风险。

在机器学习、人工智能快速发展的今天,希望由机器生产参数去预测产品的质量,达到生产结果的即时性和全面性。可基于预先知道的结果,去做对应的决策及应变,从而对客户负责,也对制造生产产品更加敏感。

阿里云天池平台提供了生产线上的数据,反应机台的温度,气体、液体流量,功率,制成时间等因子。通过这些因子,需要设计出模型,准确地预测与之相对应的特性数值。这是一个典型的回归预测问题。因为数据中可能存在异常等现象,鼓励读者发挥想象力去设计出智能的算法。

2. 实验要求与评估

1)实验要求

(1) TFT-LCD(薄膜晶体管液晶显示器)的生产过程较为复杂,包含几百道工序,每道工序都有可能会对产品的品质产生影响,故算法模型需要考虑的过程变量较多。

(2) 这些变量的取值可能会存在异常,因此算法模型需要具有足够的稳定性和鲁棒性。

(3) 生产线每天加工的玻璃基板数以万计,算法模型需要在满足较高精准度的前提下尽可能实时得到预测结果,这样才能在实际生产中进行使用。

2)评测指标和实验结果形式

(1) 评测指标:$\hat{Y}$ 是预测的值,Y 是真实的值。MSE 的值越小,代表预测结果和真实值越接近,效果也越好。

$$\mathrm{MSE} = \frac{1}{n} \sum_{i=1}^{n} (\hat{Y}_i - Y_i)^2 \tag{7.44}$$

(2) 实验结果形式:提交答案格式为 csv,共两列。第一列为 ID 号码,顺序一定要保持与给定的测试数据一样;第二列为预测的 Y 值。提交的 csv 文件中不含 header(列名),如表 7.41 所示。

表 7.41   实验结果形式

ID 号	预 测 值
ID790	2.916 614
ID792	2.937 837
ID793	2.687 872
ID797	2.050 846

3. 数据来源与描述

阿里云天池平台提供的数据中每条数据包含 8029 列字段,第一个字段为 ID 号码,最后一列为要预测的值 Y，其余的数据为用于预测 Y 的变量 X。这些变量由多道工序组成，字段的名字可以区分不同的工序，如 210X1、210X2、300X1、300X2 等。字段中的 TOOL_ID 或 Tool 为每道工序使用的机台，如果是 string 类型，需要自行进行数字化转换，数据中存在缺失值。总计可提供 500 条数据。

实验模块分为 A 模块和 B 模块，A 模块数据 100 条，B 模块数据 121 条。

数据文件说明如表 7.42 所示。

表 7.42　数据文件说明

文　件	说　明
训练. xlsx	用于训练模型的数据，包括列名。第一列为 ID 号码，不用建模；最后一列为 Y 值；中间的变量为去预测 Y 的 X 值
测试 A. xlsx	A 模块测试数据和训练. xlsx 类似，除了最后一列的 Y 值被抹去
测试 B. xlsx	B 模块测试数据和训练. xlsx 类似，除了最后一列的 Y 值被抹去
测试 A -答案模板. csv（此文件不包含列名）	供完成者填写测试 A 的预测答案 Y，Y 应该填写在第二列，中间用逗号分隔
测试 B -答案模板. csv（此文件不包含列名）	供完成者填写测试 B 的预测答案 Y，Y 应该填写在第二列，中间用逗号分隔

7.8　智 能 推 荐

面对海量商品，如何选择适合自己的商品成为网购者的一大难题。推荐系统是一种能够向目标用户推荐其可能关注的商品或内容的系统，可降低用户在海量信息中甄别有用信息的代价。

7.8.1　个性化新闻推荐

1. 实验背景与内容

随着近年来互联网的飞速发展，个性化推荐已成为各大主流网站一项必不可少的服务。提供各类新闻的门户网站是互联网上的传统服务，但是与当今蓬勃发展的电子商务网站相比，新闻的个性化推荐服务水平仍存在较大差距。一个互联网用户可能不会在线购物，但是绝大部分的互联网用户都会在线阅读新闻。因此，资讯类网站的用户覆盖面更广，如果能够更好地挖掘用户的潜在兴趣并进行相应的新闻推荐，就能够产生更大的社会和经济价值。

初步研究发现，同一个用户浏览的不同新闻的内容之间会存在一定的相似性和关联，物理世界完全不相关的用户也有可能拥有类似的新闻浏览兴趣。此外，用户浏览新闻的兴趣也会随着时间变化，这给推荐系统带来了新的机会和挑战。因此，希望通过对带有时间标记的用户浏览行为和新闻文本内容进行分析，挖掘用户的新闻浏览模式和变化规律，设计及时准确的推荐系统来预测用户未来可能感兴趣的新闻。

2. 实验要求与评估

需要根据训练集中的浏览记录以及新闻的详细内容，尽可能多地预测出测试集中的数据，即预测每一个用户最后一次浏览的新闻编号。预测的准确程度将成为量化的评价指标。

实验后提交的所有用户推荐列表的 F 值作为最终的评价指标，F 值的定义如下：

$$F = \frac{2}{\dfrac{1}{\text{Precision}} + \dfrac{1}{\text{Recall}}} \tag{7.45}$$

其中，Precision 和 Recall 的定义如下：

$$\text{Precision} = \frac{\sum\limits_{u_i \in U} \text{hit}(u_i)}{\sum\limits_{u_i \in U} L(u_i)} \tag{7.46}$$

$$\text{Recall} = \frac{\sum\limits_{u_i \in U} \text{hit}(u_i)}{\sum\limits_{u_i \in U} T(u_i)} \tag{7.47}$$

其中，U 为数据集中所有用户的集合，$\text{hit}(u_i)$ 表示推荐给用户 u_i 的新闻中确实在测试集中被用户浏览的个数。本实验中每个用户在测试集中仅有一条记录，因此 $\text{hit}(u_i)$ 为 0 或 1。$L(u_i)$ 表示提供给用户 u_i 的新闻推荐列表的长度。$T(u_i)$ 表示测试集中用户 u_i 真正浏览的新闻的数目，本实验中 $T(u_i)$ 为 1。

3. 数据来源与描述

本实验数据是从国内某著名财经新闻网站随机选取 10 000 名用户(阿里云天池平台提供)，然后抽取了这 10 000 名用户在某月的所有新闻浏览记录，每条记录包括用户编号、新闻编号、浏览时间(精确到秒)以及新闻文本内容，其中用户编号已做匿名化处理，防止暴露用户隐私。

实验目的是尽可能准确地预测每个用户浏览的最后一条新闻(这条新闻之前曾被其他用户浏览过)，该结果用于最后评估。实验数据提供每个用户最后一条浏览记录之前的所有新闻浏览记录和新闻文本数据，作为训练集以供分析和建模使用。

训练集数据每一行为一个浏览记录,该行浏览记录包含 6 个字段,分别记录以下信息:用户编号 新闻编号 浏览时间 新闻标题 新闻详细内容 新闻发表时间。字段之间用 table 符即"\t"隔开,文本编码为 utf8 编码格式。

7.8.2　移动电商商品推荐

1. 实验背景与内容

本实验以阿里巴巴移动电商平台的真实用户——商品行为数据为基础,同时提供移动时代特有的位置信息,需要通过大数据和算法构建面向移动电子商务的商品推荐模型。希望能够挖掘数据背后丰富的内涵,为移动用户在合适的时间、合适的地点精准推荐合适的内容。

在真实的业务场景下,往往需要对所有商品的一个子集构建个性化推荐模型。在完成这件任务的过程中,不仅需要利用用户在这个商品子集上的行为数据,往往还需要利用更丰富的用户行为数据。定义以下符号:

U:用户集合;

I:商品全集;

P:商品子集,P⊆I;

D:用户对商品全集的行为数据集合。

目标是利用 D 来构造 U 中用户对 P 中商品的推荐模型。

2. 实验要求与评估

采用经典的准确率、召回率和 F_1 值作为评估指标,具体计算公式如下:

$$Precision = \frac{|\bigcap (PredictionSet,ReferenceSet)|}{|PredictionSet|} \tag{7.48}$$

$$Recall = \frac{|\bigcap (PredictionSet,ReferenceSet)|}{|ReferenceSet|} \tag{7.49}$$

$$F_1 = \frac{2 \cdot Precision \cdot Recall}{Precision + Recall} \tag{7.50}$$

其中,PredictionSet 为算法预测的购买数据集合,ReferenceSet 为真实的答案购买数据集合,以 F_1 值作为最终的唯一评测标准。

3. 数据来源与描述

阿里云天池平台提供的数据包含以下两部分。

第一部分是用户在商品全集上的移动端行为数据(D),表名为 tianchi_mobile_recommend_train_user,包含如表 7.43 所示的字段。

表 7.43 **tianchi_mobile_recommend_train_user** 字段

字 段	字 段 说 明	提 取 说 明
user_id	用户标识	抽样与字段脱敏
item_id	商品标识	字段脱敏
behavior_type	用户对商品的行为类型	包括浏览、收藏、加购物车、购买，对应取值分别是 1、2、3、4
user_geohash	用户位置的空间标识，可以为空	由经纬度通过保密的算法生成
item_category	商品分类标识	字段脱敏
time	行为时间	精确到小时级别

第二部分是商品子集（P），表名为 tianchi_mobile_recommend_train_item，包含如表 7.44 所示的字段。

表 7.44 **tianchi_mobile_recommend_train_item** 字段

字 段	字 段 说 明	提 取 说 明
item_id	商品标识	抽样与字段脱敏
item_ geohash	商品位置的空间标识，可以为空	由经纬度通过保密的算法生成
item_category	商品分类标识	字段脱敏

训练数据包含了抽样出来的一定量用户在一个月时间（11.18—12.18）之内的移动端行为数据（D），评分数据是这些用户在这一个月之后的一天（12.19）对商品子集（P）的购买数据。完成者需要使用训练数据建立推荐模型，并输出用户在接下来一天对商品子集购买行为的预测结果。

7.8.3 针对用户兴趣进行个性化推荐

1. 实验背景与内容

在当前信息爆炸的时代，只有在有限的屏幕内给用户展示最感兴趣的内容才能留住用户，让用户"流连忘返"，这就要求个性化推荐算法的精准度必须达到尖端水平。该实验提供了一批用户的资讯阅读行为数据，要求根据之前用户的阅读行为来动手编写程序，预测接下来推荐什么内容才是每个用户最喜欢的。

2. 实验要求与评估

本实验采用第 5 位平均精度均值（mean Average Precision @5，mAP@5）。假设对于

某一个 ID 为"userid"的用户，算法推荐了 5 个资讯（即实验结果中的 itemid1、itemid2、itemid3、itemid4、itemid5），实际该用户点击了 m 个资讯，则该用户第 5 位的精度均值定义为

$$\mathrm{ap@5} = \sum_{k=1}^{5} P(k)/\min(m,5) \tag{7.51}$$

其中：$P(k)$ 表示第 k 位的精度，即在算法推荐的资讯列表的前 k 位中，用户真正有点击的资讯的占比，如果第 k 个结果用户没有点击，则 $P(k)=0$；m 是用户实际点击的资讯数量，$m>0$。

下面举例说明 $P(k)$ 的计算。

例如，假设对于 ID 为"userid"的用户，算法推荐了 itemid1、itemid2、itemid3、itemid4、itemid5 等 5 个资讯，而用户实际点击了 itemid1、itemid3、itemid6 等 3 个资讯，则 $\mathrm{ap@5} = \dfrac{1/1+2/3}{3} \approx 0.56$。

全部 N 个用户的平均精度均值是每个用户的精度均值的平均值，即

$$\mathrm{mAP@5} = \sum_{i=1}^{N} \mathrm{ap@5}_i/N \tag{7.52}$$

3. 数据来源与描述

本实验数据提供一批用户（candidate.txt）以及一批候选资讯内容数据（news_info.csv）用以推荐给用户，同时提供了这批用户在某 3 天（记为第 $N-2$ 天、第 $N-1$ 天和第 N 天）对资讯内容的多种行为数据，包括点击、完整阅读、评论、收藏、分享等，作为训练数据，详细的实验数据参见阿里云天池平台。

实验目标是针对这批用户（candidate.txt）和候选资讯内容数据（news_info.csv），预测每个用户在第 4 天（记为第 $N+1$ 天）会产生行为（任何行为类型都算）的资讯列表。每个用户必须推荐 5 个最可能有行为的资讯且不可重复，否则推荐结果视为无效。

另外，在候选资讯内容数据中，有一部分是第 $N+1$ 天才新增的资讯，因而不会出现在训练数据中，但用户在第 $N+1$ 天有可能对其产生行为，因此需要能处理这类新增资讯内容。数据集包含如表 7.45 所示的数据文件。

表 7.45　数据集包含的数据文件

文 件 名	文 件 内 容	详 细 说 明
train.csv	训练集	某 3 天内用户行为数据
candidate.txt	待推荐用户 ID	每行一个用户 ID，需为每个用户 ID 生成最多 5 个推荐资讯，且推荐资讯不得重复

续表

文 件 名	文 件 内 容	详 细 说 明
news_info.csv	候选资讯内容	给用户推荐的资讯必须从该文件中选出
all_news_info.csv	全量资讯内容	从第 $N-2$ 天到第 $N+1$ 天用户有过行为的所有资讯，其中有些资讯不包含在 news_info.csv 文件中，生成推荐结果的时候不要使用
test.txt	测试集	数据量约为总测试集的 5%
sample_submission.txt	提交结果样例	

表 7.45 所描述的数据文件说明如下：

（1）train.csv 数据大小：153 MB，如表 7.46 所示。

表 7.46　train.csv 数据格式

列　名	描　　述	数据类型
user_id	用户唯一 ID	string
item_id	资讯唯一 ID	string
cate_id	资讯类别 ID	string
action_type	用户行为类型，包括 view、deep_view、share、comment、collect 等	string
action_time	行为发生时间戳（秒级）	int

（2）news_info.csv 和 all_news_info.csv 数据大小：3.26 MB，如表 7.47 所示。

表 7.47　news_info.csv 和 all_news_info.csv 数据格式

列　名	描　　述	数据类型
item_id	资讯唯一 ID	string
cate_id	资讯类别 ID	string
timestamp	资讯创建时间戳（秒级）	int

（3）sample_submission.txt。每行是一个用户的推荐结果，格式为：userid, itemid1 itemid2 itemid3 itemid4 itemid5。

注意：提交结果务必按照 sample_submission.txt 的格式，每个用户最多推荐 5 个最可能有行为的资讯 ID 且不可重复，否则推荐结果视为无效。资讯 ID 之间用空格分隔。

数据预览：train.csv 数据格式如表 7.48 所示。

表 7.48　train.csv 数据格式

user_id	item_id	cate_id	action_type	action_time
11482147	492681	1_11	view	1487174400
12070750	457406	1_14	deep_view	1487174400
12431632	527476	1_1	view	1487174400
13397746	531771	1_6	deep_view	1487174400
13794253	510089	1_27	deep_view	1487174400
14378544	535335	1_6	deep_view	1487174400
1705634	535202	1_10	view	1487174400
6943823	478183	1_3	deep_view	1487174400
5902475	524378	1_6	view	1487174401
12646404	529724	1_3	view	1487174402

news_info.csv 和 all_news_info.csv 数据格式如表 7.49 所示。

表 7.49　news_info.csv 和 all_news_info.csv 数据格式

item_id	cate_id	timestamp
493659	1_1	1486744638
481181	1_17	1486598042
486720	1_11	1486684315
559008	1_11	1487372097
523054	1_23	1486972971
523057	1_7	1486972979
523056	1_6	1486972977
523051	1_17	1486972961
523053	1_6	1486972963
494920	1_18	1486771984

智能优化是按照决策的目标,从多个可能的方案中选择出最好的方案的过程。其主要研究对象是各种人类组织的管理问题和生产经营活动,目的在于求得一个合理运用人力、物力和财力的方案,使资源的使用效益得到充分的发挥,最终达到最优目标。

7.9.1 无人机路径优化

1. 实验背景与内容

推进式无人运输飞行器未来将进行大规模的量产,并在运输货物领域得到极大的推广。但是在恶劣的天气下,无人运输飞行器很容易在空中损毁,带来巨额的经济损失。因此,作为天气多变的国家,为了推动无人运输飞行器在未来的应用,英国气象局希望通过他们提供的气象预测数据来为无人运输飞行器运输货物保驾护航。

本实验的目标是为无人运输飞行器寻找一个可以避开危险气象区域的有效航行算法。在飞行器飞行之前,需要根据英国气象局预测的天气数据计划无人机航行路线。英国气象局每天会运行 10 个不同的预测模型,得出稍有不同但基本准确的预测结果。然而,天气预测的准确率通常为 90%~95%。优胜的算法需要基于提供的每日天气预测数据,确保无人运输飞行器航线安全且最短。

为简化挑战,根据天气预报所覆盖的最小范围,对覆盖区域进行了区域块的划分,每一个区域块都可以用(x,y)唯一表示,x 表示 X 轴方向的坐标值,y 表示 Y 轴方向的坐标值。同时假设无人运输飞行器在所有天气条件下的飞行速度均保持不变,在每个区域块的飞行时长固定,限定为 2 min 飞越一个区域块,且只能从当前区域块上下左右地飞越到下一个区域块,或者停留在当前区域。

每天 3:00,10 架推进式无人运输飞行器将开始从伦敦海德公园飞往英国其他 10 个目的地城市,限定任意两架无人飞行器起飞时间必须间隔大于等于 10 min,且最大飞行时长为 18 个小时(03:00—21:00),最晚 21:00 及之前必须到达目的地城市。需要基于阿里云天池平台提供的天气预报数据,预测每个区域块 (x,y) 的天气情况,规划无人机的飞行轨迹。

同时,暂且只考虑影响无人飞行器坠毁的两个天气因素:风速和降雨量。当风速值≥15或者降雨量≥4 时,无人机会坠毁。

2. 实验要求与评估

根据一天中每小时的实际天气状况评估所提交内容中描述的飞行器路线。如果有任一时刻飞行器进入极恶劣的天气环境后损毁,那么将导致 24 h 的延时处罚。

实验最终得分将是飞行器成功航行时间总时长(min)加上处罚(min)总数:

目标函数值＝24×60×飞行器坠毁数＋顺利到达的飞行器总飞行时长(min)

需要根据5天的测试数据提交一个汇总的航行路线文件(csv 文件,逗号分隔)。该航行路线文件应包含5列数据:目的地编号、日期编号、时间(格式为 hh:mm)、x 轴坐标、y 轴坐标。航行路线文件应包含航行过程中每 2 min 的详细航行路线。结果数据格式详见表 7.50(提交时统一规定不要包含表头)。

表 7.50　结果数据格式

目的地编号	日期编号	时　间	x 轴坐标	y 轴坐标
3	6	03:50	2	5
8	9	08:28	4	6
10	10	15:32	8	3
…	…	…	…	…

3. 数据来源与描述

阿里云数据平台提供了 4 类数据文件,即城市数据、天气预测数据、天气真值数据和测试数据,其中部分数据进行了一些脱敏操作。天气预测数据和天气真值数据总共提供 5 天的数据,线上测试数据也提供 5 天的数据。

城市数据为'CityData.csv',包含城市编号和区域块坐标信息。伦敦为起点城市,城市编号为 0,其他城市为目的地城市,编号依次为 1,2,3,…,10。城市数据格式详见表 7.51。

表 7.51　城市数据格式

城市编号	x 轴坐标	y 轴坐标
0	142	328
…	…	…

英国气象局发布的气象数据经过脱敏后,天气预测数据为'ForecastDataforTraining.csv',天气真值数据为'In-situMeasurementforTraining.csv'。天气预测数据中包含了 7 列数据,数据格式详见表 7.52。天气真值数据中包含了 6 列数据,数据格式详见表 7.53。

表 7.52　天气预测数据格式

x 轴坐标	y 轴坐标	日期编号	预报时间/h	模型编号	风速/(m/s)	降雨量/mm
22	201	2	14	1	4.91	0.2
45	32	1	21	2	1.28	1.6
…	…	…	…	…	…	…

表 7.53　天气真值数据格式

x 轴坐标	y 轴坐标	日期编号	预报时间/h	风速/(m/s)	降雨量/mm
120	25	3	14	6.35	1.1
82	19	5	21	3.56	2.3
...	...	...	...	...	...

线上测试的数据为'ForecastDataforTesting.csv'，数据格式与天气预测数据的格式一致。

注：天气预测数据的间隔时间为 1 h，但无人机 2 min 飞越一个区域块，因此，假定从预报时刻点开始，1 h 的天气保持不变。

7.9.2　极速配送规划

1. 实验背景与内容

本实验主要针对两类包裹提供最优的快递员配送方案：第一类是电商包裹，快递员需要从网点提取并配送至消费者；第二类是同城 O2O 包裹，快递员需要在指定时间去商户提取并在指定时间内配送至消费者。

上海市有 124 个网点，这些网点负责全部上海电商包裹的配送，大概每天 229 000 件。每个网点的配送范围两两不重合并完全覆盖了整个上海。每天 8:00 前，所有上海的电商包裹都抵达网点。快递员在 8:00 开始从网点进行派送，快递员需要在 20:00 点前将所有的电商包裹送至消费者手中。在配送电商包裹的同时，快递员还要配送同城 O2O 包裹（如外卖订单等），对于这类包裹，快递员需要在指定时间之前到达商户领取包裹，并在指定时间之前送达消费者手中。完成者需要提供所有快递员的调度计划，即快递员在网点、配送点和商户的到达时间、离开时间和取/送订单及包裹量。

为了简化模型，做了如下假设：

（1）将上海所有要派送的包裹（含电商包裹和同城 O2O 包裹）地址汇聚至 9214 个配送点上，每个配送点上都有若干包裹。快递员把包裹送至消费者手中可抽象为快递员把包裹送到离消费者最近的配送点，并在配送点处理完成。因此，不需要提供消费者的地址信息，只需提供这 9214 个配送点的经纬度。

（2）由于每个网点的配送范围两两不重合，所以每个配送点仅会被一个网点服务到。

（3）每个快递员任何时刻携带的包裹量不得大于 140 件。

（4）每个配送点的电商包裹只能一次配送完毕，不能分多次配送。

（5）选取上海较大的 O2O 商户（含外卖等）598 家。这些同城 O2O 包裹将由快递员到商户取走并送到配送点给消费者。每笔同城 O2O 订单可能包含若干包裹，从消费者体验考虑，只可在满足总包裹量不大于 140 件的情况下一次取走，不可分批取走。

（6）每笔同城 O2O 订单有商户的领取时间限制，快递员不得晚于该时间到达商户，如果快递员早于该时间到达，则快递员需要等待至领取时间。同时，每笔订单还有消费者最晚收货时间，即快递员不得晚于该时间送达至配送点，如果快递员早于该时间送达至配送点，则快递员不需等待，可直接进行配送。

（7）提供所有地点的经纬度信息并假定两点之间的距离符合计算公式（7.53），快递员的平均速度是 15 km/h。

两点间距离计算公式为

$$S = 2 \cdot R \cdot \arcsin\sqrt{\sin^2\left(\frac{\pi}{180}\Delta \text{lat}\right) + \cos\left(\frac{\pi}{180}\text{lat}_1\right)\cos\left(\frac{\pi}{180}\text{lat}_2\right)\sin^2\left(\frac{\pi}{180}\Delta \text{lng}\right)}$$

$$(7.53)$$

其中，$\Delta\text{lat} = \dfrac{\text{lat}_1 - \text{lat}_2}{2}$，$\Delta\text{lng} = \dfrac{\text{lng}_1 - \text{lng}_2}{2}$，$(\text{lat}_1, \text{lng}_1)$、$(\text{lat}_2, \text{lng}_2)$ 分别为两点的经纬度，lat 为维度，lng 为经度；R 为地球半径，约为 6378 km。配送点停留（处理）时间 $T = 3\sqrt{x} + 5$ min，x 为配送点该次所要配送的包裹量。

（8）快递员在配送点的停留（处理）时间和配送地点该次所要配送的包裹量相关，并满足计算公式（7.54）。

（9）快递员数量上限 1000 个，有配送任务的快递员数量可以少于 1000，快递员可以服务多个网点，编号为 D0001～D1000。

（10）作为起始条件，完成者可以指定快递员 8:00 从任何一个网点出发，快递员如果完成当天的任务，则在最后一个配送点结束。

完成者需要提供所有快递员的派送计划，含快递员 ID、每个地点（网点、递送点或商户）的到达时间和离开时间，以及每个地点的取/送订单 ID 和包裹量。

2. 实验要求与评估

需提交所有快递员的调度计划，如表 7.54 所示。

表 7.54 调度计划表

字 段	说 明
Courier_id	快递员 ID
Addr	网点或配送点或商户 ID
Arrival_time	到达时长（距离 08:00 时长分钟数，如到达时刻为 11:00，则到达时间为 180）
Departure	离开时长（距离 08:00 时长分钟数，如离开时刻为 15:00，则离开时间为 420）
Amount	取/送货量（取为＋，送为－）
Order_id	订单 ID

所有快递员总耗时最短的完成者获胜。所有快递员的总耗时包括所有快递员的行驶时间和所有配送点的停留处理时间，即

$$\text{Total time} = \sum_{i=1}^{1000} (T_i + P_i) \tag{7.54}$$

其中，T_i 为快递员 i 的所有行驶时间，P_i 为快递员 i 在他所经过的所有配送点的停留处理时间。

具体的注意事项如下：

(1) 按 arrival_time 排序，注意同一个配送地点的到达时间和离开时间需满足假设(8)，前一个地点的离开时间和下一个地点的到达时间需满足假设(7)的行驶时间。如果同一个配送地点的到达时间和离开时间不满足假设(8)，或前一个地点的离开时间和下一个地点的到达时间不满足假设(7)的行驶时间，则产生偏差的时间部分 10 倍计入总耗时。

示例 1：假定快递员在一个配送点要处理 36 个包裹，如果他在 9:00 到达，则根据假设(8)，他的处理时间是 23 min，因此他在 9:23 离开。如果所提供的时间不为 9:23(如 9:25)，那么就产生了误差时间(|9:25−9:23|=2 min)，10×2=20 min 将计入总耗时。

示例 2：假定快递员从配送点 A 至配送点 B，如果两点距离为 10 km，则根据假设(7)，行驶时间为 40 min。如果快递员 9:00 离开 A，则他到达 B 的时间为 9:40。如果所提供的到达时间不为 9:40(如 9:35)，那么就产生了误差时间(|9:40−9:35|=5 min)，10×5=50 min 将计入总耗时。

(2) 如果出现 O2O 到达商户的时间超过商户要求的领取时间，或送达用户的时间超过用户要求的送达时间，则超出的时间 5 倍计入总耗时。

(3) 所有时间精确到分钟。

实例列表如表 7.55 所示。

表 7.55　实 例 列 表

快递员标识	配送点	到达时长	离开时长	订单编号
D0545	A083	0	0	F6344
D0545	A083	0	0	F6360
D0545	A083	0	0	F6358
D0545	A083	0	0	F6353
D0545	A083	0	0	F6354
D0545	B5800	7	29	F6344
D0545	B7555	30	59	F6354

快递员标识	配送点	到达时长	离开时长	订单编号
D0545	B7182	62	77	F6353
D0545	B8307	79	97	F6358
D0545	B8461	102	117	F6360
D0545	A083	124	124	F6349
D0545	A083	124	124	F6325
D0545	A083	124	124	F6314
D0545	B6528	132	157	F6349
D0545	S245	160	257	E0895
D0545	B3266	259	267	E0895
D0545	B3266	267	294	F6325
D0545	B2337	296	320	F6314
D0545	A083	324	324	F6366
D0545	A083	324	324	F6345
D0545	A083	324	324	F6346
D0545	A083	324	324	F6308
D0545	S294	340	508	E1088
D0545	B1940	525	547	F6308
D0545	B6104	550	573	F6346
D0545	B8926	577	585	E1088
D0545	B9072	587	610	F6366
D0545	B6103	612	633	F6345

　　第 545 号快递员调度计划为：该快递员 8:00(到达时长＝8:00−8:00＝0，服务时长＝0，离开时长＝到达时长＋服务时长＝0＋0＝0)从网点 A083 开始取货，分别取订单编号为 F6344、F6360、F6358、F6353、F6354 的包裹(此时快递员携带包裹量为 139＜140)，然后分别去订单编号为 F6344、F6354、F6353、F6358、F6360 的配送点 B5800、B7555、B7182、B8307、B8461 送货，服务时长[满足公式(7.54)]分别为 22(3sqrt(34)＋5)、29(3sqrt

(63)＋5)、15、18、15，到达时长＝上一地点的离开时长＋上一地点与该地点的距离÷速度，分别为7(8:07－8:00)、30(8:30－8:00)、62、79、102，由于配送点配送的都是电商订单，所以离开时长＝到达时长＋服务时长，分别为29(7＋22)、59(29＋30)、77、97、117(目前快递员携带包裹量为0)。类似地，快递员去网点A083取订单编号为F6349、F6325、F6314的包裹(快递员携带包裹量138＜140，服务时长＝0)，然后去配送点B6528配送订单编号为F6349的包裹，到达时间与离开时间计算方式同上。之后，快递员去店铺S245取O2O订单编号为E0895的包裹，到达时长＝上一地点离开时长＋上一地点与该地点的距离÷速度＝157＋3＝160，离开时长＝max(到达时长，到商户的领取时长＝到商户的领取时间－8:00)＝max(160,257＝12:17－8:00)＝257，接着快递员去配送点B3266配送O2O单E0895，到达时长＝257＋2＝259，离开时长＝到达时长＋服务时长＝259＋8＝267。后续配送计划计算逻辑如上对照，不作详述。

3. 数据来源与描述

实验数据集(阿里云数据平台提供)说明如表7.56～表7.61所示。

表7.56　网点ID及经纬度(共124个网点)

字　段	说　明
Site_id	网点ID(如A001)
Lng	网点经度
Lat	网点纬度

表7.57　配送点ID及经纬度(共9214个配送点)

字　段	说　明
Spot_id	配送点ID(如B0001)
Lng	配送点经度
Lat	配送点纬度

表7.58　商户ID及经纬度(共598个商户)

字　段	说　明
Shop_id	商户ID(如S001)
Lng	商户经度
Lat	商户纬度

表 7.59　电商订单(共 9214 笔电商订单,总包裹量为 229 780)

字　段	说　明
Order_id	订单 ID(如 F0001)
Spot_id	配送点 ID
Site_id	网点 ID
Num	网点需要送至该配送点的电商包裹量

表 7.60　同城 O2O 订单(共 3273 笔 O2O 订单,总包裹量为 8856)

字　段	说　明
Order_id	订单 ID(如 E0001)
Spot_id	配送点 ID
Shop_id	商户 ID
Pickup_time	到商户的领取时间(如 11:00)
Delivery_time	送达至消费者的最晚时间(如 20:00)
Num	订单所含包裹量

表 7.61　快递员 ID 列表(最多 1000 位送件员)

字　段	说　明
Courier_id	快递员 ID(如 D0001)

4. 注意事项

提交的结果需要校验的所有内容如下(只要满足任一条件,即被判定为无效解):

(1) 文件读写异常(正常保存为 csv 文件即可)。

(2) 每个节点的到达时间早于上一节点的离开时间。

(3) 每个节点的离开时间早于该节点的到达时间。

(4) 同一笔订单,被取/送货多次(必须一次性取/送完)。

(5) 任一笔订单取/送货数量、地点与给定数据集不一致。

(6) 快递员达到取/送货点的离开时间早于订单要求的最早取货时间。

(7) 取货订单数量、订单编号与送货订单数量、订单编号不匹配(有取必有送,有送必有取)。

(8) 配送的订单集合必须与给定数据集中要配送的订单不完全匹配,即存在订单遗漏。

（9）作弊次数超过 10 次。作弊的判定：服务时间（排除 O2O 订单取货节点，因为需要等待至最早取货时间）和行驶时间不满足假设（7）、（8）。

（10）快递员任意时刻携带包裹量＞140。

（11）任一笔订单取货时间晚于送货时间。

对于首单为 O2O 单的快递员，其到达首单店铺时间应大于等于距离该店铺最近的网点距离÷快递员速度，否则，差异时间会计入 10 倍惩罚。

7.9.3 航班调整的智能决策

1. 实验背景与内容

本实验的目的是为系统实现一个核心算法，自动识别潜在延误的后续航班，并推荐一种优化方案。例如，当极端天气或飞机故障导致多个飞机场飞行出现大规模延误时，该算法可帮助系统自动识别潜在延误和及时起飞的后续航班，在满足各种实际约束条件下实现最优飞行替代方案。希望该算法能够快速恢复航班时刻表，减少航班延误，提高航班正常率，为乘客提供更好的旅行体验，同时最大限度地提高公司的效益。

假设双流机场（57 号机场）在某一天 8:00—10:00 有雾天气，计划中的所有航班都不能正常起飞或降落，因此所有出港航班都会延误 2 h。根据天气状况，双流机场在 10:00 重新开放。由于控制来自机场的飞机流量，所有航班都将按顺序推迟，以后的航班可能会延误。如果给定四川航空公司未来 4 天的所有航班计划，需要在满足各种约束的前提下调整或重新调度飞行计划，以减轻后续航班的延误，最大限度地减小对飞行作业的影响（使目标函数的值最小化）。

由源代码构建的数据模型必须评估目标函数的每个变量，并考虑到该项目涉及的所有约束，应该实现项目中描述的所有调整方法。通过调整原航班计划，提高航班正常飞行率，减少航班延误，提高旅客体验。这些方法有助于使新的飞行计划更加合理，从而实现公司的整体经营目标。例如，识别怠速飞机、调整飞机、延误航班、取消航班、换乘旅客等。

2. 实验要求与评估

1）调整方法

通过以下调整方法，可以调整原飞行计划，提高航班正常率，减少航班延误，提升旅客体验。而这些方法有助于使新的飞行计划更加合理，从而实现公司的整体运营目标。

（1）识别闲置飞机。当飞行延误时，可以搜索作业基地的闲置飞机（没有执勤任务的飞机）执行随后的飞行，以便随后的飞行不受上一次飞行延误的影响。

（2）调整飞机。目前，A 型飞机和 B 型飞机的到达机场是一样的，但由于天气不好或其他因素，A 型飞机未能在预定到达时间（PTA）到达目的地机场。而 A 型飞机飞行的实际到达时间（ATA）与下一次飞行的计划起飞时间（PTD）之间的间隔没有达到周转时间的标准，这意味着间隔小于周转时间（在某些情况下），上一航班的实际到达时间甚至比下一航班的计划起飞时间晚。如果不进行航线调整，则 A 型飞机随后的飞行将依次延误，而 B 型飞机没有延误，B 型飞机飞行的实际到达时间等于计划抵达时间。因此，这是一个可行的计划，即 B 型飞机被指派在原飞行计划中执行 A 型飞机随后的飞行，同时，A 型飞机在到达目的地后，被指派执行原始飞行计划，这意味着 A 型飞机和 B 型飞机都能达到周转时间的标准，可降低 A 型飞机随后飞行延误的风险，如图 7.32 所示。

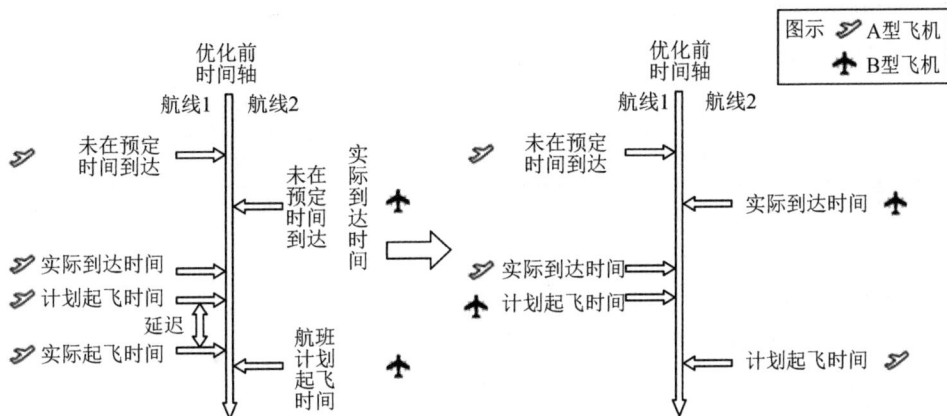

图 7.32 飞机调整示意图

（3）延误航班。如果调整飞机的方式没有产生效果，可以推迟一段时间飞行（不允许提前起飞），以确保随后航班的正常运行和整体飞行时间安排更加合理。但如果航班延误时间超过最长延误时间，则航班将被取消，这意味着航班延误时间不能超过最长延误时间。

（4）取消航班。如果航班无法调整，或者预期的延误时间超过最大延误时间，则航班会被取消，但目标函数会有一些惩罚。

（5）转移乘客。在航班取消或改变飞机类型等情况下，为了减少损失，改善乘客体验，乘客可以转移到其他航班上，飞机的航班必须有足够的座位，携带这些被转移的乘客的航班不能再将他们转移到其他航班（避免多次为乘客分配）。

2）制约因素

调整后的飞行计划必须满足表 7.62 中的约束条件。

表 7.62 调整后的飞行计划满足的约束条件

约 束	类 型
航站楼转机	刚性约束
座位数量	软约束
周转时间	软约束

续表

约　束	类　型
航空港（航班类型）	刚性约束
航线（飞机类型）	刚性约束
包括渡水任务的航线（航班类型）	刚性约束
航空站（最后到达的机场）	软约束
机场开放时间	刚性约束
取消航班	刚性约束

注：硬约束是必须满足的约束，而软约束不是强制性约束，但应尽可能满足，否则目标函数将受到一些惩罚。

约束 1：航站楼转机。

就每一次航班而言，调整后的飞行计划必须满足：飞机下一航班的出发机场要与上一航班的抵达机场相同。

约束 2：座位数量。

更换飞机的座位数量应大于原飞机的座位数。如果更换飞机的座位数量不足，则多余的乘客可能会被转移到另一个航班或退款，但客观功能将受到一些惩罚。

约束 3：周转时间。

计算方法是，计划的周转时间等于下一次航班的计划起飞时间与上一次航班的计划到达时间之间的间隔：

计划周转时间＝下一航班的计划出发时间－上一次航班的计划到达时间

约束 4：航空港（航班类型）。

某些机场对从机场起飞或在机场降落的飞机有特殊限制。

约束 5：航线（飞机类型）。

某些航线对飞机类型有特殊的限制。

约束 6：包括渡水任务的航线（航班类型）。

某些飞机类型不能执行某些路线，包括执行渡海任务的航线。

约束 7：航空站（最后到达的机场）。

调整后的飞行计划不应改变原飞行计划中每架飞机的最后到达机场，否则将对目标函数进行一些惩罚。

约束 8：机场开放时间。

航班的起飞和降落必须在机场起飞时间内完成。

约束 9：取消航班。

在调整后的飞行计划中取消航班的次数不得超过当天航班总数的十分之一。

3）目标函数

目标函数是飞行调整的优化目标，它代表飞行调整的方向。目标函数的计算公式如下：

目标函数＝P1×（取消航班的数量）＋P2×（延误）＋P3×（最后到达机场的变更航班数量）＋P4×（飞机类型变更的航班数量）＋P5×（总延迟时间）＋P6×（取消航班的乘客数量）＋P7×（延误航班的旅客数量）＋P8×（转机旅客人数）＋P9×（减少的转机总时间）

参数 P1～P9 为目标函数中各影响因素的权重。参数 P1～P4 设置如下：

P1（被取消航班参数）＝1800；

P2（延迟航班参数）＝1200；

P3（最后到达机场的变更航班参数）＝2000；

P4（飞机类型变更的航班参数，初始值为 300）。

飞机类型的不同转换对应不同的参数。参数 P4＝初值×系数。例如，原始航班的飞机类型为 TYPE_A，调整后飞行的飞机类型为 TYPE_C，因此，最终参数＝初值×系数＝300 × 2＝600，系数表示如表 7.63 所示。

表 7.63　系 数 列 表

调整的航班类型	原航班类型			
	TYPE_A	TYPE_B	TYPE_C	TYPE_D
TYPE_A	0	1	2	3
TYPE_B	1	0	1.5	2.5
TYPE_C	2	1.5	0	2
TYPE_D	3	2.5	2	0

参数 P5～P7 设置如下：

P5（总延迟时间参数）＝30；

P6（取消航班的乘客人数参数）＝6；

P7（延误航班乘客人数参数）。

参数 P7 是分段的，其大小取决于飞行延迟时间的长短，详见表 7.64。

表 7.64　飞行延迟与参数分段

延迟时间/h	P7
(0, 1]	1
(1, 2]	1.5

续表

延迟时间/h	P7
(2, 4]	2
(4, 12]	3
(12, 24]	5
>24	Cancellation

参数 P8 取决于旅客换乘延误时间的长短,详见表 7.65。

表 7.65　中转旅客人数参数与旅客换乘延误时间

延迟时间/h	P8
[0, 3)	1/60×(延迟时间)
[3, 6)	1/48×(延迟时间)
[6, 12)	1/36×(延迟时间)
[12, 24)	1/24×(延迟时间)
[24, 48)	1/12×(延迟时间)
>48	取消

参数 P9 反映了减少转机总时间在整体目标函数中的重要性,其取值需要考虑各个目标之间的竞争关系,以及决策者的主观判断和客观数据。

由于各航班的重要性不同,因此在计算目标函数值时,将根据不同航班重要度系数对目标函数进行修正。

完成者应提供目标函数的值和相应的调整结果,为了满足实际需要,程序的最大计算时间不能超过 30 min。

3. 数据来源与描述

本实验数据来源于百度点石平台。

1) 航班信息

表 7.66 描述了航班的基本信息。以第一条数据为例,航班号分别为 102319657 和 3U8531,于 2018 年 2 月 28 日 08:00 离开 AIRPORT_57,于 10:05 到达 AIRPORT_268,航班的重要系数为 2,共有 184 名乘客。这架飞机的识别号和型号分别是 AC_91 和 TYPE_C,共有 194 个座位。

表 7.66 航 班 信 息

航班ID	航班日期	航班号	出发机场	到达机场	计划出发时间	计划到达时间	飞机ID	飞机型号	乘客人数	座位数量	重要因素
102319657	2018-02-28 00:00:00	3U8531	AIRPORT_57	AIRPORT_268	2018-02-28 08:00:00	2018-02-28 10:05:00	AC_91	TYPE_C	184	194	2
102328827	2018-02-28 00:00:00	3U8633	AIRPORT_50	AIRPORT_171	2018-02-28 08:00:00	2018-02-28 11:00:00	AC_77	TYPE_A	125	132	1

2）机场闲置飞机信息

表 7.67 描述了机场闲置飞机的信息。以第一条数据为例，这架飞机于 2018 年 2 月 28 日停在机场（AIRPORT_57），其识别码和型号分别为 AC_71 和 TYPE_B。该机闲置，共有 164 个座位。

表 7.67 机场闲置飞机信息

日 期	飞机ID	飞机类型	机 场	座位
2018-02-28	AC_71	TYPE_B	AIRPORT_57	164
2018-02-28	AC_110	TYPE_B	AIRPORT_57	164

3）周转时间

表 7.68 描述了不同类型飞机在不同机场周转时间的限制。以第一条数据为例，A 型、B 型或 C 型飞机在机场 297 的周转时间应至少为 60 min，而 D 型飞机在机场 297 的周转时间应至少为 120 min。

表 7.68 周 转 时 间

机场ID	TYPE_A	TYPE_B	TYPE_C	TYPE_D
AIRPORT_297	60	60	60	120
AIRPORT_308	60	60	60	120

4）机场（飞机类型）

表 7.69 描述了不同类型飞机在不同机场的限制条件。"1"表示允许这种类型的飞机在机场起飞和降落，而"0"表示不允许这种类型的飞机在机场起飞和降落。D 型飞机可以在机场 308 起飞和降落。A 型、B 型或 C 型飞机不得在 308 机场起飞和降落。

表 7.69   不同类型飞机在不同机场的限制条件

机场 ID	TYPE_A	TYPE_B	TYPE_C	TYPE_D
AIRPORT_308	0	0	0	1
AIRPORT_34	0	0	0	1

5）航线（飞机类型）

表 7.70 描述了不同类型飞机在不同航线上的约束条件。以第一条数据为例，允许具有 B 型或 C 型的飞机执行从机场 50 到机场 41 的路线，但是不允许具有 A 型或 D 型的飞机。

表 7.70   不同类型飞机在不同航线上的约束条件

出发机场	到达机场	TYPE_A	TYPE_B	TYPE_C	TYPE_D
AIRPORT_50	AIRPORT_41	0	1	1	0
AIRPORT_41	AIRPORT_50	0	1	1	0

6）包括执行渡海任务的路线（飞机类型）

（1）不能执行包括渡海任务在内的航线的飞机。

表 7.71 描述了不能执行渡海航线的飞机。以第一条数据为例，B 型 AC_37 飞机不能执行包括渡海任务在内的航线

表 7.71   不能执行渡海任务航线的飞机

飞机 ID	飞机类型
AC_37	TYPE_B
AC_29	TYPE_A

（2）路线包括渡海任务。

表 7.72 描述了包括执行渡海任务在内的路线。以第一条数据为例，从 AIRPORT_107 到 AIRPORT_68 的路线包括执行渡海任务。

表 7.72   执行渡海任务在内的路线

出发机场	到达机场
AIRPORT_107	AIRPORT_68
AIRPORT_68	AIRPORT_107

7）机场的开放时间

表 7.73 描述了机场对飞机起飞和着陆时间的限制。以第一条数据为例，在 AIRPORT_314，

航班只能在 6:00—23:30 起飞或降落，其余时间禁止起飞或降落。

表 7.73　机场的开放时间

机场 ID	开放时间
AIRPORT_314	06:00—23:30
AIRPORT_235	04:00—20:00

7.9.4　上下文感知的多模式交通推荐

1. 实验背景与内容

上下文感知的多模式交通推荐的目标是推荐一个旅行计划，该计划考虑了各种单一的交通模式，如步行、骑车、驾车、公共交通以及如何在不同的上下文中连接这些模式。多模式交通建议的成功开发可以带来很多好处，如减少运输时间，平衡交通流量，减少交通拥堵，最终促进智能交通系统的发展。

尽管交通推荐在导航应用上得到普及并频繁使用（如百度地图和谷歌地图），但是现有的交通推荐解决方案只考虑一种交通模式下的路线。在上下文感知的多模式交通推荐问题中，不同的用户和时空上下文对交通模式的偏好是不同的。例如，对大多数城市居民来说，地铁比出租车更划算。对于交通工具不充足且经济状况较差的人可能更喜欢骑自行车和步行。假设出发地和目的地（Origin-Destination，OD）的距离比较远，且旅行计划不紧急。在这种情况下，一个包含多种交通方式的经济实惠的交通建议也许更有吸引力。

实验任务是解决上下文感知的多模式交通推荐问题，推荐最合适的交通方式。给定用户 u 的一个 OD 对和情景上下文，推荐用户 u 在 OD 对之间旅行的最合适的交通方式。

2. 实验要求与评估

采用加权 F_1 作为评价指标，每个类别的 F_1 分值定义为

$$F_{1,\,\text{class}_i} = \frac{2 \cdot \text{Precision} \cdot \text{Recall}}{\text{Precision} + \text{Recall}} \tag{7.55}$$

其中，Precision 和 Recall 是通过计算总的真正类、假负类和假正类来获得的，加权 F_1 是通过考虑每个类的权重来计算的，即

$$F_{1,\,\text{weighted}} = w_1 F_{1,\,\text{class}_1} + w_2 F_{1,\,\text{class}_2} + \cdots + w_k F_{1,\,\text{class}_k} \tag{7.56}$$

权重是根据每个类的实例比率来计算的。对于一小部分查询，一个查询可能会有多种结果，选择第一个结果作为用户最合适的交通模式。最后的评分是模型 F_1 评分和效率评分的组合。

3. 数据来源与描述

要求使用从百度地图收集的历史用户行为数据和一组用户属性数据来推荐合适的交通

模式。用户行为数据捕获用户与导航应用程序的交互,根据用户交互循环,可以将用户行为数据进一步分类为查询记录、显示记录和单击记录。每个记录都与会话 ID 和时间戳相关联。

1)查询记录

查询记录表示用户在百度地图上的一条路由搜索。每个查询记录由会话 ID、概要 ID、时间戳、原始点坐标和目标点坐标组成。例如,[387056,234590,″2018-11-01 15:15:36″,(116.30,40.05),(116.35,39.99)]表示用户在 2018 年 11 月 1 日下午从(116.30,40.05)到(116.35,39.99)的行程中进行查询,所有坐标为 WGS84。

2)显示记录

显示记录是由显示给用户的百度地图生成的可行路径。每个显示记录由会话 ID、时间戳和路由计划列表组成。每个展示方案由交通方式、预计路线距离(以 m 为单位)、预计到达时间(ETA)(以 s 为单位)、预计价格(以元为单位)和隐含在展示列表中的显示等级组成。为了避免混淆,在显示列表中最多有一个特定交通模式的计划,共有 11 种交通方式。一种交通模式可以是单模态的(如自驾、公共汽车、自行车)或多模态的(如出租车-公共汽车、自行车-公共汽车),把这些交通模式编码成数字标签,范围为 1~11。例如,[387056,″2018-11-01 15:15:40″,[{″mode″:1,″distance″:3220,″ETA″:2134,″price″:12},{″mode″:3,″distance″:3520,″ETA″:2841,″price″:2}]]是两个交通模式方案的显示记录。

3)生成记录

生成记录显示用户对不同建议的反馈,即用户可点击以显示给他的特定路线。在每个记录中,click data 包含一个会话 ID、一个时间戳和显示列表中生成的交通模式,且只保留每个查询第一次的生成。

4)用户属性

用户配置文件属性反映了对交通模式的个人偏好。每个会话的用户都通过配置文件 ID 与一组用户属性关联。注意,对于隐私问题,不直接提供物理上的单个用户 ID。相反,将每个用户表示为一组用户属性,然后将具有相同属性的用户合并到相同的用户概要 ID 中。例如,在考虑性别和年龄属性的情况下,在数据集中将两个年龄为 35 岁的男性标识为相同的用户。

7.10 智能数据挖掘

数据挖掘是从大量的数据中提取所感兴趣的、事先不知道的、隐含在数据中的有用信息和知识的过程，并且把这些知识用概念、规则、规律和模式等方式展示给用户，从而解决信息时代数据丰富而知识不足的矛盾。

7.10.1 微博用户画像

1. 实验背景与内容

用户画像(User Profiling)是指对用户的人口统计学特征、行为模式、偏好、观点和目标等进行标签化，是互联网时代实现精准化服务、营销和推荐的必经之路，在网络安全、管理和营运等领域具有重要意义。

微博用户画像是指利用微博用户的内容信息(如发表的微博和评论)、行为记录(如浏览、转发、点赞、收藏等)和链接结构(如用户之间的粉丝关系)等，对用户的不同维度进行画像，在完善及扩充微博用户信息、分析微博生态以及支撑微博业务等方面具有非常重要的意义。

2. 实验要求与评估

利用给定的新浪微博数据(由 Biendata 平台提供，包括用户个人信息、用户微博文本以及用户粉丝列表，详见数据描述部分)，进行微博用户画像，具体包括以下 3 个任务。

任务一：推断用户的年龄(共 3 个标签：−1979/1980−1989/1990＋)。

任务二：推断用户的性别(共 2 个标签：男/女)。

任务三：推断用户的地域(共 8 个标签：东北/华北/华中/华东/西北/西南/华南/境外)。

对给出的预测结果，首先分别计算出 3 个任务的预测正确率(Accuracy)A1、A2 和 A3。根据任务难度的不同，分别对任务一、任务二和任务三设置权重为 0.3、0.2 和 0.5，最终的加权平均正确率 $A=0.3 \times A1 + 0.2 \times A2 + 0.5 \times A3$。加权平均正确率 A 作为评估的依据。

3. 数据来源与描述

实验使用的数据集中一共包含 3 类信息：

(1) 社交关系信息：包含一个约 256.7 万微博用户构成的社交网络，其中的社交关系可能是单向的(单向关注，即为粉丝关系)或双向的(互相关注，即为好友关系)。

(2) 用户微博信息：包含约 4.6 万用户的微博文本，这些用户都属于上述社交网络。

(3) 用户标签信息：包含约 5000 用户的年龄、性别及地域标签，这些用户都属于上述 4.6 万带微博文本数据的用户。将基于这 5000 带标签的用户划分为训练集、验证集和测试集。

数据集统计信息(大致数据)如表 7.74 所示。

表 7.74　微博数据统计

数据集	社交网络规模	带微博文本用户数	带标签信息用户数
训练集	256.5 万用户，5.5 亿关注关系	4.4 万	0.3 万
验证集	0.1 万用户，15 万关注关系	0.1 万	0.1 万
测试集	0.1 万用户，13 万关注关系	0.1 万	0.1 万
总计	256.7 万用户，5.5 亿关注关系	4.6 万	0.5 万

训练集、验证集和测试集都包含 4 个文件，其格式如下：

（1）info.txt：用户信息文件。

每一行代表一个用户，包含 3 个属性，用‖分开。包含的属性依次如下：

user id：用户唯一标识，由数字组成。

screen_name：用户名，与 user id 一一对应，None 代表此项信息缺失。

avatar_large：用户头像的网址，None 代表此项信息缺失。

（2）labels.txt：用户标签文件。

每一行代表一个用户，包含 4 个属性，用‖分开。包含的属性依次如下：

user id：用户唯一标识，由数字组成。

gender：用户性别，m 代表男性，f 代表女性，None 代表此项信息缺失。

birthday：用户出生年份，None 代表此项信息缺失。

location：用户地域，部分用户包含省份和城市信息，部分用户只有省份信息，None 代表此项信息缺失。

（3）links.txt：用户关系文件。

每一行代表一个用户的粉丝列表，由多个用户 ID 组成，以空格分隔，从第二个用户到最后一个用户均为第一个用户的粉丝。

（4）status.txt：微博文本文件。

每一行代表一条用户微博，由 6 个属性组成，以英文逗号分隔。包含的属性依次如下：

user id：用户唯一标识，由数字组成。

retweet count：转发数，数字。

review count：评论数，数字。

source：来源，文本。

time：创建时间，时间戳文本（目前有两种格式：yyyy-MM-dd HH:mm:ss 和 yyyy-MM-dd HH:mm）。

content：文本内容（可能包含@信息、表情符信息等）。

7.10.2　同名消歧

1. 实验背景与内容

收录各种论文的线上学术搜索系统已经成为目前全球学术界重要且最受欢迎的学术交流以及论文搜索平台，这些平台具有海量的文献资料。例如，Google Scholar 大约有 389 000 000 篇论文，DBLP 拥有超过 5 000 000 篇论文，AMiner 拥有超过 250 000 000 篇论文。随着科学文献的大量增长，如何准确快速地将论文分配到系统已有作者档案以及维护作者档案的一致性，是现有的线上学术系统同名消歧亟待解决的难题。

本实验的主要任务是根据论文的详细信息以及作者与论文之间的联系，区分属于不同作者的论文，以获得良好的论文消歧结果，即给定一组未分配的论文和一组现有的作者简介，研究人员需要将未分配的论文分配给正确的作者简介或返回 NIL（当没有对应的作者简介时）。

2. 实验要求与评估

在线学术平台每天都在积累大量论文。如何准确、快速地将这些新论文分配到已有的作者档案中，是在线学术系统最迫切需要解决的问题。该问题可以描述为：给定一组新论文和一组作者的论文列表，如何将新论文正确地分配给已存在的作者。实验结果针对单个作者的 Macro Pairwise-F1 进行评估。针对 M 位作者，评价方法为

$$
\begin{cases}
\text{Weightedprecision} = \displaystyle\sum_{i=1}^{M} \text{Precision}_i \times \text{weight}_i \\[2mm]
\text{Weightedrecall} = \displaystyle\sum_{i=1}^{M} \text{Recall}_i \times \text{weight}_i \\[2mm]
\text{WeightedF}_1 = \dfrac{2 \times \text{Weightedprecision} \times \text{Weightedrecall}}{\text{Weightedprecision} + \text{Weightedrecall}}
\end{cases} \tag{7.57}
$$

3. 数据来源与描述

本实验使用的数据是 na-v3 版 WhoIsWho。因此，除了下面的训练数据外，读者还可以访问前两个版本的数据，即 na-v1 和 na-v2，并进行模型训练。

1）训练集

train_author.json：数据被组织到一个字典中（表示为 dict1）。dict1 的键是作者的名字，dict1 的值是具有相同作者名字的不同作者简介，它也组织为一个字典（记为 dict2），dict2 的键是作者 ID，dict2 的值是作者的论文 ID 列表。

train_pub.json：该文件包含属于 train_author 的具体论文信息，被保存在一个字典中，键是论文的 ID，值是具体的论文信息，如表 7.75 所示。

表 7.75 train_pub.json 具体信息

关键信息	类 型	描 述	样 例
ID	string	论文 ID	53e9ab9eb7602d970354a97e
title	string	论文名	Data mining：concepts and techniques
authors.name	string	作者姓名	Han Jiawei
author.org	string	作者工作单位	department of computer science University of Illinois at Urbana Champaign
venue	string	会议/期刊	InteligenciaArtificial，Revista Iberoameri-cana de Inteligencia Artificial
year	int	发表年份	2000
keywords	list of strings	关键字	["data mining"，"structured data"，world wide web"，social network"，"relational data"]
abstract	string	摘要	Our ability togenerate...

系统中现有的用户文件如下：

whole_author_profiles.json：两级字典，key 为 author-id，value 包含两个字段，其中'name'字段代表作者姓名，'papers'字段代表属于作者的论文。

whole_author_profiles_pub.json：该文件包含了 whole_author_profile.json 的具体论文信息（与 train_pub.json 格式相同）。

2）验证集

cna_valid_unass.json：未分配的论文列表，列表中的元素是 paperID+'-'+要分配的作者索引（从 0 开始）。读者需要将每篇未分配作者的论文分配给 whole_author_profile.json 中的现有作者简介（需要注意有 NIL 的情况）。

cna_valid_unass_pub.json：该文件包含属于 cna_valid_unass.json 的具体论文信息（与 train_pub.json 格式相同）。

7.10.3 消费者信用智能评分

1. 实验背景与内容

随着社会信用体系建设的深入推进，社会信用标准建设飞速发展，相关的标准相继发布，包括信用服务标准、信用数据采集和服务标准、信用修复标准、城市信用标准、行业信用标准等在内的多层次标准体系亟待出台，社会信用标准体系有望快速推进。社会各行业信用服务机构深度参与广告、政务、金融、共享单车、旅游、重大投资项目、教育、环保以及社会信用体系建设等领域。社会信用体系建设是个系统工程，通信运营商作为社会企业中不可缺少的部分，同样需要打造企业信用评分体系，助推整个社会的信用体系升级。同时国家也鼓励推进第三方信用服务机构与政府数据交换，以增强政府公共信用信息中心的核心竞争力。

传统的信用评分主要以客户消费能力等少数维度来衡量，难以全面、客观、及时地反映客户的信用。中国移动作为通信运营商，拥有海量、广泛、高质量、高时效的数据，如何基于丰富的大数据对客户进行智能评分是一大难题。运营商信用智能评分体系的建立不仅能完善社会信用体系，同时也为中国移动内部提供了丰富的应用价值，包括全球通客户服务品质的提升、客户欠费额度的信用控制、根据信用等级享受各类业务优惠等，希望通过建模实验，构建优秀的模型体系，准确评估用户信用分值。

利用 DataFountain 平台所提供的数据进行分析建模，运用机器学习和深度学习算法，准确评估用户消费信用分值。

2. 实验要求与评估

评价指标使用平均绝对误差（Mean Absolute Error，MAE）系数，该系数是用来衡量模型预测结果与标准结果的接近程度，计算方法如下：

$$\text{MAE} = \frac{1}{n} \sum_{i=1}^{n} |\text{pred}_i - y_i| \tag{7.58}$$

其中，pred_i 为预测样本，y_i 为真实样本。MAE 的值越小，说明预测数据与真实数据越接近。

最终结果为 $\text{Score} = \dfrac{1}{1 + \text{MAE}}$，最终结果越接近 1 分值越高。

3. 数据来源与描述

样本数据（脱敏）包括客户的各类通信支出、欠费情况、出行情况、消费场所、社交、个人兴趣等丰富的多维度数据。文件如下：

train_dataset.zip：用于训练数据，包含 50 000 行。

test_dataset.zip：用于测试集数据，包含 50 000 行。

数据主要包含用户的身份特征、消费能力、人脉关系、位置轨迹和应用行为偏好等信息，如表 7.76 所示。

表 7.76 实验数据信息

字 段 列 表	字 段 说 明
用户编码	数值唯一性
用户实名制是否通过核实	1 为是，0 为否
用户年龄	数值
是否大学生客户	1 为是，0 为否

字　段　列　表	字　段　说　明
是否黑名单客户	1 为是，0 为否
是否 4G 不健康客户	1 为是，0 为否
用户网龄(月)	数值
用户最近一次缴费距今时长(月)	数值
缴费用户最近一次缴费金额(元)	数值
用户近 6 个月平均消费话费(元)	数值
用户账单当月总费用(元)	数值
用户当月账户余额(元)	数值
缴费用户当前是否欠费缴费	1 为是，0 为否
用户话费敏感度	用户话费敏感度一级表示敏感等级最大。 　　根据极值计算法、叶指标权重后得出的结果。根据规则，生成敏感度用户的敏感级别： 　　先将敏感度用户按中间分值按降序进行排序，前 5% 的用户对应的敏感级别为一级； 　　接下来的 15% 的用户对应的敏感级别为二级； 　　接下来的 15% 的用户对应的敏感级别为三级； 　　接下来的 25% 的用户对应的敏感级别为四级； 　　最后 40% 的用户对应的敏感度级别为五级
当月通话交往圈人数	数值
是否经常逛商场的人	1 为是，0 为否
近 3 个月月均商场出现次数	数值
当月是否逛过福州仓山万达	1 为是，0 为否
当月是否到过福州山姆会员店	1 为是，0 为否
当月是否看过电影	1 为是，0 为否
当月是否去景点游览	1 为是，0 为否
当月是否去体育场馆消费	1 为是，0 为否
当月网购类应用使用次数	数值
当月物流快递类应用使用次数	数值
当月金融理财类应用使用总次数	数值

字 段 列 表	字 段 说 明
当月视频播放类应用使用次数	数值
当月飞机类应用使用次数	数值
当月火车类应用使用次数	数值
当月旅游资讯类应用使用次数	数值

7.10.4　以人为中心的关系分割

1. 实验背景与内容

近年来，越来越多的人关注关系预测的问题，而以人为中心的关系分割问题与现有的关系预测问题之间存在两个差异：首先，以人为中心的关系分割问题不是推断任何两个对象之间的所有关系，而是侧重于估计以人为中心的关系，包括人-客体关系和人-人关系，如图 7.33 所示。每个关系由＜主体，关系，客体＞形式的三元组表示，如＜Human A, hold, Bottle A＞和＜Human A, hug, Human B＞。换句话说，根据本实验中的定义，三元组中的"主体"是人，实验的目标是关系分割。更确切地说，传统关系预测仅估计"主体"和"客体"的边界框，而以人为中心的关系分割问题需要估计其掩模（形状）。

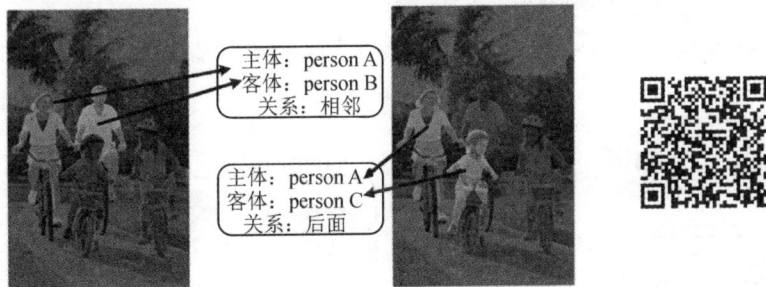

图 7.33　以人为中心的关系标注

本实验旨在推进视觉理解的进展，与以往致力于关系检测的任务不同，以人为中心的关系分割在预测实例分割基础上迈出了一步。由于详细的分割标注，关系预测变得更加精确。本实验数据集从 http://picdataset.com/challenge/user/signin/？next＝/challenge/dataset/download/获取，是一个以人为中心的数据集，这意味着关系三元组的主体应该始终是人，而这一特点使得任务更接近现实应用，如智能保姆和风险预测等。

2. 实验要求与评估

关系分割的示例如图 7.34 所示。

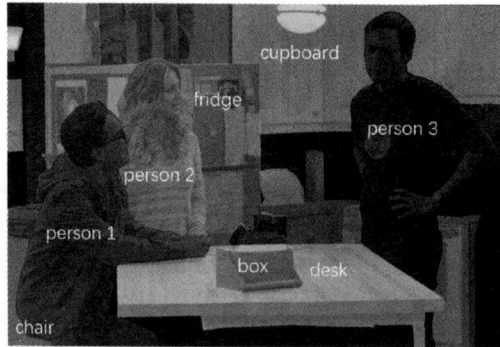

(a) 分割结果

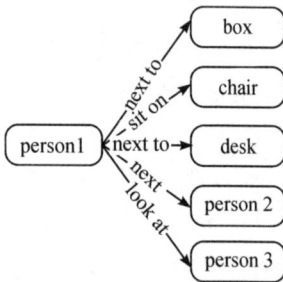

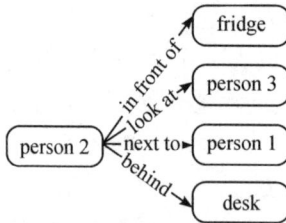

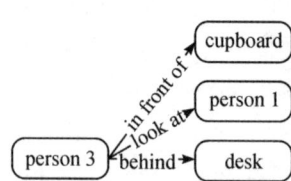

(b) 关系描述

图 7.34 关系分割示例

评价方式如图 7.35 所示，图中的圆形表示类别，箭头线表示关系，绿色为基准(GT)，红色为预测(Pred_1，Pred_2，Pred_3)。

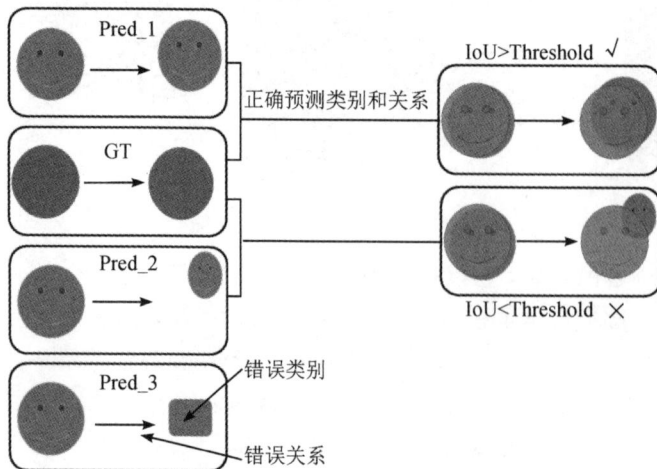

图 7.35 关系分割评价示意图

评价指标计算公式如下：

$$R@100 = \text{average}_{\text{Threshold} \in [0.25, 0.5, 0.75]} \left(\frac{\text{correct Prediction}}{\text{GT}} \right) \tag{7.59}$$

$$\text{weighted } R@100 = 0.5 \times R@100(\text{relation} \in \text{Geometric}) +$$
$$0.5 \times R@100(\text{relation} \in \text{Possessive or Semantic}) \tag{7.60}$$

3. 数据来源与描述

实验数据集中的图像都是从真实环境场景中收集来的，场景中人的姿态和视角对于分析具有一定的挑战性，并具有各种不同的外观，图像还存在高度遮挡和低分辨率的情况。数据集提供了 1.4 万张图像、85 种标签和 31 种关系，每张图像平均有 10 个实例和 17 个关系。总之，共有 13.6 万个实例和 23.5 万种关系。数据集主要定义了两种关系：位置关系和行为关系。

7.11　安全与对抗

人工智能是智能化的信息社会的核心技术，其加速发展也带来了一些实际问题，最为突出的就是信息安全问题。人工智能技术在信息安全方面带来的不只是威胁和风险，也对信息安全技术的提升有很大帮助。

7.11.1　恶意软件检测算法

1. 实验背景与内容

恶意软件是一种被设计用来对目标计算机造成破坏或者占用目标计算机资源的软件，传统的恶意软件包括蠕虫、木马等，这些恶意软件会严重侵犯用户的合法权益，甚至会导致用户及他人巨大的经济或其他形式的利益损失。近年来，随着虚拟货币进入大众视野，挖矿类的恶意程序也开始大量涌现，黑客通过入侵恶意挖矿程序获取巨额收益。当前恶意软件的检测技术主要有特征码检测、行为检测和启发式检测等，配合使用机器学习可以在一定程度上提高泛化能力，提升恶意样本的识别率。

2. 实验要求与评估

完成者的结果文件包含 7 个字段：file_id（bigint）和 6 个分类的预测概率 prob0～prob5（类型为 double，范围为 $[0, 1]$，精度保留小数点后 5 位，prob$\leqslant$0.0 会替换为 1e-6，prob$\geqslant$1.0 会替换为 1.0-1e-6）。完成者必须保证每一行的 | prob0＋prob1＋prob2＋prob3＋prob4＋prob5-1.0|＜1e-6，且将列名按如下顺序写入提交结果文件的第一行，

作为表头：

file_id，prob0，prob1，prob2，prob3，prob4，prob5

分值采用 logloss 计算形式：

$$logloss = -\frac{1}{N}\sum_{i}^{N}\sum_{j}^{M}\left[y_{ij}\log(P_{ij})+(1-y_{ij})\log(1-P_{ij}))\right] \tag{7.61}$$

其中，M 代表分类数，N 代表测试集样本数，y_{ij} 代表第 i 个样本是否为类别 j（是为 1，否为 0），P_{ij} 代表提交的第 i 个样本被预测为类别 j 的概率（prob），最终公布的 logloss 保留小数点后 6 位。

3. 数据来源与描述

阿里云天池平台提供的数据来自文件（Windows 可执行程序）经过沙箱程序模拟运行后的 API 指令序列，均为 Windows 二进制可执行程序，已经过脱敏处理。该数据集提供的样本数据均来自互联网，其中恶意文件的类型有感染型病毒、木马程序、挖矿程序、DDOS 木马、勒索病毒等，数据总计 6 亿条。

（1）训练数据（train. zip）：调用记录 4 亿次，文件 11 万个（以文件编号汇总），如表 7.77 所示。

表 7.77　训练数据字段

字　段	类　型	解　释
file_id	bigint	文件编号
Label	bigint	文件标签：0 代表正常，1 代表勒索病毒，2 代表挖矿程序，3 代表 DDoS 木马，4 代表蠕虫病毒，5 代表感染型病毒
API	string	文件调用的 API 名称
tid	bigint	调用 API 的线程编号
return_value	string	API 返回值
index	string	线程中 API 调用的顺序编号

① 一个文件调用的 API 数量有可能很多，对于一个 tid 中调用超过 5000 个 API 的文件进行了截断，并按照顺序保留了每个 tid 前 5000 个 API 的记录。

② 不同线程 tid 之间没有顺序关系，同一个 tid 里的 index 从小到大代表调用的先后顺序关系。

③ index 是单个文件在沙箱执行时的全局顺序，由于沙箱执行时间有精度限制，所以

会存在一个 index 上出现同线程或者不同线程都在执行多次 API 的情况，可以保证同 tid 内部的顺序，但不保证连续。

（2）测试数据（test.zip）：调用记录近 2 亿次，文件 5 万多个。

格式除了没有 Label 字段，其他数据规格与训练数据一致。

7.11.2 异常会话检测算法

1. 实验背景与内容

云计算已经兴起，越来越多的企业将服务迁移上云，云平台作为基础设施，安全尤为重要。而互联网整体的安全趋势依然严峻，黑客与白帽的攻防对抗也不断升级，基本漏洞的对抗逐步升级为人与人的对抗。传统的检测手段已经不能有效发现高级的攻击者，以数据为中心的安全检测成为安全体系中的重要手段。

阿里云天池平台提供的数据记录了一段时间内不同业务服务器所有会话的进程行为和网络连接行为日志，正常情况下一台生产服务器上通常会有大量的不同会话（sid）运行，包括应用运行、管理软件、运维人员的手工操作、应用的发布和更新等会话。现已经知道有服务器被入侵，试从数据科学的角度分析出可能被入侵主机，找出异常的会话。

2. 实验要求与评估

评估标准：需要提交的结果为 cloudsec_submit，包含 4 个字段，分别为 ip、sid、ds、hh，是完成者经过分析认为存在入侵的机器（ip）、会话（sid）、时间分区信息（ds 和 hh），如表 7.78 所示。

表 7.78 实验结果字段

ip	sid	ds	hh
1.1.1.1	20003	20160823	11
2.2.2.2	1033	20160823	11
1.1.1.1	1024	20160825	15

设定准确率为 P，召回率为 R，那么总分值为

$$总分值 = \frac{901 \times P^2 \times R}{900 \times P^2 + R} \times 100\% \qquad (7.62)$$

3. 数据来源与描述

本实验所有数据已经过脱敏处理，脱敏方法如表 7.79 所示。

表 7.79　脱 敏 方 法

脱敏项	脱 敏 方 法	脱 敏 示 例
IP 地址	对 IP 地址进行不可逆 hash 化并标注为 iphash	10.1.2.3→[iphash-xxxxxx]
uid_name	对员工账号进行不可逆 hash 化并标注为 namehash，系统账号（如 root、admin 等)保留原文	username-a→[namehash-xxxxx]
Url URL	将内部一级子域名和根域名进行不可逆 hash 化并标注为 domainhash，外部域名保留原文	http://sub-a.sub-b.internaldomain.com/abc→http://sub-a.[domainhash-xxxx]/abc
groupname	对分组名进行不可逆 hash 化	groupname-a→[grouphash-xxxx]

（1）主机的进程调用数据，表名为 adl_cloudsec_tianchi_cmd，如表 7.80 所示。

表 7.80　主机的进程调用数据

字段名称	类　型	描　述
time	datetime	日志时间
ip	string	IP
sid	bigint	当前用户的会话 ID
uid_name	string	用户名
gid_name	string	用户组名
tty	string	终端
cwd	string	当前工作目录
filename	string	进程文件路径
pfilename	string	父进程文件路径
numbering	bigint	命令序列号
cmd	string	命令
pid	bigint	进程 ID
groupname	string	机器分组名
ds	string	分区字段（日期）
hh	string	分区字段（小时）

（2）主机的网络连接数据，表名为 adl_cloudsec_tianchi_netstat，如表 7.81 所示。

表 7.81　主机的网络连接数据

名　　称	类　　型	描　　述
time	datetime	时间
ip	string	IP
sid	bigint	当前用户的会话 ID
pid	bigint	进程 ID
uid_name	string	用户名
gid_name	string	用户组名
tty	string	终端
cwd	string	当前工作目录
filename	string	进程文件路径
src_ip	string	源 IP
src_port	bigint	源端口
dst_ip	string	目标 IP
dst_port	bigint	目标端口
proto	string	四层协议名
groupname	string	机器分组名
dst_group	string	目标 IP 机器分组名
is_public	bigint	IP 是否为公网
ds	string	分区字段（日期）
hh	string	分区字段（小时）

相关字段说明：

（1）命令序列号：用于在 time 相同的情况下，判断命令执行顺序先后的标识。

（2）机器分组名：机器分组的标识，一个机器分组可基本实现类似的功能，如负载均衡的后端服务器。

（3）在数加平台读取表时，应在表前加前缀 odps_tc_257100_f673506e024，形如 desc odps_tc_257100_f673506e024. adl_cloudsec_tianchi_cmd。

7.11.3 攻击流量检测安全

1. 实验背景与内容

七层CC攻击是指攻击者模拟正常用户做"大量"访问,造成服务器资源耗尽,直到宕机崩溃。它是一个攻防不对等的问题,从攻击者角度,攻击量并不需要很大,对于耗资源的服务,比如搜索接口,可能每秒1000次请求就会导致网站崩溃;而从防御者角度,很难识别出攻击流量,攻击流量从单条看,和正常请求几乎类似;从网站状态看,尽管CC攻击会导致网站宕机崩溃,但网站宕机崩溃的原因却层出不穷,多半不是源于CC攻击;从总请求量看,则很容易与业务大增混淆。同时,单从请求量看,攻击流量很可能淹没在正常流量中。耗资源的服务只要放过少量攻击请求,网站就会崩溃,而不耗资源的服务,比如访问静态图像,可能每秒百万次请求都不会引起异常。七层CC的防御对于准确率和召回率要求都极为苛刻,对网站而言,放过恶意流量和大量误杀正常流量都是无法承受的灾难。

2. 实验要求与评估

阿里云天池平台提供了当天及之前一周被CC攻击网站攻击的全部真实日志,其中包括:

(1)访问者相关的源IP、端口、XFF、请求方式、UA等。

(2)网站侧相关的域名、请求、响应时间等。

(3)一些阿里云自身的辅助判断信息,以帮助完成者更精准地定位攻击流量。

评估标准:将CC攻击识别结果提交,结果表名为adl_tianchi_cc_answer,如表7.82所示。

表 7.82　实验结果形式

字 段 名 称	描　　　述
append_id	记录编号
sld	二级域名

如果P_i和R_i分别为二级域名i的准确率及召回率(共8个二级域名),每个二级域名得分为$0.125 \times \left(\dfrac{3 \times P_i \times R_i}{2 \times P_i + R_i} \right)^{10}$,则最终得分为8个二级域名得分的总和。

3. 数据来源与描述

在阿里云天池平台所提供的数据中,日志表为adl_tianchi_cc_original_log,分区ds=$'0'$为当天记录,ds=$'-1'$,$'-2'$,$'-3'$,$'-4'$,$'-5'$,$'-6'$,$'-7'$分别代表前N天日志,只判别ds=$'0'$为当天记录是否为CC攻击,提交append_id日志表ds=$'0'$共46 299 950条记录,其中19 655 164条CC记录。

训练数据：adl_tianchi_cc_original_log 表，ds=′−1′，′−2′，′−3′，′−4′，′−5′，′−6′，′−7′分区，这些数据为真实数据，不完全是白样本，黑白混杂。

待预测数据：adl_tianchi_cc_original_log 表，ds=′0′，如表 7.83 所示。

表 7.83　adl_tianchi_cc_original_log 表

字　段　名　称	描　　　述
append_id	记录编号
remote_addr	客户端 IP
remote_port	客户端端口
upstream_addr	源站 IP 和 PORT
req_time	当前时间
aliwaf_rule_index	命中 WAF 规则 Index
aliwaf_rule_type	命中 WAF 规则类型
aliwaf_action	WAF 的响应方式（拦截或观察）
tmd_phase	tmd 拦截原因
tmd_action	tmd 拦截方式
tmd_pass_mode	tmd 阻断情况，整型，0 表示被阻断，1 表示没阻断
request_time_msec	RT 时间
upstream_response_time	源站 RT 时间
hostname	引擎名字
host	访问域名
method	请求方式
url	url
httt_version	http 版本
status	响应状态码
upstream_status	源站相应状态码
body_bytes_sent	响应内容长度
referer	referer
x_forwarded_for	x_forward_for

字 段 名 称	描　　述
request_body	请求体
cookie	cookie
user_agent	UA
tmd_app	应用名称
tmd_remote_address	tmd 部署地址
https	https
aliwaf_session_id	aliwaf_session_id
acl_id	ACL 规则编号：一表示未命中
acl_action	ACL 规则动作：一表示默认；drop 表示拦截；pass 表示放行
acl_log	是否记录 ACL 拦截日志：true 表示记录；false 表示不记录
acl_default	是否 ACL 默认规则
matched_host	匹配 host 信息
request_content_type	REQUEST
antifraud_verify	反欺诈：字段 1
antifraud_token	反欺诈：字段 2
uid_or_vip	WAF 日志，字段值为 ali_uid；高仿日志，字段值为高仿 VIP
antifraud_mode	反欺诈：防护模式
antifraud_url	反欺诈：防护配置 URL
tmd_owner	tmd 规则标识
sld	二级域名
ds	按天分区字段
hh	按小时分区字段
mi	按分钟分区字段

7.11.4　人工智能对抗算法

1. 实验背景与内容

　　近年来深度学习技术的不断突破，极大促进了人工智能行业的发展，而人工智能模型本身的安全问题也日益受到 AI 从业人员的关注。2014 年，Christian Szegedy 等人首次提出针对图像的对抗样本这一概念,并用实验结果展示了深度学习模型在安全方面的局限性。可以通过对原始样本有针对性地加入微小扰动来构造对抗样本,该扰动不易被人眼所察觉,但会导致 AI 模型识别错误,这种攻击被称为"对抗攻击"。该成果引发了学术界和工业界的广泛关注,成为目前深度学习领域最热门的研究课题之一,新的对抗攻击方法不断涌现,应用课题从图像分类扩展到目标检测。对抗攻击技术也引发了业界对于 AI 模型安全的担忧,研究人员开展了针对对抗攻击的防御技术研究,也提出了若干种提升模型安全性能的方法,但迄今为止仍然无法完全防御来自对抗样本的攻击。

本实验的目的是对 AI 模型的安全性进行探索,主要针对图像分类任务,包括模型攻击与模型防御。完成者既可以作为攻击方,对图像进行轻微扰动生成对抗样本,使模型识别错误,也可以作为防御方,通过构建一个更加鲁棒的模型,准确识别对抗样本。本实验首次采用电商场景的图像识别任务进行攻防对抗。阿里云天池平台所提供数据公开了 110 000 张左右的商品图像,来自 110 个商品类别,每个类别大概 1000 张图像。完成者可以使用这些数据训练更加鲁棒的识别模型或者生成更具攻击性的样本。

2. 实验要求与评估

本实验包括 3 个任务:① 无目标攻击——生成对抗样本,使模型识别错误;② 目标攻击——生成对抗样本,使模型识别到指定的错误类别;③ 模型防御——构建能够正确识别对抗样本的模型。

1) 无目标攻击

无目标攻击是不指定具体类别,只要让模型识别错误即可,同时扰动越小越好。

评估方法:对每个生成的对抗样本,会采用 5 个基础防御模型对该样本进行预测,并根据识别结果计算相应的扰动量 $D(I, I^a)$。具体距离度量公式如下:

$$D(I, I^a) = \begin{cases} 128 & M(I^a) = y \\ \mathrm{mean}(\| I - I^a \|_2) & M(I^a) \neq y \end{cases} \tag{7.63}$$

其中,M 表示防御模型,y 表示样本 I 的真实标签。如果防御算法对样本识别正确,则此次攻击不成功,扰动量直接置为上限 128。如果攻击成功,则计算对抗样本 I^a 和原始样本 I 的扰动量,采用平均 L_2 距离。每个对抗样本都会在 5 个防御模型上计算扰动量,最后对所有的扰动量进行平均,作为攻击的得分,得分越小越好。具体计算公式如下:

$$\mathrm{Score}(A) = \frac{1}{5n} \sum_{i=1}^{5} \sum_{j=1}^{n} D_i(I_j, I_j^a) \tag{7.64}$$

其中,n 为评测的样本数量。

2) 目标攻击

目标攻击比无目标攻击更加困难,不仅需要使模型识别错误,还需要使模型识别到指定的类别,同时扰动越小越好。

评估方法：和无目标攻击一样，对每个生成的对抗样本，会采用 5 个基础防御模型对该样本进行预测。扰动量的计算方式和无目标攻击类似。在无目标攻击中，防御模型的输出是和真实类别 y 进行比较，判断是否攻击成功。在目标攻击中，防御模型的输出是与指定攻击类别 y^t 进行比较判断是否攻击成功。具体距离度量计算公式如下：

$$D(I, I^a) = \begin{cases} \mathrm{mean}(\| I - I^a \|_2) & M(I^a) = y^t \\ 64 & M(I^a) \neq y^t \end{cases} \tag{7.65}$$

和无目标攻击一样，目标攻击也使用平均扰动量作为最终的得分，得分越小越好。具体计算公式如下：

$$\mathrm{Score}(A) = \frac{1}{5n} \sum_{i=1}^{5} \sum_{j=1}^{n} D_i(I_j, I_j^a) \tag{7.66}$$

3）模型防御

模型防御需要提供更加鲁棒的防御模型，能够正确识别对抗样本，同时处理的扰动越大越好。

评估方法：对于每个样本，使用 5 个攻击模型生成对抗样本去评估防御模型，如果防御模型识别错误，则得分为 0。如果防御模型识别正确，则计算扰动样本与原始样本之间的平均 L_2 距离作为得分，得分越大越好。具体距离度量计算公式如下：

$$D(I, I^a) = \begin{cases} 0 & M(I^a) \neq y \\ \mathrm{mean}(\| I - I^a \|_2) & M(I^a) = y \end{cases} \tag{7.67}$$

防御模型的最终得分计算公式如下：

$$\mathrm{Score}(M) = \frac{1}{5n} \sum_{j=1}^{n} \sum_{i=1}^{5} D(I_j, A_i(I_j)) \tag{7.68}$$

其中，$A_i(I_j)$ 表示第 i 个攻击模型对 I_j 生成的对抗样本。

需要注意的是，所有图像都会被调整到 299×299 进行评测。

3. 数据来源与描述

数据集提供了 110 个类别 11 万张左右的商品图像作为训练数据，这些商品图像来自阿里巴巴的电商平台。每张图像对应一个类别 ID。另外，还提供了一些基础分类模型供完成者使用。

评测使用 110 张图像和 dev. csv，dev. csv 中包含了每张图像对应的真实类别 ID 和目标攻击的类别 ID（用于目标攻击），具体格式如下：

filename, trueLabel, targetedLabel

0. png, 0, 43